U0622427

高等职业教育教材

机械制图
与AutoCAD

JIXIE ZHITU YU AUTOCAD

肖 莉 苏 勇 龙锦中 主编
谢 彤 主审

化学工业出版社

·北京·

内 容 简 介

《机械制图与 AutoCAD》以为社会主义现代化建设培养一批应用型高级技术人才为目标，注重课程育人，有效落实"为党育人、为国育才"的使命。

本书介绍了机械制图与 AutoCAD 的基础知识。全书共九个模块，内容包括：绪论、制图的基本知识和技能、AutoCAD 2024 基本操作、物体的三视图、组合体、轴测图与三维建模基础、机械图样的表达方法、标准件和常用件、零件图和装配图等。

本书配套的《机械制图与 AutoCAD 习题集》同时出版。

本书适合作为高等职业院校的机械和近机械类专业的教材，也可供成人教育相近专业教学使用和有关工程技术人员参考。

图书在版编目（CIP）数据

机械制图与 AutoCAD / 肖莉，苏勇，龙锦中主编.
北京：化学工业出版社，2025. 7. --（高等职业教育教材）. -- ISBN 978-7-122-47877-1

Ⅰ. TH126

中国国家版本馆 CIP 数据核字第 2025WY5192 号

责任编辑：高　钰　　　　　　　装帧设计：刘丽华
责任校对：李　爽

出版发行：化学工业出版社
　　　　　（北京市东城区青年湖南街 13 号　邮政编码 100011）
印　　装：河北延风印务有限公司
787mm×1092mm　1/16　印张 19　字数 473 千字
2025 年 9 月北京第 1 版第 1 次印刷

购书咨询：010-64518888　　　　售后服务：010-64518899
网　　址：http://www.cip.com.cn

定　　价：58.00 元

前言

为了全面贯彻国家对于高技能人才的培养精神，更好地适应现代高等职业技术教育的现状，在充分总结高等职业院校机械制图课程教学改革研究与实践成果的基础上，遵守"着重职业技术技能训练，基础理论以够用为度，实用为主"的原则，我们编写了本书。本书将"机械制图"与"AutoCAD"整合为一门课程，以 AutoCAD 2024 为蓝本，突出 CAD 绘图技能的专业应用性。本书有如下特点：

① 本书配备资源包括：多媒体教学的 PowerPoint 课件、按教师技能大赛编写的教案、部分知识点配备 Flash 动画、习题集答案、本书和习题集用到的 CAD 文件等。如有需要，请发电子邮件至：cipedu@163.com 获取或登录 www.cipedu.com.cn 免费下载。

② 教学资源丰富，对各模块的重要知识点配套视频微课，扫描书中二维码即可观看。

③ 在每个模块中均设置了知识目标、技能目标和素质目标，对培养高技能人才提出更加明确和具体的要求。

④ 校企合作共同编写，反映行业新技术标准、工艺规范和实践案例，促进产教融合，提升实用性。

⑤ 通过深入浅出的讲解、丰富实用的案例，引导读者从机械制图的基础理论入手，逐步掌握复杂的二维、三维图形绘制技巧，再无缝衔接至 CAD 软件的实际操作，实现知识与技能的深度融合。紧跟行业前沿，融入最新的 CAD 软件功能与机械制图标准。

⑥ 与本书配套的《机械制图与 AutoCAD 习题集》同时出版。

参加本书编写的是长期从事高等职业机械制图与 CAD 教学和研究工作的一线教师和高级工程师，他们把多年的教学、科研和企业实践经验都融入书中。本书编写分工如下：广西工业职业技术学院肖莉（绪论、模块三、四及附录），珠海城市职业技术学院李耀熙（模块一），广西工业职业技术学院苏勇（模块二、五），广西工业职业技术学院龙锦中（模块六），广西工业职业技术学院童艳（模块七），广西工业职业技术学院王丽娜、东风柳州汽车有限公司蓝升敏（模块八），广西工业职业技术学院罗世阳、南京健康高级技工学校徐爱国（模块九），广西交通技师学院罗显寰负责剪辑、制作动画及二维码视频。

本书由肖莉、苏勇、龙锦中担任主编并负责统稿，童艳、罗显寰担任副主编，广西工业职业技术学院谢彤教授担任主审。

本书在编写的过程中参考了一些国内同类著作，在此特向有关作者致谢！同时得到了各院校领导和许多教师的帮助，在此一并表示感谢！由于编者水平所限，书中错漏与不妥之处恳请广大读者批评指正。

编　者

目录

绪　论

一、本课程的地位和性质

机械制图是工程师的"国际语言"，通过图形、符号和尺寸传递设计思想，是产品设计、制造、检验的核心依据。计算机辅助设计（CAD）取代传统手工绘图，极大提升了设计效率与精度，推动制造业向数字化、智能化转型。CAD 技术不仅改变了绘图工具，更重构了设计流程——从三维建模到虚拟装配，从仿真分析到数控加工。未来的工程师不仅是图纸的绘制者，更是数字化设计生态的构建者——从传统制图规范到智能设计算法，持续学习能力将成为核心竞争力。通过本课程的学习，学生将实现从"读图"到"绘图"再到"创新设计"，最终能够独立完成符合工程规范的数字化设计任务。

二、本课程的主要任务

本课程的主要任务是培养学生具有绘制和阅读机械图样的基本能力，掌握 AutoCAD 软件的操作技巧与应用方法。通过理论学习与实践操作相结合，学生掌握机械制图与 CAD 技术的核心要点，具备独立完成机械零件设计与图纸绘制的能力，达到实现技术应用型人才的培养目标。

① 掌握制图国家标准的基本内容，具有查阅国家标准和手册的能力，强化标准化和规范化的工程意识。

② 传统手工制图与 CAD 软件操作并重，强化空间想象力与数字化能力。

③ 培养绘制和阅读机械图样的基本能力，掌握徒手绘制草图的技能。

④ 培养认真负责的工作态度和严谨细致的工作作风，传承精益求精的工匠精神。

三、学习方法

本课程是一门既有理论又有较强实践性的技术基础课，学习时应注意以下几点：

① 坚持理论联系实际的学风，理论上要重点掌握正投影法的基本理论和基本方法，学习中要培养自己的空间想象力，注重由物画图，由图想物。平时可多自制一些物体的模型，降低想象难度。

② 学与练相结合。要深入理解机械制图的基本原理和规范，掌握各种视图的表达方法，同时，要积极运用 CAD 软件进行绘图练习，将理论知识转化为实际操作技能。通过画图训练促进读图能力的培养，以练为主来实现课程体系的职业能力培养目标。

③ 参与综合性的课程设计项目，如齿轮油泵的设计与绘图，从方案构思、零件设计、装配设计到绘制完整的机械图样，全程模拟实际工程设计流程，锻炼解决实际问题的能力和团队协作能力。积极参加各类机械设计竞赛、企业实习等实践活动，拓宽视野，提升专业素养和就业竞争力。

通过系统化的学习任务设计，读者不仅能掌握机械制图与 CAD 的核心技能，更能形成工程思维，提升职业素养，为未来从事机械设计、智能制造等领域奠定坚实基础。

模块一　制图的基本知识和技能

【知识目标】

① 熟悉制图国家标准对图幅、比例、字体、图线及尺寸标注的规定和要求。
② 熟悉常见几何图形的作图方法，掌握平面图形的分析和作图方法。
③ 了解现代制图技术及发展趋势。

【技能目标】

① 能运用绘图工具按国标规定手工绘制平面图形。
② 能正确标注平面图形的尺寸。

【素质目标】

① 具备遵守制图国家标准规范意识。
② 具备工程思维，具有机械制造专业素养。
③ 具备自主、小组探究学习方式，培养团队沟通及协助能力。

　　本模块主要介绍国家标准《技术制图》和《国家制图》中的基本规定和平面图形的绘制方法。

第一节　机械制图的国家标准

一、国家标准关于制图的有关规定

　　工程图样是工程界的语言，是设计和制造机械过程中的重要资料，是工程技术人员表达设计意图、交流技术思想、组织和指导生产的重要工具，是现代工业生产中必不可少的技术文件，是一种交流技术的语言。因此，在设计、绘制和阅读图样时，必须严格遵守制图国家标准和相关的技术标准。

　　工程图样是现代机器制造过程中指导生产必不可少的重要技术文件，是技术交流的有效工具。为了便于管理和交流，国际上统一规定了"ISO"标准，我国也制定了《技术制图》和《机械制图》等一系列国家标准，对图样的内容、格式、表达方法等都作了统一规定。《技术制图》国家标准是一项基础技术标准，在内容上具有统一性和通用性，它涵盖机械、冶金、化工、电气、建筑等各行业，在制图标准体系中处于最高层次。《机械制图》国家标准是机械专业制图标准。机械设计和机械制造等必须严格执行该标准，工程技术人员必须严格遵守其有关规定。

国家标准（简称国标），代号是"GB"，例如："GB/T 14689—2008"，G 是"国家"一词汉语拼音的第一个字母，B 是"标准"一词汉语拼音的第一个字母，T 是"推荐性"一词汉语拼音的第一个字母。"14689"表示该标准的编号，"2008"表示该标准发布的年份。

1. 图纸的幅面和格式（GB/T 14689—2008）

(1) 图纸幅面

绘制图样时，图纸幅面尺寸应优先采用表 1-1 中规定的基本幅面，尺寸关系如图 1-1 所示。

表 1-1 图纸的基本幅面及图框尺寸   mm

幅面代号	A0	A1	A2	A3	A4
$B×L$	841×1189	594×841	420×594	297×420	210×297
a	25				
c	10			5	
e	20		10		

注：a、c、e 为留边宽度。

必要时，允许沿基本幅面的短边成整数倍加长幅面，但加长量必须符合国家标准（GB/T 14689—2008）中的规定。

图框线必须用粗实线绘制。图框格式分为留有装订边和不留装订边两种，如图 1-2 和图 1-3 所示。两种格式图框的周边尺寸 a、c、e 见表 1-1。但应注意，同一产品的图样只能采用一种格式。

日常生活中，人们绘制图形时习惯上标注物体的实际单位，大的物体以米为单位，小的物体以厘米为单位，

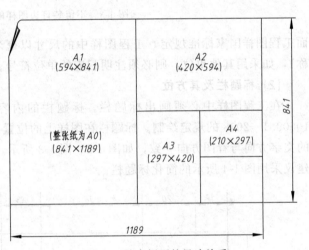

图 1-1 基本幅面的尺寸关系

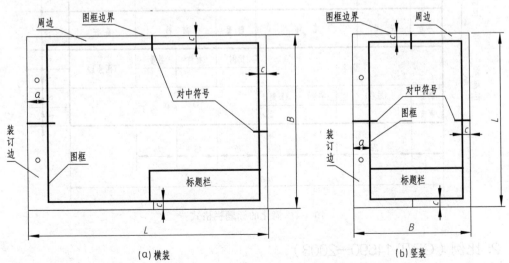

图 1-2 留有装订边图样的图框格式

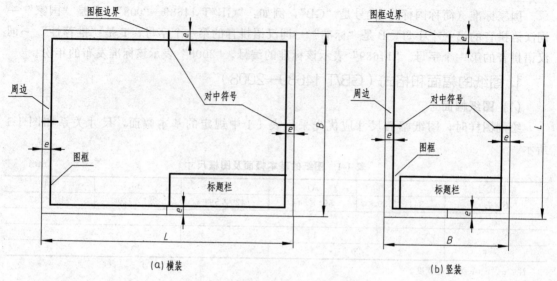

(a) 横装   (b) 竖装

图 1-3   不留装订边图样的图框格式

而工程图样国家标准规定，工程图样中的尺寸以毫米为单位时，不需标注单位符号（或名称），如采用其他单位，则必须注明相应的单位符号。

(2) 标题栏及其方位

在工程图样中必须画出标题栏。标题栏的内容、格式和尺寸，应按国家标准 GB/T 10609.1—2008 的规定绘制。标题栏在图样上的位置，一般应置于图样的右下角，标题栏中的文字方向与看图方向一致，如图 1-2、图 1-3 所示。在学校的制图作业中，为了简化作图，建议采用图 1-4 所示的简化标题栏。

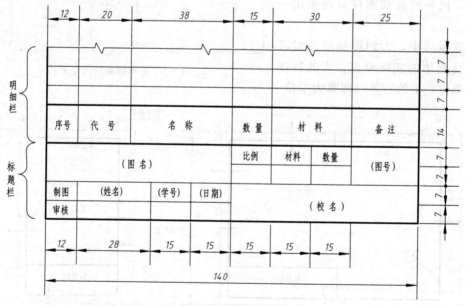

图 1-4   简化的标题栏格式

2. 比例（GB/T 14690—2003）

比例是指图样图形与其实物相应要素的线性尺寸之比。绘制图样时，应优先选择表 1-2

中的优先使用比例，必要时也允许从表 1-2 中允许使用比例中选取。

表 1-2 绘图的比例

种 类		比 例
原值比例		1：1
放大比例	优先使用	5：1　2：1　$5×10^n$：1　$2×10^n$：1　$1×10^n$：1
	允许使用	4：1　2.5：1　$4×10^n$：1　$2.5×10^n$：1
缩小比例	优先使用	1：2　1：5　1：10　$1：2×10^n$　$1：5×10^n$　$1：1×10^n$
	允许使用	1：1.5　1：2.5　1：3　1：4　1：6 $1：1.5×10^n$　$1：2.5×10^n$　$1：3×10^n$　$1：4×10^n$　$1：6×10^n$

注：n 为正整数。

　　为了从图样上直接反映出实物的大小，绘图时应尽量采用 1：1 比例，但因各种实物的大小与结构不同，绘图时，应根据实际需要选取放大比例或缩小比例。比例一般应在标题栏中的"比例"一栏内填写。图样中所标注的尺寸数值必须是实物的实际大小，与绘制图形时所采用的比例无关，如图 1-5 所示。

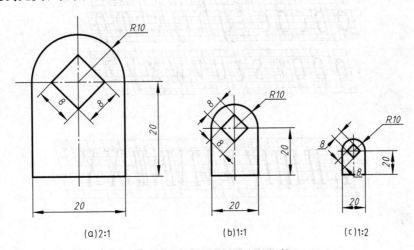

图 1-5 用不同比例画出的机件

3. 字体（GB/T 14691—2003）

　　在图样上除了要用图形来表达机件的结构形状外，还必须用数字及文字来说明它的大小和技术要求等其他内容。

　　(1) 基本要求

　　① 图样和技术文件中书写的汉字、数字和字母，都必须做到：字体工整、笔画清楚、间隔均匀、排列整齐。

　　② 字体高度（用 h 表示）的公称尺寸系列为：1.8mm、2.5mm、3.5mm、5mm、7mm、10mm、14mm、20mm。

　　③ 汉字应写成长仿宋体字，并应采用国家正式公布的简化字。汉字的高度 h 应不小于3.5，如需更大的字，其字高应按 $\sqrt{2}$ 的比率递增，其字宽一般为 $h/\sqrt{2}$。

　　④ 字母和数字分 A 型和 B 型。A 型字体的笔画宽度 $d=h/14$，B 型字体的笔画宽度 $d=h/10$。在同一张图样上，只允许选用一种型式的字体。

　　⑤ 字母和数字可写成斜体或直体。斜体字字头向右倾斜，与水平基准线成 75°。

（2）字体示例

汉字示例：

横平竖直注意起落结构均匀填满
方格机械制图轴旋转技术要求等

字母示例：

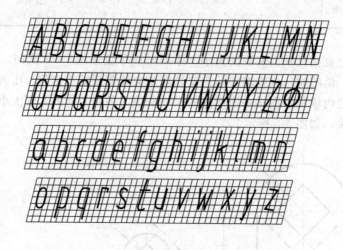

罗马数字：

数字示例：

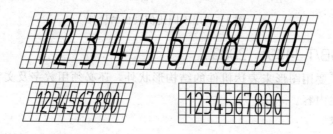

4. 图线及其画法（GB/T 4457.4—2002）

图线是组成图形的基本要素，形状可以是直线或曲线、连续线或不连续线。国家标准中规定了在工程图样中使用的图线，其型式、名称、宽度以及应用示例见表1-3和图1-6。

表1-3　常用图线的型式、宽度和主要用途

图线名称	图　线　型　式	图线宽度	主要用途
粗实线	——————————	d	可见轮廓线
细实线	————————	约 $d/2$	尺寸线，尺寸界线，剖面线，引出线，螺纹牙底线
波浪线	～～～～～	约 $d/2$	断裂处的边界线，视图和剖视的分界线

图线名称	图 线 型 式	图线宽度	主要用途
双折线		约 $d/2$	断裂处的边界线，视图与剖视的分界线
细虚线		约 $d/2$	不可见轮廓线，不可见过渡线
粗虚线		d	允许表面处理的表示线
细点画线		约 $d/2$	轴线，对称中心线
粗点画线		d	限定范围表示线
细双点画线		约 $d/2$	相邻辅助零件的轮廓线，可动零件的极限位置的轮廓线，中断线，轨迹线

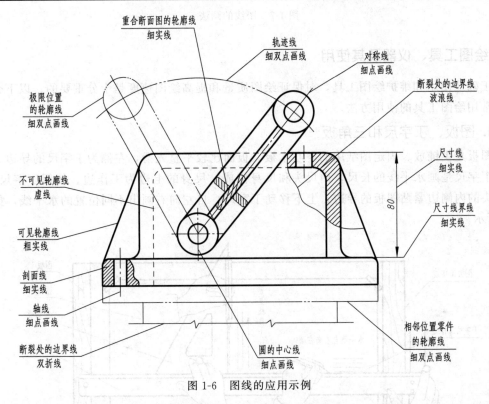

图 1-6 图线的应用示例

图线分为粗、细两种。以粗线宽度作为基础，粗线的宽度（d）应按图的大小和复杂程度，在 0.5～2mm 之间选择，细线的宽度应为粗线宽度的 1/2。图线宽度的推荐系列为：0.18、0.25、0.35、0.5、0.7、1、1.4、2（单位：mm）。若各种图线重合，应按粗实线、虚线、点画线的先后顺序选用线型。

如图 1-7 所示，图线画法应遵守以下原则：

① 同一图样中，同类图线的宽度应基本一致。

② 虚线、点画线及双点画线的线段长度和间隔应各自大小相等。

③ 两条平行线（包括剖面线）之间的距离应不小于粗实线宽度的两倍，其最小距离不得小于 0.7mm。

④ 点画线、双点画线的首尾应是线段而不是点；点画线彼此相交时应该是线段相交；中心线应超过轮廓线 2～3mm。

⑤ 虚线与虚线、虚线与粗实线相交应是线段相交；当虚线处于粗实线的延长线上时，粗实线应画到位，而虚线相连处应留有空隙。

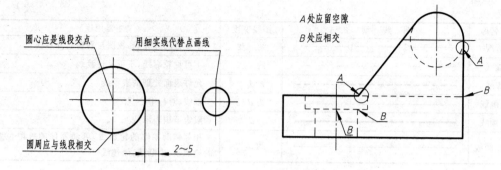

图 1-7　图线的画法

二、绘图工具、仪器及其使用

正确地使用和维护绘图工具，对保证绘图质量和提高绘图速度是十分重要的。以下介绍几种常用绘图工具的使用方法。

1. 图板、丁字尺和三角板

图板是供铺放、固定图纸用的空心木板，板面比较平整光滑，左侧为丁字尺的导边。

丁字尺是画水平线的长尺，由尺头和尺身构成，尺身的上边为工作边。使用丁字尺时，将尺头的内侧边紧贴图板的导边，上下移动丁字尺，自左向右画出不同位置的水平线，如图1-8 所示。

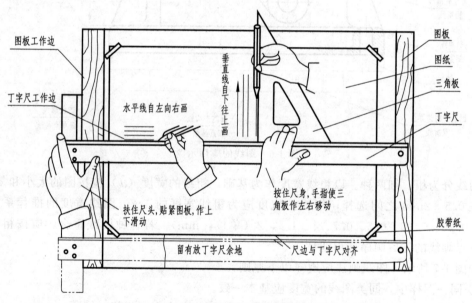

图 1-8　图板及丁字尺的使用

三角板包括 45°三角板和 30°～60°三角板各一块。三角板与丁字尺配合使用时，可画垂直线和 15°整倍数的斜线。两块三角板配合使用时，可画出任意斜线的水平线和垂直线，如图 1-9 所示。

2. 圆规和分规

圆规是用来画圆或圆弧的工具。圆规的一条腿上装有钢针，钢针有两种不同形状的尖

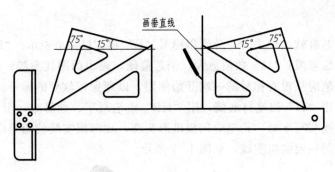

图 1-9 三角板的使用

端：带台阶的尖端是画圆或圆弧时定心用的，带锥形的尖端可作分规使用。另一条腿上除具有肘形关节外，还可以根据作图需要装上不同的附件。圆规的附件有钢针插脚、铅芯插脚、鸭嘴插脚和延伸插杆等。画图时，要注意调整钢针在固定腿上的位置，使两脚在并拢时钢针略长于铅芯而可插入图板内，再将圆规按顺时针方向旋转，并稍向画线方向倾斜，且要保证针脚和铅芯均垂直于纸面，如图 1-10 所示。

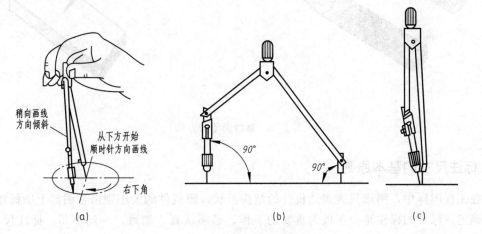

图 1-10 圆规的用法

分规是用来量取尺寸和等分线段或圆周的工具。分规的两条腿均安有钢针，使用前，应检查分规两脚的针尖并拢后是否平齐，用分规测量尺寸如图 1-11(a) 所示；用分规等分线段的用法如图 1-11(b) 所示。

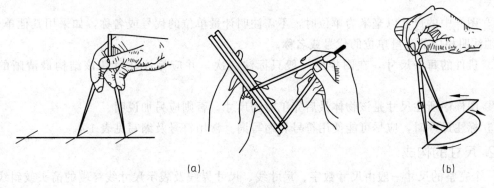

图 1-11 分规的用法

3. 铅笔

绘图铅笔的铅芯有软、硬之分，分别以标号"B"和"H"来表示。"B"数值愈大，铅芯愈软，画出的图线愈黑；"H"数值愈大，铅芯愈硬，画出的图线愈淡。标号"HB"表示铅芯软硬适中。铅笔应从没有标号的一端开始使用，以便保留软硬的标号。

画图时，一般用"H"铅笔打底稿，用"HB"铅笔写字、画箭头，用"B"铅笔加深图线。画底稿线、细线和写字时，铅笔应削成锥形头部，加深粗实线的铅笔应削成四棱柱形头部，以保证画出均匀一致的粗实线，如图1-12所示。

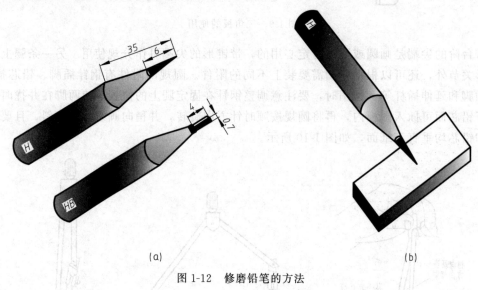

图1-12　修磨铅笔的方法

三、标注尺寸的基本原则

在工程图样中，图形只能表达机件的结构形状，而机件的大小则由在图形上所标注的尺寸来确定。尺寸的标注是一项极为重要的工作，必须认真、细致，一丝不苟。标注尺寸时，应严格遵守国家标准（GB/T 4458.4—2003、GB/T 16675.2—2012）有关尺寸注法的规定，做到正确、完整、清晰、合理。

1. 基本原则

① 机件的真实大小应以图样上所注的尺寸数值为依据，与图形的大小及绘图的准确程度无关。

② 图样中的尺寸以毫米为单位时，不需注明计量单位的代号或名称，如采用其他单位，则必须注明相应的计量单位的代号或名称。

③ 机件的每一尺寸，在图样中一般只标注一次，并应标注在反映该结构最清晰的图形上。

④ 图样中所注尺寸是该物体最后完工时的尺寸，否则应另加说明。

⑤ 标注尺寸时，应尽可能使用符号和缩写词。常用符号及缩写见表1-4。

2. 尺寸的构成

一个完整的尺寸一般由尺寸数字、尺寸线、尺寸界线及表示尺寸线终端的箭头或斜线组成，如图1-13所示。在同一张图样上，尺寸线终端只能采用一种形式，不可交替使用。

表 1-4　常用的符号及缩写

名　　称	符号及缩写	名　　称	符号及缩写	名　　称	符号及缩写
半径	R	45°倒角	C	沉孔	⌴
直径	ϕ	正方形	□	埋头孔	∨
厚度	t	深度	↓	均布	EQS

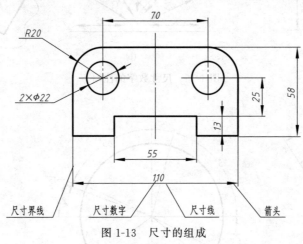

图 1-13　尺寸的组成

(1) 尺寸线终端

尺寸线终端有箭头和斜线两种形式。机械图样一般用箭头形式，如图 1-14(a) 所示，斜线一般应用于建筑图样或是小尺寸的标注，如图 1-14(b) 所示。图中 d 为粗实线的宽度，h 为尺寸数字高度。机械图样中采用实心三角箭头。

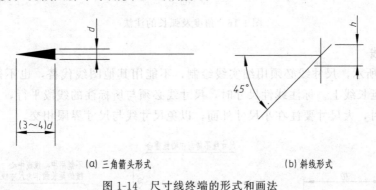

　(a) 三角箭头形式　　　　　　　　　　　　(b) 斜线形式

图 1-14　尺寸线终端的形式和画法

(2) 尺寸数字

尺寸数字用来表示机件的实际大小，一般应注在尺寸线的上方，如图 1-15(a) 所示，也允许注写在尺寸线的中断处。尺寸数字一律用标准字体书写，同一张图样上尺寸数字应保持字高一致。尺寸数字不可被任何图线通过，必要时可以把图线断开。

数字的方向随尺寸线方位的变化而变化，如图 1-15(b) 所示方向注写，但应避免在 30°范围内标注尺寸。当无法避免时，可采用如图 1-15(c) 所示形式注写。

标注角度时，尺寸界线应沿径向引出，尺寸线应画成圆弧，其圆心是该角的顶点。角度的数字一律写成水平方向，一般注写在尺寸线的中断处，如图 1-16(a) 所示。必要时允许写在外面或引出标注，如图 1-16(b) 所示。弧长的尺寸界线平行于对应弦长的垂直平分线，如图 1-16(c) 所示。

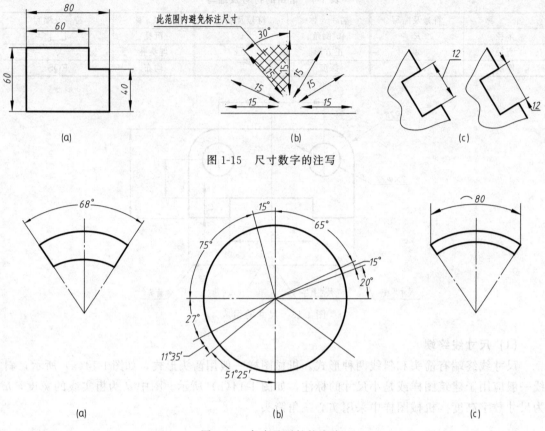

图 1-15 尺寸数字的注写

图 1-16 角度及弧长的注法

（3）尺寸线

如图 1-17 所示，尺寸线必须用细实线绘制，不能用其他图线代替，也不得与其他图线重合或画在其延长线上。标注线性尺寸时，尺寸线必须与所标注的线段平行，当有几条相互平行的尺寸线时，大尺寸要注在小尺寸外面，以免尺寸线与尺寸界限相交。

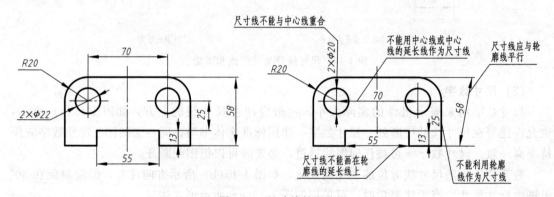

图 1-17 尺寸线的画法

（4）尺寸界线

如图 1-18（a）所示，尺寸界线用细实线绘制，并应由图形的轮廓线、轴线、中心线或对称线引出，也可以利用轮廓线、轴线、中心线或对称线作尺寸界线。

尺寸界线一般应与尺寸线垂直,必要时才允许倾斜。在光滑过渡处标注尺寸时,必须用细实线将轮廓线延长,从它们的交点处引出尺寸界线,如图1-18(b)所示。

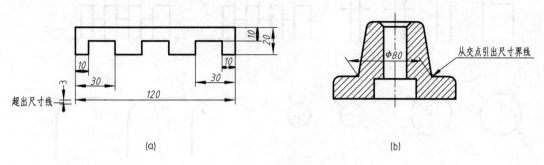

(a)

(b)

图1-18 尺寸界线的画法

3. 常用尺寸的注法

(1) 直径与半径的注法

圆或大于半圆的圆弧应标注直径,标注直径尺寸时,应在尺寸数字前加注直径符号"ϕ";等于或小于半圆的圆弧标注半径,标注半径尺寸时,加注半径符号"R",且尺寸线一般应通过圆心或延长线通过圆心,如图1-19所示。

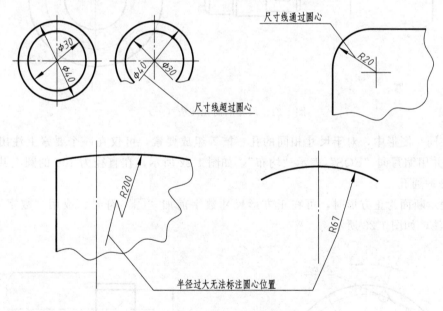

图1-19 直径与半径的注法

(2) 小尺寸的注法

在没有足够的位置画箭头或注写数字时,允许用圆点或斜线代替箭头。当直径或半径尺寸较小时,箭头和数字都可以布置在外面,数字可引出标注,如图1-20所示。

4. 尺寸的简化注法

为了制图简便,在不引起误解的前提下,应尽量简化标注。

① 标注尺寸时,可使用单边箭头,如图1-21(a)所示;也可采用带箭头的指引线,如图1-21(b)所示;还可采用不带箭头的指引线,如图1-21(c)所示。

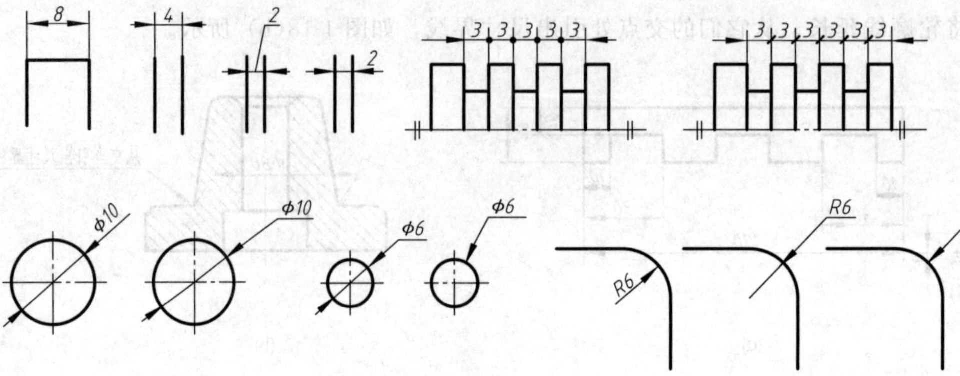

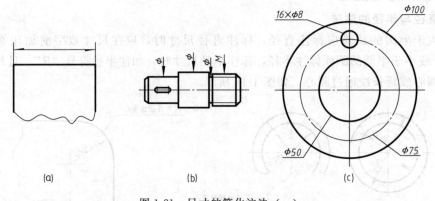

图 1-20   小尺寸的注法

图 1-21   尺寸的简化注法（一）

② 在同一图形中，对于尺寸相同的孔、槽等组成要素，可仅在一个要素上注出其尺寸和数量，并用缩写词"EQS"表示"均布"，如图 1-22 所示，在直径为 100 的圆上共有 8 个直径为 12 的通孔。

③ 表示断面为正方形时，可在正方形尺寸数字前加"□"符号，或用"数字×数字"的形式标注，如图 1-23 所示。

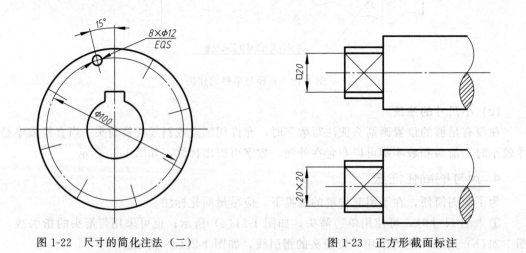

图 1-22   尺寸的简化注法（二）   图 1-23   正方形截面标注

第二节　平面图形的画法

一、常用几何作图方法

机器零件的轮廓形状一般都是由直线、圆、圆弧及其他平面曲线所组成的几何图形。掌握常见几何图形的作图方法，有利于提高绘图的效率和准确性。

1. 等分线段

【例 1-1】　五等分已知线段 AB，如图 1-24 所示。

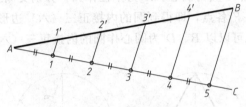

图 1-24　五等分线段

等分线段

① 过端点 A 作任一直线 AC；
② 用分规以任意的长度在 AC 上截取五等分得 1、2、3、4、5 点；
③ 连接 $5B$；
④ 过 1、2、3、4 点作 $5B$ 的平行线交 AB 于 $1'$、$2'$、$3'$、$4'$即得五等分点。

2. 等分圆周及作正多边形

(1) 三等分圆周和作正三角形

如图 1-25 所示，先使 30°三角板的一直角边过直径 AB，用丁字尺作导边，过点 A 用三角板的斜边画直线交圆于点 1，将 30°三角板翻转 180°，过点 A 用斜边画直线，交圆于点 2，连接点 1、2，则△$A12$ 即为圆内接三边形。

三、六等分圆

(2) 六等分圆周和作圆的内接正六边形

用三角板作图步骤如下（见图 1-26）：

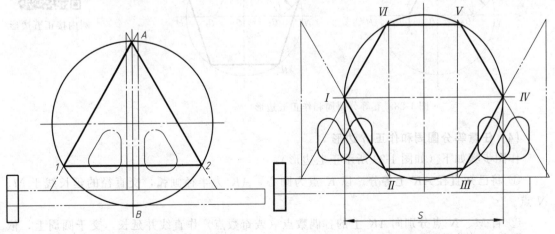

图 1-25　三等分圆周和作正三角形　　　　图 1-26　六等分圆周和作圆的内接正六边形

① 首先作一个圆；

② 将丁字尺水平放好，过圆的左侧象限点 I 点，用 60° 三角板画斜边 I II；

③ 平移三角板，过右侧象限点 IV，画斜边 IV V；

④ 翻转三角板，过圆的左侧象限点 I 点，用 60° 三角板画斜边 I VI；

⑤ 平移三角板，过右侧象限点 IV，画斜边 IV III；

⑥ 用丁字尺连接两水平边 II III、V VI，即得圆的内接正六边形。

用圆规作圆的内接正三（六）边形，作图步骤如下（见图 1-27）：

① 首先作一个圆；

② 以圆的下方象限点 C 点为圆心，R 为半径作弧，分别交圆周得 E、F 两点；

③ 以圆的上方象限点 A 点为圆心、R 为半径作弧，分别交圆周得 H、I 两点；

④ 依次连接 A、E、F 各点，即得到圆的内接正三（六）边形。

运用同样的方法，也可以以 B、D 为圆心作圆的内接正三（六）边形。

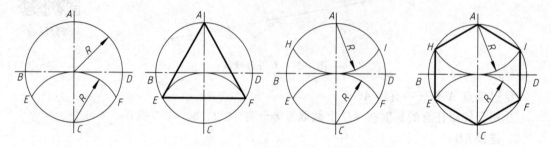

图 1-27　用圆规作圆的内接正三（六）边形

(3) 五等分圆周和作正五边形

作图步骤如下（见图 1-28）：

① 平分半径 OM 得 O_1，以点 O_1 为圆心，以 O_1A 为半径画弧，交 ON 于点 O_2；

② 以 O_2A 为弦长，自 A 点起在圆周依次截取得各等分点。

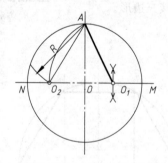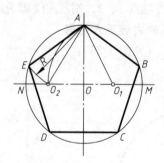

圆内接正五边形

图 1-28　五等分圆周和作正五边形

(4) 任意等分圆周和作正 n 边形

作图步骤如下（如图 1-29 所示正七边形）：

① 将已知直径 AK 七等分。以 K 点为圆心，AK 为半径画弧，交直径的延长线于 M、N 点。

② 自 M、N 点分别向 AK 上的各偶数点（或奇数点）作直线并延长，交于圆周上，依次连接各点，得正七边形。

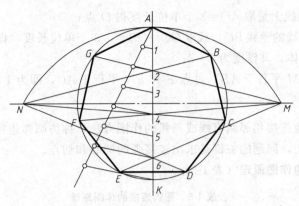

图 1-29　七等分圆周及作正七边形

3. 斜度和锥度

(1) 斜度

斜度是指一直线或平面对另一直线或平面的倾斜程度，其大小用两直线或平面夹角的正切来度量，在图上标注为 $1:n$，并在其前加斜度符号"∠"，且符号的方向与斜度的方向一致。

求一直线 AC 对另一直线 AB 的斜度为 $1:5$，如图 1-30 所示。

① 将 AB 线段 5 等分；

② 过 B 点作 AB 的垂直线 BC，使 $BC:AB=1:5$；

③ 连 AC，即所求的倾斜线为 $1:5$ 的斜度。

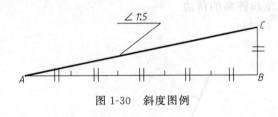

图 1-30　斜度图例

斜度

(2) 锥度

锥度是指正圆锥体底圆的直径与其高度之比或圆锥台体两底圆直径之差与其高度之比。在图样上标注锥度时，用 $1:n$ 的形式，并在前加锥度符号"◁"，符号的方向与锥度方向一致。

已知圆锥台的锥度为 $1:3$，作圆锥台如图 1-31 所示。

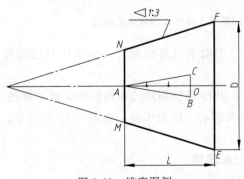

图 1-31　锥度图例

锥度

① 自 A 点在轴线上量取 $AO=3$ 个单位长度得 O 点；

② 过 O 点作轴线的垂线 BC，截取 $OC=OB=0.5$ 个单位长度，即 $BC:AO=1:3$，连接 AB、AC 得圆锥体，其锥度为 $1:3$；

③ 过 E 点作 EM 平行于 AB，过点 F 作 FN 平行于 AC，即为 $1:3$ 锥度的圆锥台。

4. 圆弧连接

用一圆弧光滑地连接相邻两直线或圆弧的作图方法，称为圆弧连接。光滑连接是指线段之间连接一定是相切，问题的关键是求出连接弧的圆心和切点。

(1) 圆弧连接的作图原理（表 1-5）

表 1-5 圆弧连接的作图原理

类别	圆弧与直线连接（相切）	圆弧与圆弧连接（外切）	圆弧与圆弧连接（内切）
图例			
说明	直线与圆光滑连接时，由圆心向直线作垂线，其垂足到圆心的距离等于半径	两圆弧相互外切时，两圆心的连线等于两圆的半径和，切点在两圆心的连线上	两圆相互内切时，两圆心的连线等于两圆的半径差，切点在圆心连线的延长线上

(2) 用圆弧连接锐角和钝角的两边

作图步骤如下（图 1-32）：

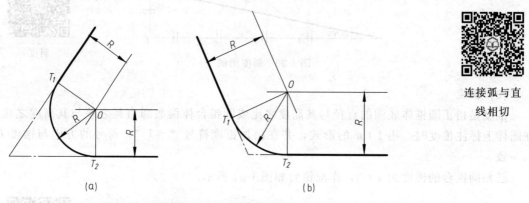

图 1-32 用圆弧连接锐角和钝角的两边

① 求连接圆弧的圆心。用两个三角板配合，分别作与已知角两边相距为 R 的平行线，交点 O 即为连接弧圆心；

② 求连接圆弧的切点。由 O 点分别向已知角的两条线作垂线，垂足 T_1、T_2 即为切点；

③ 画连接圆弧。以 O 为圆心、R 为半径，在两切点 T_1、T_2 之间画连接圆弧，即完成作图。

(3) 用圆弧外连接两已知圆弧

作图步骤如下（图 1-33）：

连接弧与直线相切

① 求连接圆弧的圆心。分别以 O_1、O_2 为圆心，以 R_1+R、R_2+R 为半径，画弧交于 O，O 点就是连接弧圆心；

② 求连接圆弧切点。连 O、O_1 与已知弧交于 A，连 O、O_2 与已知弧交于 B 点，A、B 就是所求的切点；

③ 画连接圆弧。以 O 为圆心，R 为半径画圆弧，连接两已知圆弧于点 A、B，完成作图。

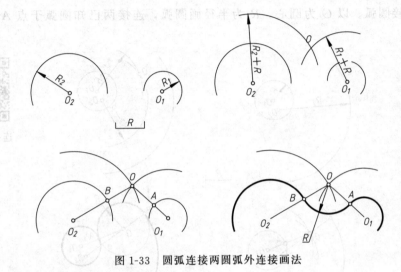

图 1-33 圆弧连接两圆弧外连接画法

(4) 用圆弧内连接两已知圆弧

作图步骤如下（图 1-34）：

① 求连接圆弧的圆心。分别以 O_1、O_2 为圆心，以 $|R-R_1|$、$|R-R_2|$ 为半径，画弧交于 O，O 点就是连接弧圆心；

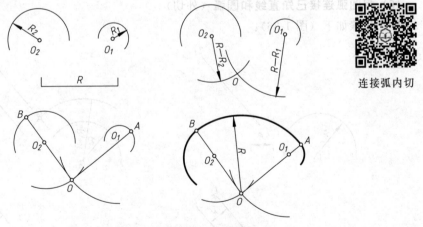

连接弧内切

图 1-34 圆弧连接两圆弧内连接画法

② 求连接圆弧切点。连 OO_1、OO_2 并延长，分别交于 A、B 两点，点 A、B 就是所求的切点；

③ 画连接圆弧。以 O 为圆心，R 为半径画圆弧，连接两已知圆弧于点 A、B，完成作图。

(5) 用圆弧混合连接两已知圆弧

作图步骤如下（图1-35）：

① 求连接圆弧的圆心。分别以 O_1、O_2 为圆心，以 R_1+R、$|R_2-R|$ 为半径，画弧交于 O，O 点就是连接弧圆心；

② 求连接圆弧切点。连 OO_1 与已知弧交于 A 点、连 OO_2 并延长与已知弧交于 B 点，A、B 就是所求的切点；

③ 画连接圆弧。以 O 为圆心，R 为半径画圆弧，连接两已知圆弧于点 A、B，完成作图。

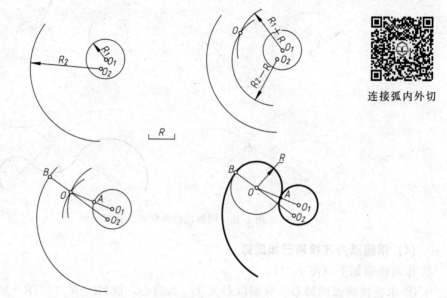

图1-35　圆弧混合连接两圆弧画法

(6) 用圆弧连接已知直线和圆弧（外切）

作图步骤如下（图1-36）：

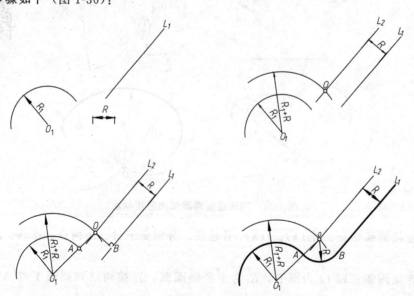

图1-36　圆弧连接直线和圆弧画法

① 求连接圆弧的圆心。作直线 L_2 平行于直线 L_1，两线的距离为 R；以 O_1 为圆心，$R_1 + R$ 为半径画弧与直线 L_2 相交于 O 点，O 点就是连接弧圆心；

② 求连接圆弧切点。连接 OO_1 与已知圆弧交于 A 点，过 O 点作 OB 垂直于直线 L_1，与直线交于 B 点，A、B 就是所求的切点；

③ 画连接圆弧。以 O 点为圆心、R 为半径画圆弧，连接直线 L_1 和圆弧 O_1 于点 A、B，完成作图。

5. 椭圆的画法

椭圆是常见的非圆曲线。已知椭圆长轴和短轴，可以用同心圆法或四心近似法画出椭圆。

椭圆画法

(1) 同心圆法

作图步骤如下（图 1-37）：

① 作两相互垂直的中心线，以中心线交点为圆心，分别以长轴 AB、短轴 CD 长度为直径（大小自定），作两个同心圆；

② 用 30°三角板与丁字尺配合，将所作的圆进行 12 等分，等分线与两圆相交；

③ 过大圆上的等分点作 CD 的平行线，过小圆上的等分点作 AB 的平行线，每两条对应平行线的交点即椭圆上的点；

④ 用曲线板按顺序光滑地连接各点即得椭圆。

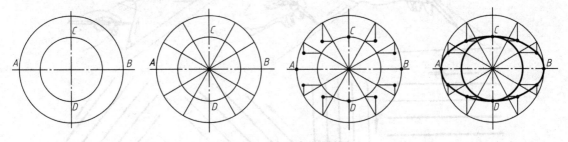

图 1-37 同心圆法画椭圆

(2) 四心近似法

作图步骤如下（图 1-38）：

① 作相互垂直的两中心线，交于点 O，分别在水平线和垂直线上确定椭圆的长、短轴 AB 和 CD；

② 连 AC，以 O 为圆心，OA 为半径画弧交于 DC 延长线的 E 点；再以 C 为圆心，CE 为半径画弧与 AC 交于 F 点；

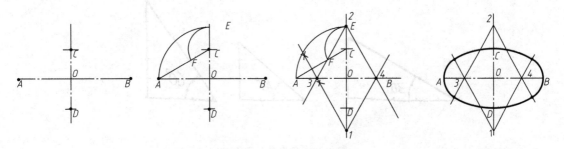

图 1-38 四心近似法画椭圆

③ 作 AF 的垂直平分线，与 AB 交于点3，与 CD 交于点1；量取1、3两点的对称点2和4（1、2、3、4点即圆心）；

④ 连接23点、24点、41点并延长，得到一菱形；

⑤ 以1、2点为圆心，以 $1C$、$2D$ 为半径画弧，与菱形的延长线相交，即得两条大圆弧；再以3、4点为圆心，$3A$、$4B$ 为半径画弧，与所画的大圆弧连接，即得到椭圆。

二、徒手绘图简介

随着计算机绘图技术的发展，工程现场绘制草图显得更加重要，而在测绘现场，为了提高绘图速度和准确性，对于不用绘图工具和仪器而按目测比例和徒手画图的情况不断在增加。徒手绘制草图是工程技术人员必须掌握的一项重要的基本技能。

1. 直线的徒手画法

徒手画直线的基本要领是：笔杆垂直于纸面并略向画线方向倾斜，眼观直线的终点，手腕不动，用手臂带动笔作水平移动或垂直移动，直线尽量要一笔画成，做到粗细均匀，如图1-39所示。

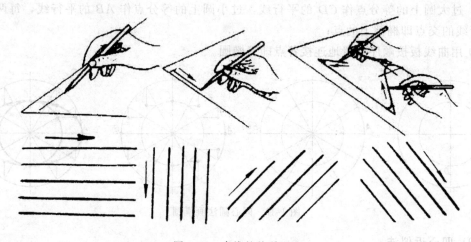

图 1-39   直线的徒手画法

2. 常用角度的徒手画法

画常用的30°、45°、60°等角度时，根据两直角边的比例关系，画出端点然后连接，如图1-40所示。

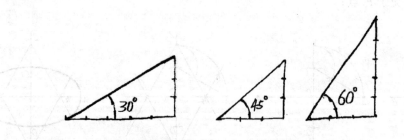

图 1-40   角度的徒手画法

3. 圆的徒手画法

画小圆时，凭目测在中心线上按半径定出四点。画大圆时，先画中心线，目测半径，多画几条过圆心的线，图线越多，圆的精度就越高，如图 1-41 所示。

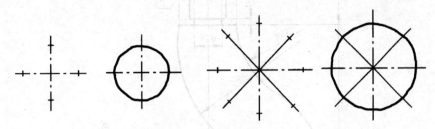

图 1-41　圆的徒手画法

4. 椭圆的徒手画法

先画出椭圆的长短轴，目测定出其四个点，过这四点画一矩形，然后徒手画椭圆与矩形相切，如图 1-42 所示。

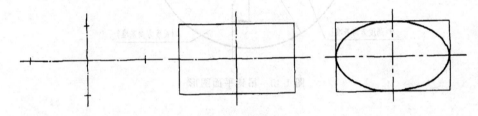

图 1-42　椭圆的徒手画法

三、平面图形的分析与绘图方法

平面图形是由几何图形和一些线段组成。分析平面图形是根据图形形状和尺寸来分析各几何图形和线段的形状、大小和它们的相对位置。绘制平面图形时，也是通过分析尺寸和线段之间的关系，才能掌握正确的作图方法和步骤。

1. 尺寸分析

平面图形中的尺寸按其作用可分为两类。

(1) 定形尺寸

确定平面图形上几何元素形状大小的尺寸，称为定形尺寸。例如：线段长度、圆及圆弧的直径和半径、角度大小等。如图 1-43 所示吊钩平面图中的 $\phi38$、$M24$、$R80$、$R55$ 等均为定形尺寸。

(2) 定位尺寸

确定几何元素位置的尺寸称为定位尺寸。如圆心和直线相对于坐标系的位置等，如图 1-43 中 100、28、20、12 等均为定位尺寸。标注定位尺寸时必须与尺寸基准（坐标轴）相联系。

标注定位尺寸时，必须有个起点，这个起点称为尺寸基准。平面图形有长度和高度两个方向，每个方向至少应有一个尺寸基准。定位尺寸通常以对称图形的对称线、中心线、轴线、较长的直线作为尺寸基准，如图 1-43 中的 A 基准和 B 基准。

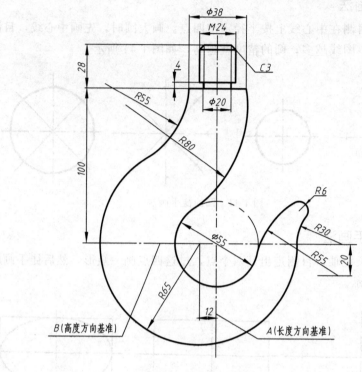

图 1-43　吊钩平面图形

2. 线段分析

(1) 已知线段

定形尺寸和两个定位尺寸齐全，能根据已知尺寸直接画出的线段，称为已知线段。如图 1-43 中的 $\phi55$、$R65$、$\phi38$、$M24$、$\phi20$ 等尺寸，此类图形可以直接画出。

(2) 中间线段

只有定形尺寸和一个方向的定位尺寸，另一个定位尺寸必须根据相邻的已知线段的几何关系求出的线段，称为中间线段。如图 1-43 中的 $R30$、$R55$ 圆弧，圆心的上下位置由一个方向的定位尺寸确定，但缺少确定圆心左右位置的定位尺寸，画图时，必须根据 $R65$ 和 $\phi55$ 圆弧相切这一条件才能将它画出。

(3) 连接线段

只有定形尺寸，没有定位尺寸，其定位尺寸必须根据相邻两端的已知线段求出的线段，称为连接线段。如图 1-43 中的 $R6$、$R55$、$R80$ 圆弧，只能根据和它相邻的相切条件，才能将其画出。

画图时，应先画已知线段，再画中间线段，最后画连接线段。

3. 绘图步骤及尺寸标注

根据所绘制图形的几何尺寸，进行仔细分析，确定各线段的性质，首先应画出已知线段，其次画出中间线段，最后画出连接线段。

(1) 绘制底稿

按图中的实际几何尺寸，画出基准线，见图 1-44(a)；画已知线段，见图 1-44(b)；画中间线段，见图 1-44(c)；画连接线段，见图 1-44(d)。

　　绘制底稿时，图线要清淡、准确，并保持图面整洁。

(2) 加深描粗图线

整个图形画完之后要对图线进行加深描粗处理，见图 1-44(e)。

(3) 标注尺寸

图形绘制完毕，进行尺寸标注，并画图框及标题栏，见图 1-44(f)。

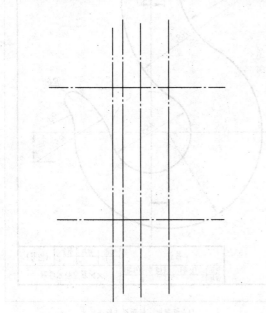

(a) 画出基准线

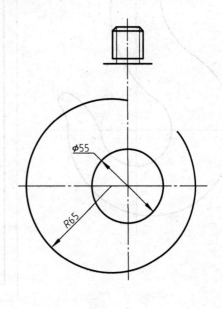

(b) 画已知线段

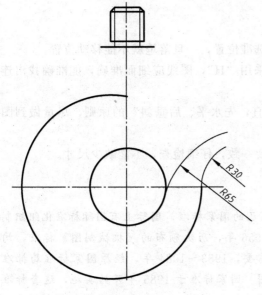

(c) 画中间线段

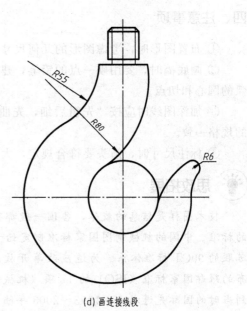

(d) 画连接线段

图 1-44

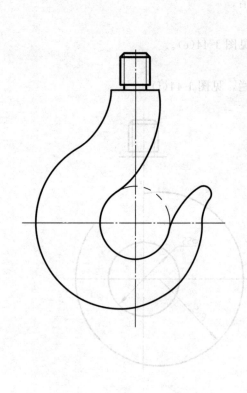

(e) 加深描粗

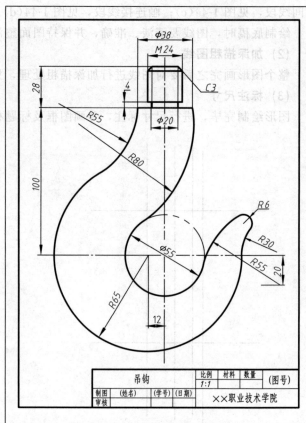

(f) 标题框、标题栏并标注尺寸

图 1-44　吊钩平面图形绘制过程

四、注意事项

① 布置图形时，考虑图形的几何尺寸，选准位置，一旦落笔就不能移动位置。

② 画底稿时，要用硬一点的铅笔，建议采用"H"，图线应细而准确，能准确找出连接弧的圆心和切点。

③ 加深图线时应按"先粗后细，先曲后直，先水平、后垂斜"的原则，尽量做到图线的规格一致。

④ 标注尺寸时，箭头要符合规定，大小要一致，仔细检查，不能缺少尺寸。

 思政拓展

技术图样是信息的载体，各国一般都有自己的国家标准，国际上有国际标准化组织制定的标准。中国的机械制图国家标准制定始于 1956 年，历次颁布的《机械制图》标准，均属苏联的 90CT 标准体系。为适应改革开放的需要，1983~1984 年，经原国家标准局批准发布的跟踪国家标准（ISO）的 17 项《机械制图》国家标准于 1985 年开始实施，这套标准达到当时的国际先进水平。1993~2003 年陆续修订 1985 年实施的《机械制图》国家标准，绝大部分已与国际标准（ISO）接轨。因此遵守制图国家标准和规范运用，树立正确的职业观和道德观，培养创新精神和工匠精神。

模块二　AutoCAD 2024基本操作

【知识目标】

① 熟悉 AutoCAD 界面组成与功能模块（绘图区、命令行、工具栏等）。

② 熟悉坐标系原理（世界坐标系 WCS、用户坐标系 UCS）及其应用场景；掌握图层管理、线型、颜色等标准化的设置。

③ 掌握基本绘图命令与编辑命令，绘制平面图形并标注尺寸。

【技能目标】

① 基础操作能力：能熟练使用绘图工具绘制平面图形。

② 标准化制图能力：根据国家标准标注尺寸公差、表面粗糙度等工程信息能正确设置图纸比例、图框与标题栏，输出符合行业规范的图纸。

③ 问题解决能力：识别并修正图纸中的常见错误，通过命令行输入与快捷键提升绘图效率。

【素质目标】

① 通过图形设计与优化任务，激发空间想象力，提高创新意识。

② 培养严谨细致的工作态度，通过精确绘图与标注训练，强化"零误差"的工匠精神。

③ 通过团队协作完成复杂图纸，强化规范操作、团队协作和社会责任感。

计算机辅助设计（Computer Aided Design，CAD）是指利用计算机软硬件系统来辅助进行产品或工程设计、开发、分析、研究的一门综合性应用技术。随着计算机技术的不断进步，CAD 技术的功能也日趋强大，目前已经在机械、建筑、水利、电子、化工、服装等行业得到了广泛的应用，并不断地应用到其他新的领域中。

AutoCAD 是由美国 Autodesk 公司于二十世纪八十年代初为微机上应用 CAD 技术而开发的绘图程序软件包，现已经成为国际上广为流行的绘图工具。

AutoCAD 具有良好的用户界面，通过交互菜单或命令行方式便可以进行各种操作。多文档设计环境，让非计算机专业人员也能很快地学会使用，在不断实践的过程中更好地掌握它各种应用和开发技巧，从而提高工作效率。

第一节　AutoCAD 2024 启动方式及基本操作

一、AutoCAD 2024 的启动方式

① 桌面快捷方式图标：安装 AutoCAD 时，将在桌面上放置一个 AutoCAD 2024 快捷方

式图标（除非您在安装过程中清除了该选项）。双击 AutoCAD 2024 图标可以启动 Auto-
CAD。

②"开始"菜单：在"开始"菜单（Windows），单击"所有程序" （或"程序"）→
"Autodesk"→"AutoCAD 2024"。

二、AutoCAD 2024 的工作界面

安装完 AutoCAD 2024 后，单击桌面快捷图标或通过执行"程序"中相应菜单启动
AutoCAD 2024，进入 AutoCAD 2024 的工作界面，如图 2-1 所示。界面包含标题栏、菜单
栏、工具栏、绘图窗口、状态栏、命令行等。

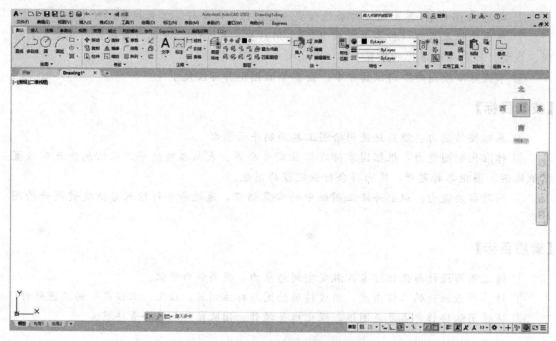

图 2-1　AutoCAD 2024 的工作界面

1. 标题栏

在大多数的 Windows 应用程序里面都有标题栏，AutoCAD 2024 的标题栏在应用程序的最
上面，它的左侧用来显示当前正在运行的应用程序名称，右侧为最小化、最大化（还原）和关
闭按钮。如果是 AutoCAD 默认的图形文件，其名称为 DrawingN. dwg（N 是数字）。

2. 菜单栏

菜单栏由"文件"、"编辑"、"视图"、"插入"、"格式"、"工具"、"绘图"、"标注"、"修
改"、"参数"、"窗口"、"帮助"共 12 个主菜单组成，这些菜单包含了 AutoCAD 常用的功
能和命令。通常菜单栏是隐藏在自定义快速访问工具栏里，可以通过勾选作出显示和隐藏。

3. 命令行与文本窗口

命令行是 AutoCAD 与用户进行交互对话的地方，用于显示系统的信息以及用户输入信
息。在实际操作中我们应该仔细观察命令行所提示的信息。由于命令行窗口较小，不能容纳
大量的文本信息，因此 AutoCAD 又提供了文本窗口，缺省时文本窗口是隐藏的，可以使用

"F2"键来显示该窗口。

4. 状态栏

状态栏位于 AutoCAD 操作界面的底部,左边显示光标位置,右边是控制用户工作状态的图标按钮,用鼠标单击任意一个按钮均可切换当前的工作状态。当按钮被按下变蓝时表示相应的设置处于打开状态。

5. 绘图窗口

绘图窗口是用户的工作平台,相当于桌面上的图纸,用户所作的一切工作都反映在该窗口中。绘图窗口包括绘图区、菜单栏、控制菜单图标、控制按钮、滚动条和模型空间与布局标签等。默认情况下绘图窗口是黑色背景,当鼠标指针位于绘图区域时,显示为白色线条。用户可以单击"工具"→"选项",弹出"选项"对话框后切换到"显示"选项卡,如图 2-2,单击"窗口元素"选项区的"颜色"按钮,打开"图形窗口颜色"对话框进行选择自己需要的窗口背景颜色。

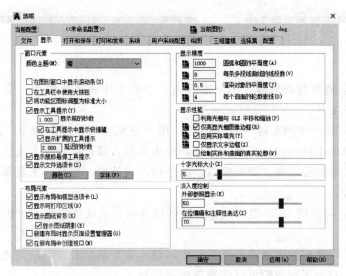

图 2-2 AutoCAD 2024 的"选项"对话框

6. 工具栏

AutoCAD 2024 提供了 46 个已命名的工具栏,默认的情况下,"绘图"、"修改"、"注释"、"图层"、"块"、"特性"等工具栏处于打开状态,如果要显示当前隐藏的工具栏,可以通过下拉菜单执行"视图→工具栏"命令,弹出如图 2-3 所示的"自定义"对话框。

三、AutoCAD 2024 的基本操作

1. 鼠标操作

在绘图窗口,光标通常显示为"十"字线形式。当光标移至菜单选项、工具或对话框内时,它会变成一个箭头。无论光标是"十"字线形式还是箭头形式,当单击或者按动鼠标键时,都会执行相应的命令或动作。

AutoCAD 2024 版本中,把光标移动到任意图标上,会显示提示信息,这些信息提示,包含对命令或控制的概括说明、命令名、快捷键、命令标记以及补充工具提示,对新用户学

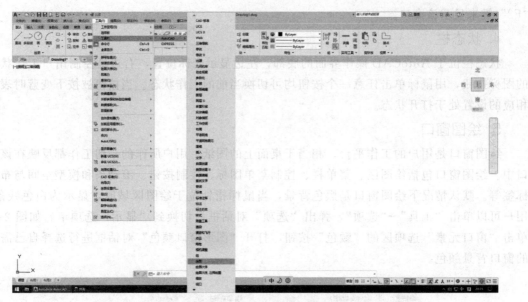

图 2-3　AutoCAD 2024 的"自定义"对话框

习有很大的帮助。

① 鼠标左键：通常指拾取键，用于输入点、拾取实体和选择按钮、菜单、命令，双击文件名可直接打开文件。

② 鼠标右键：相当于回车键（Enter 键），用于结束当前使用的命令，此时系统将根据当前绘图状态而弹出不同的快捷菜单。另外，单击鼠标右键可以重复上次操作命令。单击鼠标右键弹出快捷菜单的位置有：图形窗口、命令行、对话框、窗口、工具条、状态行、模型标签和布局标签等。

③ 弹出菜单：当使用 Shift 键和鼠标右键的组合时，系统将弹出一个快捷菜单，用于设置捕捉点的方法。

对于三键鼠标，弹出按钮通常是鼠标的中间键。按下鼠标滑轮不松，光标变成手状，可以实施平移动作；双击鼠标滑轮可以实现图形满屏显示。

2. 常规键操作

① 空格键：重复执行上一次命令。在输入文字时不同于回车键。

② 回车键：重复执行上一次命令，相当鼠标右键。

③ Esc 键：中断命令执行。

3. 使用命令行

用键盘输入命令：在命令行中输入完整的命令名，然后按 Enter 键或空格键。如输入 line，执行画直线命令。命令名字母不分大小写。某些命令还有快捷方式。例如，除了通过输入 line 来启动直线命令之外，还可以输入 L。如果启用了"动态输入"并设置为显示，用户则可以在光标附近的迷你命令行提示中输入多个命令。

四、AutoCAD 的文件管理

1. 创建新图形文件

选择"文件"→"新建"命令（new），或在"标准"工具栏中单击"新建"按钮，可以创建新图形文件，此时将打开"选择样板"对话框。在"选择样板"对话框中，可以在"名称"列表框中选中某一样板文件，此时在其右面的"预览"框中将显示出该样板的预览图像。单击"打开"按钮，可以以选中的样板文件为样板创建新图形，此时会显示图形文件的布局（选择样板文件 acad. dwt 或 acadiso. dwt 除外）。

2. 打开图形文件

选择"文件"→"打开"命令（open），或在"标准"工具栏中单击"打开"按钮，可以打开已有的图形文件，此时将打开"选择文件"对话框，选择需要打开的图形文件，在右面的"预览"框中将显示出该图形的预览图像。默认情况下，打开的图形文件的格式为 . dwg。在 AutoCAD 中，可以以"打开"、"以只读方式打开"、"局部打开"和"以只读方式局部打开"4 种方式打开图形文件。当以"打开"、"局部打开"方式打开图形时，可以对打开的图形进行编辑，如果以"以只读方式打开"、"以只读方式局部打开"方式打开图形时，则无法对打开的图形进行编辑。如果选择以"局部打开"、"以只读方式局部打开"打开图形，这时将打开"局部打开"对话框，可以在"要加载几何图形的视图"选项组中选择要打开的视图，在"要加载几何图形的图层"选项组中选择要打开的图层，然后单击"打开"按钮，即可在视图中打开选中图层上的对象。

3. 保存图形文件

在 AutoCAD 中，可以使用多种方式将所绘图形以文件形式存入磁盘。可以选择"文件"→"保存"命令（qsave），或在"标准"工具栏中单击"保存"按钮，以当前使用的文件名保存图形；也可以选择"文件"→"另存为"命令（saveas），将当前图形以新的名称保存。每次保存创建的图形时，系统将打开"图形另存为"对话框。默认情况下，文件以"Auto-CAD 2018 图形（ * . dwg）"格式保存，也可以在"文件类型"下拉列表框中选择其他格式，如 AutoCAD 2014/LT2010 图形（ * . dwg）、AutoCAD 图形标准（ * . dws）等格式。

4. 关闭图形文件

选择"文件"→"关闭"命令（close），或在绘图窗口中单击"关闭"按钮，可以关闭当前图形文件。如果当前图形没有存盘，系统将弹出 AutoCAD 警告对话框，询问是否保存文件。此时，单击"是（Y）"按钮或直接按 Enter 键，可以保存当前图形文件并将其关闭；单击"否（N）"按钮，可以关闭当前图形文件但不存盘；单击"取消"按钮，取消关闭当前图形文件操作，即不保存也不关闭。如果当前所编辑的图形文件没有命名，那么单击"是（Y）"按钮后，AutoCAD 会打开"图形另存为"对话框，要求用户确定图形文件存放的位置和名称。

第二节　AutoCAD 2024 绘图基础

一、命令输入

命令是用户与 AutoCAD 之间交流的载体，用户通过命令实现与软件的人机对话。AutoCAD 为用户提供了多种命令输入方式。

① 命令行输入。用键盘直接在命令行中输入命令名（不限大小写），并按空格键或回车键予以确认。在输入时一般采用快捷命令名。

② 工具栏输入。在工具栏中直接"单击"所需输入命令的图标，并根据对话框中的选项或命令行中的提示执行命令。这种方法形象、直观、快捷，便于鼠标操作。

③ 菜单栏输入。单击菜单栏中的某项标题，出现下拉菜单后，在下拉菜单中调用AutoCAD 的命令。

④ 历史命令。在命令提示行中"单击"鼠标右键，可选择"近期使用的命令"。在执行完某一命令后，直接按空格键或回车键可重复上一命令。

二、坐标与坐标系

在手工绘图中，用丁字尺和三角板进行定位和度量，而在 AutoCAD 要用坐标系定位，用坐标度量。AutoCAD 为用户提供了一个固定的坐标系，称之为世界坐标系（World Coordinate System，WCS），这个坐标系存在于任何一个图形之中，并且不可更改。

1. 直角坐标系

直角坐标系由坐标原点和两个通过原点的、相互垂直的坐标轴构成。水平方向的坐标轴为 X 轴，以由左向右为其正方向，以由右向左为其负方向；垂直方向的坐标轴为 Y 轴，以由下向上为其正方向，以由上向下为其负方向。平面上任何一点 P 都可以由 X 轴和 Y 轴的坐标所定义，即用一对坐标值（x，y）来定义一个点。如图 2-4 所示，某点坐标为（200，100）。

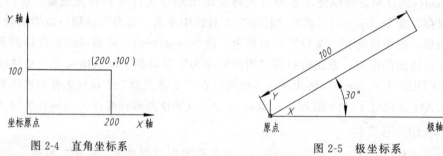

图 2-4　直角坐标系　　　　　　　　　　图 2-5　极坐标系

2. 极坐标系

极坐标创建对象时，可以使用绝对极坐标或相对极坐标（距离和角度）定位点，要使用极坐标指定一点，输入以角括号"<"分隔的距离和角度。默认情况下，角度按逆时针方向增大，按顺时针方向减小。要指定顺时针方向，则为角度输入负值。例如，输入 $L<315$ 和 $L<-45$ 都代表相同的点。平面上任何一点 P 都可以由该点到原点（0，0）的连线长度 L 与 0°角的夹角 α（逆时针方向为正，顺时针方向为负）所定义，如图 2-5 的 100<30，指平面上的点到原点距离为 100，该两点的连线与 0°角的夹角是 30°。

3. 相对坐标

在某些情况下，用户需要直接通过点与点之间的相对位移来绘制图形，而不想指定每个点的绝对坐标，为此，AutoCAD 提供了使用相对坐标的办法。所谓相对坐标，就是某点与相对点的相对位移值，在 AutoCAD 中相对坐标用"@"标识。表示相对坐标时可以使用直角坐标系，也可以使用极坐标系，可根据具体情况而定，如图 2-6 所示。

例如，某一直线的起点坐标为（100，100）、终点坐标为（100，200），则终点相对于起点的相对坐标为（@0，100），用相对极坐标表示应为（@100<90）。

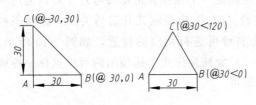

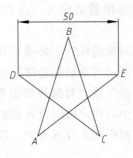

图 2-6 相对坐标 　　　　　　　　　　　图 2-7 图形练习（一）

4. 操作示例

【例 2-1】 如图 2-7，绘制一个边长 50 的正五角星。

命令: _line 指定第一点: 　　　　　　　　　　//在绘图区任意单击一点为 A 点
指定下一点[放弃(U)]: @50<72 　　　　　　　//输入 B 点坐标
指定下一点[放弃(U)]: @50<－72 　　　　　　//输入 C 点坐标
指定下一点[闭合(C)/放弃(U)]: @50<144 　　　//输入 D 点坐标
指定下一点[闭合(C)/放弃(U)]: @50<0 　　　　//输入 E 点坐标
指定下一点[闭合(C)/放弃(U)]: C 　　　　　　//线段回到起始点形成闭合

三、精确绘图

为了提高绘图的质量，AutoCAD 2024 提供了精确绘图的一些辅助工具，包括：捕捉、栅格、正交、极轴追踪、对象捕捉、对象捕捉追踪等，如图 2-8 所示。可以通过单击图 2-8 状态栏中的按钮调用这些工具，右击按钮可进行相应辅助工具的设置。

模型 ▦ ⠿ ▾ ⌐ ∠ ▾ ⌕ ▾ ∠▢ ▾ ≣ ⚔ ⚔ ⚔ 1:1 ▾ ✿ ▾ ╋ ⊡ ◉ ⬚ ☰

图 2-8 状态栏

1. 正交和极轴追踪

① "正交" 是用来绘制水平线和铅垂线的，可以通过单击状态栏中的 "正交" 按钮或按键盘上的 "F8" 来控制其开启与关闭。

② "极轴追踪" 是按设定的极坐标角度增量来追踪特征点。打开极轴追踪后，当沿着设定的极坐标方向移动光标时，会在该方向上显示一条无限延伸的辅助线，这时就可以沿着辅助线追踪所需要的点。可以通过单击状态栏中的 "极轴追踪" 按钮或按键盘上的 "F10" 来控制其开启与关闭。在状态栏的 "极轴追踪" 按钮上单击右键可进行相应的设置，如图 2-9 所示。在此选择卡中，用户可以设置极轴追踪角度。

2. 对象捕捉与对象捕捉追踪

① "对象捕捉" 是当执行某个绘图命令需要输入一点时，系统会自动找出已画图形上的端点、交点、中点、垂足、切点等特殊位置的点。可以通过单击状态栏中的 "对象捕捉" 按钮或按键盘上的 "F3" 来控制其开启与关闭。

② "对象捕捉追踪" 是指当自动捕捉到图形中一个特征点后，再以这个点为基点沿设置

的极坐标角度增量追踪另一点，并在追踪方向上显示一条辅助线，可以在该辅助线上定位点。

在使用对象追踪时，必须打开对象捕捉，首先捕捉一个点作为追踪参考点。可以通过单击状态栏中的"对象捕捉追踪"按钮或按键盘上的"F11"来控制其开启与关闭。在状态栏的"对象捕捉"或"对象捕捉追踪"按钮上单击右键可进行相应的设置，如图 2-10 所示。在此选择卡中，用户可以设置对象捕捉模式。在"对象捕捉模式"选项组内可以选择一种或多种对象捕捉模式，设置完毕，按"确定"按钮即可。

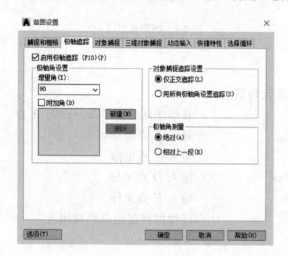

图 2-9　草图设置"极轴追踪"对话框　　　　图 2-10　草图设置"对象捕捉"对话框

注意：并非打开的自动捕捉模式越多越好，因为打开的自动捕捉模式太多会使系统无法识别选定点。一般可以根据需要选择自动捕捉模式，例如，在绘制的图形中端点和交点较多，就可以打开端点和交点组合模式。

③ 操作示例。

【例 2-2】　使用对象捕捉命令绘制如图 2-11 所示图形。

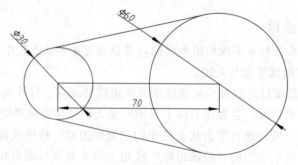

图 2-11　图形练习（二）

命令：_line 指定第一点：　　　　　　　　　//在绘图区域任意单击一点
指定下一点[放弃(U)]：70　　　　　　　　//利用极轴 0°帮助输入 70
命令：_circle 指定圆的圆心或[三点(3P)/
两点(2P)/相切、相切、半径(T)]：单击直线左端点，
指定圆的半径或[直径(D)]：15　　　　　　//输入半径

命令：_circle 指定圆的圆心或［三点(3P)/
两点(2P)/相切、相切、半径(T)]：单击直线右端点，
指定圆的半径或［直径(D)]：30　　　　　　　　　　//输入半径

命令：_line 指定第一点：_tan 到　　　　　　　　　//拾取其中一个圆捕捉切点
指定下一点或［放弃(U)]：_tan 到　　　　　　　　//拾取另一个圆捕捉切点
指定下一点或［放弃(U)]：　　　　　　　　　　　　//按［Enter]键退出命令
命令：_line 指定第一点：_tan 到　　　　　　　　　//拾取其中一个圆捕捉切点
指定下一点或［放弃(U)]：_tan 到　　　　　　　　//拾取另一个圆捕捉切点
指定下一点或［放弃(U)]：　　　　　　　　　　　　//按［Enter]键退出命令

3. 单点捕捉

在绘图时，需要用到一些特殊点，而此时又不是对象捕捉的点，那么就要用到临时追踪
点。常用的临时追踪点集中在"对象捕捉"工具条上。利用"对象捕捉"工具条可以进行单
点捕捉。调用"对象捕捉"工具条的方法：

① 在任意工具栏上，点击鼠标右键，出现工具栏快捷菜单，勾选"对象捕捉"，则出现
"对象捕捉"工具栏，如图 2-12。

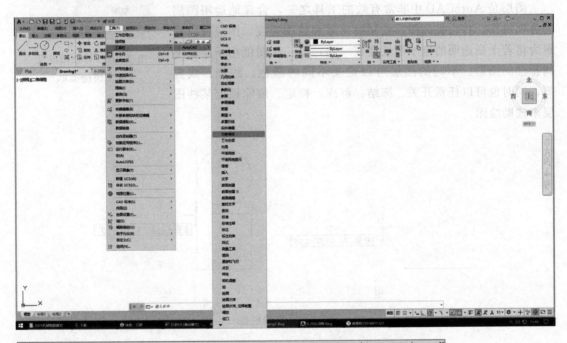

图 2-12　"对象捕捉"工具栏

② 在绘图区，按住 Shift 或 Ctrl 键，同时单击鼠标右键，可以调出"对象捕捉"快捷菜
单，如图 2-13。

4. 自动捕捉

自动捕捉分"极轴追踪"捕捉与"对象追踪"捕捉，具体操作如下：

① 极轴追踪捕捉：打开极轴和对象捕捉，移动光标到与设置好的极轴角的位置处，动点与上一点之间产生一条虚线，并给出极轴角和极轴长度，如图2-14(a)极轴追踪。

② 对象追踪捕捉：打开极轴和对象追踪，移动光标到与需要对应的两点位置，结果在两点之间产生两条相交虚线，并给出极轴角，如图2-14(b)对象追踪捕捉。

动态输入（DYN）：可以代替命令行，在光标行进过程中，随时进行距离、角度和坐标等值的输入，大大简化了在命令行中来回输入数据的麻烦。

动态输入（DYN）"打开"时，正交、极轴、对象捕捉、对象追踪无论处于"打开"还是"关闭"，都能进行动态输入。如果动态输入（DYN）"关闭"，正交、极轴、对象捕捉、对象追踪处于"打开"，只能进行动态显示，不能动态输入。按F12键可以打开或关闭动态输入。

5. 图层的设置与管理

图层是AutoCAD中非常有效的工具之一，合理地运用图层的各项操作，将会提高图形绘制的质量和绘图速度。图层可以理解为将若干张透明的电子图纸叠在一起，每一张图纸用于绘制不同特性的图形。不同的图层可以定义不同的颜色、线型、线宽等，同时也可以任意开关、冻结、解冻、锁定、解除锁定某些图层来辅助绘图。

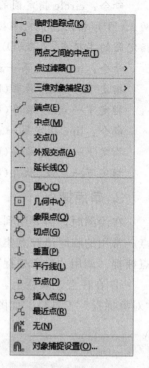

图2-13 "对象捕捉设置"快捷菜单

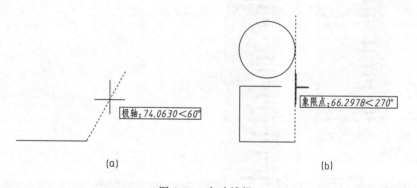

(a)　　　　　　　　　　(b)

图2-14 自动捕捉

① 创建图层。单击"图层"工具栏上的"图层特性管理器"按钮，或打开"格式"菜单，选择"图层"命令，或在命令行中输入"LA"回车，便可打开如图2-15的"图层特性管理器"对话框，可用于创建并设置图层（指定图层的名称、颜色、线形、线宽等特性）。

每当创建一个新的图形文件，系统会自动创建一个名为"0"的图层，该图层不能删除或更名，但可以改变其颜色、线型等特性。

在"图层特性管理器"对话框中，可以通过"新建"图层：单击该按钮，图层列表框中显示新创建的图层。第一次新建，列表中将显示名为"图层1"的图层，随后名称便递增为

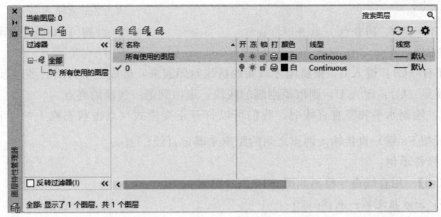

图 2-15 "图层特性管理器"对话框

"图层 2"、"图层 3"……。该名称处于选中状态，可以直接输入一个新图层名，例如"轮廓线"等。通常图层名称应使用描述性文字，例如标注、中心线、虚线和文字等。同时也可以在"图形特性管理器"中更改图层的颜色和线型和线宽。

② 管理图层。单击"图层"工具栏中"图层控制"下拉列表框中下三角按钮，选择要将其设置为当前的图层（比如细实线图层），可将其切换为当前层，如图 2-16，用户只能在当前图层上绘制图形。

单击"图层"工具栏的"将对象的图层置为当前"按钮，可将选定对象所在的图等设置为当前图层。

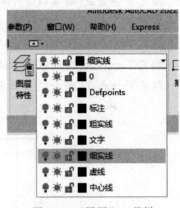

图 2-16 "图层"工具栏

第三节 AutoCAD 绘制二维图形对象

任何一个平面图形，不论其复杂与否，都是由一些基本的图形元素组成。用户可以在"绘图"菜单中选择相应的命令执行，也可以直接选择绘图工具栏中的按钮。

一、直线的绘制

直线是组成工程图形的最基本的图形元素，直线命令也是在绘图过程中使用最多、最频繁的绘图命令之一。

（1）功能：绘制直线段、折线或线框。

（2）命令输入：

命令：line，或 L；

菜单栏："绘图"→"直线"；

工具栏：　。

（3）命令使用：

命令：_line 指定第一点：   //输入起点

指定下一点或[放弃(U)]：   //输入下一点

············· : //连续输入各点

指定下一点或[闭合(C)/放弃(U)]: //按[Enter]键退出命令

参数说明：

① 闭合（C）：键入 C，则将刚才所画的折线封闭起来，形成一个封闭的多边形。

② 放弃（U）：键入 U，则取消刚画的线段，退回到前一线段的终点。

注意：绘制水平和竖直直线时，我们可以打开正交模式（点击状态栏上的"正交"按

钮： ⌐ 或按 F8 键）直接输入两点之间的距离来确定直线。

（4）操作示例：

【例 2-3】 用直线命令绘制如图 2-17 所示图形。

命令：_line 指定第一点：80,70 //输入 A 点坐标

指定下一点或[放弃(U)]:@0,100 //输入 B 点坐标

指定下一点或[放弃(U)]:@60,0 //输入 C 点坐标

指定下一点或[闭合(C)/放弃(U)]:@40<0 //输入 D 点坐标

指定下一点或[闭合(C)/放弃(U)]:@40<0 //输入 E 点坐标

指定下一点或[闭合(C)/放弃(U)]:@0,-40 //输入 F 点坐标

指定下一点或[闭合(C)/放弃(U)]:C //闭合回到 A 点并退出命令

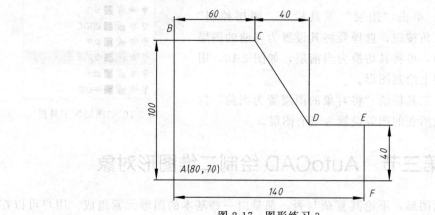

图 2-17　图形练习 3

二、圆的绘制

圆命令也是绘图中使用最多的命令之一，在不方便绘制圆弧的情况下，可以通过绘制圆，再剪切得到圆弧。

（1）功能：绘制圆。

（2）命令输入：

命令：circle 或 C；

菜单栏："绘图"→"圆"；

工具栏： 。

（3）命令使用：

命令：_circle 指定圆的圆心或[三点(3P)/

两点(2P)/相切、相切、半径(T)]:　　　　　　　　　　//确定圆心位置或输入选项

参数说明：

① 指定圆的圆心：确定圆心的位置。

② 三点 (3P)/两点 (2P)/相切、相切、半径 (T)：分别指采用"三点"选项；采用"两点"选项和画采用"相切、相切、半径"选项画圆。

圆的绘制方法很多，可以利用绘图菜单中的圆选项的子菜单操作，如图 2-18 所示。下面以实例来分别介绍这六种方法。

① 圆心、半径方式，绘制如图 2-19 所示的圆。

命令：_circle 指定圆的圆心或[三点(3P)/两点(2P)/

相切、相切、半径(T)]:　　　　　　　　　　　　　　//指定圆心位置

指定圆的半径或[直径(D)]<29.4960>:25　　　　　　//输入半径

② 圆心、直径方式，绘制如图 2-19 所示的圆。

命令：_circle 指定圆的圆心或[三点(3P)/两点(2P)/

相切、相切、半径(T)]:　　　　　　　　　　　　　　//指定圆心位置

指定圆的半径或[直径(D)]<25.0000>:d　　　　　　　//采用"D"选项

指定圆的直径<50.0000>:50　　　　　　　　　　　　//输入直径

③ 三点方式，绘制如图 2-20 所示的圆。

命令：_circle 指定圆的圆心或[三点(3P)/两点(2P)/

相切、相切、半径(T)]:3p　　　　　　　　　　　　　//采用"3P"选项

指定圆上的第一个点：　　　　　　　　　　　　　　//拾取点 A

指定圆上的第二个点：　　　　　　　　　　　　　　//拾取点 B

指定圆上的第三个点：　　　　　　　　　　　　　　//拾取点 C

图 2-18　圆选项菜单　　　图 2-19　圆心、半径方式绘制圆　　　图 2-20　三点方式绘制圆

④ 两点方式，绘制如图 2-21 所示的圆。

命令：_circle 指定圆的圆心或[三点(3P)/两点(2P)/

相切、相切、半径(T)]:2p　　　　　　　　　　　　　//采用"2P"选项

指定圆直径的第一个端点：　　　　　　　　　　　　//拾取点 A

指定圆直径的第二个端点：　　　　　　　　　　　　//拾取点 B

⑤ 相切、相切、半径方式，绘制如图 2-22 所示的圆。

命令：_circle 指定圆的圆心或[三点(3P)/

两点(2P)/相切、相切、半径(T)]:t　　　　　　　　　//采用"T"选项

指定对象与圆的第一个切点：　　　　　　　　　　　//在屏幕上指定切点

指定对象与圆的第二个切点：　　　　　　　　　　　//在屏幕上指定切点

指定圆的半径＜5.5319＞:30　　　　　　　　　　　　　　　//输入半径

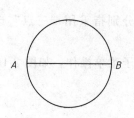

图 2-21　两点方式绘制圆

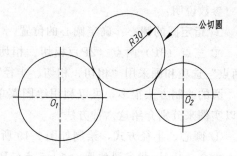

图 2-22　相切、相切、半径方式绘制圆

⑥ 相切、相切、相切方式，绘制如图 2-23 所示的圆。

命令:_circle 指定圆的圆心或[三点(3P)/

两点(2P)/相切、相切、半径(T)]:3p(指定圆上的第一个点:_tan)　　//采用"相切、相切、相切"

　　　　　　　　　　　　　　　　　　　　　　　　　　　选项,拾取点 A

指定圆上的第二个点:_tan　　　　　　　　　　　　　　　//拾取点 B

指定圆上的第三个点:_tan　　　　　　　　　　　　　　　//拾取点 C

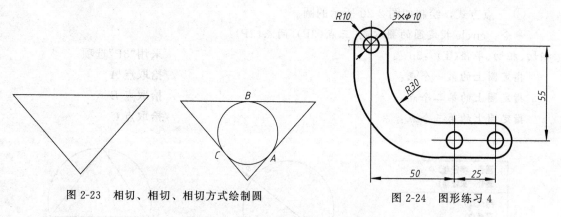

图 2-23　相切、相切、相切方式绘制圆

图 2-24　图形练习 4

（4）操作示例：

【例 2-4】　使用直线、圆命令绘制图 2-24 所示的平面图形，作图步骤如图 2-25。

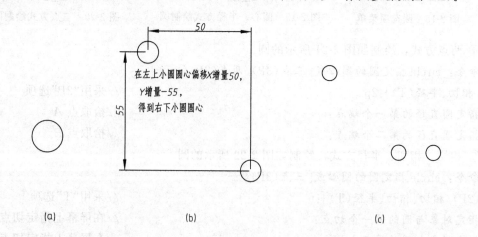

在左上小圆心偏移X增量50，
Y增量-55，
得到右下小圆圆心

(a)　　　　　　　　　　　　(b)　　　　　　　　　　　　(c)

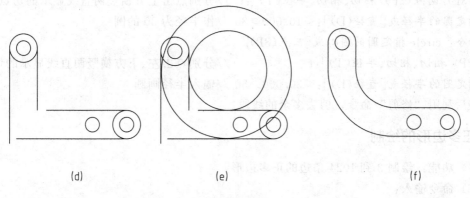

(d)   (e)   (f)

图 2-25　作图步骤

命令:_circle 指定圆的圆心或[三点(3P)/两点(2P)/相切、相切、半径(T)]:	//在绘图区任意位置确定圆心位置
指定圆的半径或[直径(D)]:5	//作出左上的小圆
命令:_circle 指定圆的圆心或[三点(3P)/两点(2P)/相切、相切、半径(T)]:	//按住[Shift]单击鼠标右键,在弹出的"对象捕捉设置"对话框上选择"自"
_from 基点:	//拾取左上小圆圆心
＜偏移＞:@50,-55	//输入右下小圆圆心坐标
指定圆的半径或[直径(D)]:＜5.000＞5	//输入半径画右下的小圆
命令:_circle 指定圆的圆心或[三点(3P)/两点(2P)/相切、相切、半径(T)]:	//按住[Shift]单击鼠标右键,在弹出的"对象捕捉设置"对话框上选择"自"
_from 基点:	//拾取左上小圆圆心
＜偏移＞:@75,-55	//输入右下小圆圆心坐标
指定圆的半径或[直径(D)]:＜5.000＞	//按[Enter]默认前面圆的半径画右下小圆
命令:_circle 指定圆的圆心或[三点(3P)/两点(2P)/相切、相切、半径(T)]:	//拾取左上角的小圆圆心
指定圆的半径或[直径(D)]:＜5.000＞10	//输入半径画左上角的小圆
同样方法,得到右下小圆的外圆。	
命令:_line 指定第一点:	//按住[Shift]单击鼠标右键,在弹出的"对象捕捉设置"对话框上选择"象限点",分别拾取左上外圆的左、右象限点沿极轴向下绘制直线
命令:_line 指定第一点:	//按住[Shift]单击鼠标右键,在弹出的"对象捕捉设置"对话框上选择"象限点",分别点击右下外圆的上、下象限点沿极轴向左绘制直线
命令:_circle 指定圆的圆心或	

[三点(3P)/两点(2P)/相切、相切、半径(T)]:t //分别点击上方横竖两直线显示的切点

  指定圆的半径或[直径(D)]:<10.000>30 //作半径为30的圆

  命令:_circle指定圆的圆心或[三点(3P)/

两点(2P)/相切、相切、半径(T)]:t   //分别点击左、下方横竖两直线显示的切点

  指定圆的半径或[直径(D)]:<30.000>50 //输入半径画圆

最后利用"修剪"命令,剪去多余的线段。

三、正多边形的绘制

(1) 功能:绘制3到1024条边的正多边形。

(2) 命令输入:

命令:polygon或POL;

菜单栏:"绘图"→"正多边形";

工具栏: ⬡ 。

(3) 命令使用:

命令:_polygon输入边的数目<4>:   //输入正多边形边数,默认为正方形

指定正多边形的中心点或[边(E)]:   //指定正多边形的中心点或"E"选项

输入选项[内接于圆(I)/外切于圆(C)]<I>: //采用"I"或"C"选项

指定圆的半径: //输入半径

参数说明:

① 指定多边形的中心点:输入或指定中心点的位置来确定多边形的中心点。多边形大小由外切圆或内接圆的半径确定。

② 边(E):用多边形的一条边长来确定正多边形的大小。命令行要求输入一条边的两个端点,确定多边形的边长。

③ 内接于圆(I)/外切于圆(C):输入正多边形内接于圆"I"时,圆的半径等于中心点到多边形顶点的距离;输入正多边形外切圆"C"时,圆的半径等于中心点到多边形边的中点的距离。

注意:在应用"正多边形"命令的过程中,注意区分"内接于圆(I)"和"外切于圆(C)"的实际意义。"内接于圆(I)"的圆半径是多边形的中心距多边形顶点的距离;"外切于圆(C)"的圆半径是多边形的中心距多边形边的距离。如图2-26所示。使用指定边来绘制正多边形时,系统默认是从第一个端点沿顺时针方向到第二个端点绘制正多边形的。

四、矩形的绘制

矩形是工程图纸的重要组成之一。AutoCAD通过指定两个对角点来绘制矩形。

(1) 功能:绘制矩形。

(2) 命令输入:

命令:rectang或REC;

菜单栏:"绘图"→"矩形";

工具栏: ▭ 。

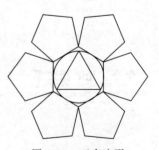

图2-26 正多边形

（3）命令使用：

命令：_rectang

指定第一个角点或[倒角(C)/标高(E)/

圆角(F)/厚度(T)/宽度(W)]：　　　　　　　　　　　//在绘图区指定或键盘输入一角点

指定另一个角点或[面积(A)/尺寸(D)/旋转(R)]：　//在绘图区指定或键盘上输入相对

　　　　　　　　　　　　　　　　　　　　　　　坐标,确定另一对角点

参数说明：

指定第一个角点或［倒角（C)/标高（E)/圆角（F)/厚度（T)/宽度（W)]：

① 倒角（C)：绘制带倒角的矩形。

第一倒角距离——定义第一倒角距离；第二倒角距离——定义第二倒角距离。

② 标高（E)：定义矩形的高度。

③ 圆角（F)：绘制带圆角的矩形。矩形的圆角半径——定义圆角的半径。

④ 厚度（T)：定义矩形的厚度。

⑤ 宽度（W)：定义矩形的线宽。

（4）操作示例：

【例2-5】　如图2-27所示，绘制一个100×60的矩形。

命令：_rectang

指定第一个角点或[倒角(C)/标高(E)/

圆角(F)/厚度(T)/宽度(W)]：　　　　　　　　　　//在绘图区任意输入一角点

指定另一个角点或[面积(A)/尺寸(D)/旋转(R)]:@100,60　//在键盘输入相对坐标,确

　　　　　　　　　　　　　　　　　　　　　　定另一对角点

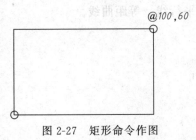

图2-27　矩形命令作图

第四节　AutoCAD 编辑二维图形对象命令

　　图形编辑是指对已创建的图形对象进行移动、旋转、复制、删除、剪切、拉伸及其他修改操作，它可以帮助用户合理构造与组织图形，保证作图的准确度，减少重复的绘图操作，从而提高设计与绘图效率。

　　用户可以在"绘图"菜单中选择相应的命令执行，也可以直接选择编辑工具栏中的按钮。

一、选择图形对象

　　在 AutoCAD 2024 中，选择对象的方法很多。其中下列三种方法最常见。

　　① 直接用鼠标选择对象；

　　② 窗口选择。从左向右拖动光标，以仅选择完全位于矩形区域中的对象；

③ 交叉选择。从右向左拖动光标，以选择矩形窗口包围的或相交的对象。

二、删除、偏移、复制、移动等编辑命令

1. 删除

（1）功能：删除选中的图形。

（2）命令输入：

命令：erase 或 E；

菜单栏："修改"→"删除"；

工具栏：✍ 。

（3）命令使用：

命令：_erase

选择对象：　　　//使用选择方法选择要删除的对象,并按[Enter]键,选中的图形被删除

也可输入下列选项：

输入 L（上一个），删除绘制的上一个对象。

输入 p（上一个），删除上一个选择集。

输入 all，从图形中删除所有对象。

输入?，查看所有选择方法列表。

注意：删除时，可以直接使用回车，也可使用鼠标右键。另外，也可以直接选中删除对象，使用键盘上的［Delete］键。

2. 偏移

（1）功能：创建同心圆、平行线、等距曲线。

（2）命令输入：

命令：offset 或 O；

菜单栏："修改"→"偏移"；

工具栏：⊂ 。

（3）命令使用：

命令：_offset

当前设置:删除源＝否 图层＝源 OFFSETGAPTYPE＝0

指定偏移距离或[通过(T)/删除(E)/图层(L)]＜通过＞:5　　//输入要偏移的距离

选择要偏移的对象,或[退出(E)/放弃(U)]＜退出＞:　　　　//拾取要偏移的对象

指定要偏移的那一侧上的点,或[退出(E)/

多个(M)/放弃(U)]＜退出＞:　　　　　　　　　　　　　　//拾取要偏移的对象偏向
　　　　　　　　　　　　　　　　　　　　　　　　　　　　　　的一侧

选择要偏移的对象,或[退出(E)/放弃(U)]＜退出＞:　　　//按[Enter]键退出命令

偏移绘制平行线如图 2-28 所示。

参数说明：

① 通过（T）：输入"T"后回车，系统有如下的命令提示：

命令：_offset

当前设置:删除源＝否　图层＝源　OFFSETGAPTYPE＝0

指定偏移距离或[通过(T)/删除(E)/图层(L)]<10.0000>:t　//采用"T"选项

选择要偏移的对象或<退出>:　　　　　　　　　//拾取要偏移的对象

指定通过点:　　　　　　　　　　　　　　　　//选择点 A 作为偏移对象的通过点

选择要偏移的对象,或[退出(E)/放弃(U)]<退出>:　//按[Enter]键退出命令

偏移"T"选项如图 2-29 所示。

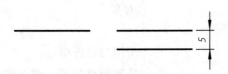

图 2-28　偏移绘制平行线

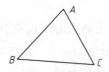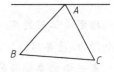

图 2-29　偏移"T"选项

② 删除(E):输入"E"后回车,系统有如下的命令提示:

命令:_offset

当前设置:删除源＝否,图层＝源 OFFSETGAPTYPE＝0

指定偏移距离或[通过(T)/删除(E)/

图层(L)]<通过>:e　　　　　　　　　　　　//采用"E"选项

要在偏移后删除源对象吗? [是(Y)/否(N)]<否>:y　//采用"Y"选项偏移时删除源对象

指定偏移距离或[通过(T)/删除(E)/图层(L)]<通过>:5//输入偏移的距离

选择要偏移的对象,或[退出(E)/放弃(U)]<退出>:　//拾取要偏移的对象

指定要偏移的那一侧上的点,或[退出(E)/

多个(M)/放弃(U)]<退出>:　　　　　　　　　//拾取偏移的那一侧上的点

选择要偏移的对象,或[退出(E)/放弃(U)]<退出>:　//按[Enter]键退出命令

(4) 操作示例:

【例 2-6】　如图 2-30,绘制一组间距为 5 的同心圆、平行线和任意曲线。

图 2-30　偏移命令作图

分别用"圆（C）"、"直线（L）"、"样条曲线（SPL）"命令作出任意直径，任意长度，任意拟合点的圆、直线和样条曲线，如图2-30（a）。

命令：_offset

当前设置：删除源＝否 图层＝源 OFFSETGAPTYPE＝0

指定偏移距离或[通过(T)/删除(E)/图层(L)]<通过>:5   //输入距离

选择要偏移的对象，或[退出(E)/放弃(U)]<退出>:   //依次拾取圆、直线、样条直线，一次只能选一个偏移对象

指定要偏移的那一侧上的点，或[退出(E)/多个(M)/放弃(U)]<退出>:m   //采用"M"选项

点击指定要偏移的对象偏向的一侧: //拾取偏移的那一侧上的点

选择要偏移的对象，或[退出(E)/放弃(U)]<退出>:   //按[Enter]键退出命令

偏移命令作图如图2-30（b）所示。

注意：偏移曲线时，曲线的弯曲程度。超过弯曲极限时，一部分曲线则不会偏移。

3. 复制

（1）功能：将选中对象复制到指定位置，可作重复复制。

（2）命令输入：

命令：copy 或 C；

菜单栏："修改"→"复制"；

工具栏：%。

（3）命令使用：

命令：_copy

选择对象：找到1个   //可以同时选择多个对象

选择对象：   //按[Enter]键结束选对象

当前设置：复制模式＝多个指定基点或[位移(D)/模式(O)]<位移>:

指定第二个点或<使用第一个点作为位移>:   //可以指定两个基点或位移作为复制对象和原对象的距离

复制命令画圆如图2-31所示。

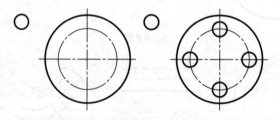

图2-31 复制命令画圆

参数说明：

① 指定基点：复制对象时的基准点。

② 位移：复制对象时，对象所要偏移的距离。

③ 模式：如果当前模式为：复制模式＝多个。

4. 移动

(1) 功能：将图形实体从一个位置移动到另一个位置。

(2) 命令输入：

命令：move 或 M；

菜单栏："修改"→"移动"；

工具栏：✥。

(3) 命令使用：

命令：_move

选择对象:找到 1 个　　　　　　　　　　　　　　//可以同时选择多个对象

选择对象:　　　　　　　　　　　　　　　　　//按[Enter]键结束选对象

指定基点或位移:指定位移的第二点或＜用第一点作位移＞:

注意：图形或几何元素经过移动后，原对象就不会存在了，它被移动到一个新的位置。它同"复制"有相同地方，但也有区别，如图 2-32 所示。

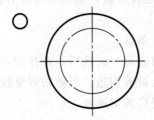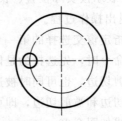

图 2-32　移动命令画圆

三、修剪、延伸、旋转、镜像、阵列

1. 修剪

(1) 功能：用指定图线（剪切边）修剪指定对象。

(2) 命令输入：

命令：trim 或 TR；

菜单栏："修改"→"修剪"；

工具栏：✂。

(3) 命令使用：

命令:_trim

当前设置:投影＝UCS,边＝无

选择剪切边 ...

选择对象或＜全部选择＞:找到 1 个　　　　//选择要剪切对象的边界,直接回车默认全选

　　　　　　　　　　　　　　　　　　　　　对象

选择对象:　　　　　　　　　　　　　　　//按[Enter]键结束选对象

选择要修剪的对象,或按住 Shift 键选

择要延伸的对象,或[栏选(F)/窗交(C)/

投影(P)/边(E)/删除(R)/放弃(U)]:　　　　　　//拾取被剪切对象,并按[Enter]键退出命令

参数说明:

① 栏选（F）:栏选方式选择要修剪的对象。

② 窗交（C）:窗交方式选择要修剪的对象。

③ 投影（P）:输入"P"后回车,系统有如下的命令提示:

选择要修剪的对象或［投影（P）/边（E）/放弃（U）］:p

输入投影选项［无（N）/UCS（U）/视图（V）］<UCS>:（确定在哪个绘图环境中进行修剪）

④ 边（E）:输入"E"后回车,系统有如下的命令提示:

选择要修剪的对象或［投影（P）/边（E）/放弃（U）］:e

输入隐含边延伸模式［延伸（E）/不延伸（N）]<不延伸>:e

选择要修剪的对象或［投影（P）/边（E）/放弃（U）］:

选项"延伸":表示按延伸的方式剪切。即如果剪切边太短,未与被剪切边相交,则软件会假想将剪切边延长至与被剪切边相交,然后再进行剪切。

选项"不延伸":表示按实际位置、长度进行剪切,未相交的边不会产生剪切效果。

⑤ 放弃（U）:退出操作过程。

"指定对角点":指定窗交选择的第一个对角点。

注意:执行修剪命令时,先选择的是修剪边界,确认后,选择的才是要修剪的对象。

同一对象既可作剪切边,也可同时被选为被剪切边。当剪切对象较多时,可同时选中多个对象,相互作为剪切边和被剪切边,即可提高剪切速度。

修剪图形多余的线如图 2-33。

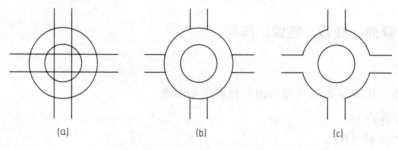

(a)　　　　　　(b)　　　　　　(c)

图 2-33　修剪命令作图

用"圆（C）"命令作出两同心圆,用"直线（L）"命令作出两条垂直相交的线,再用"偏移"命令使其变成两组平行线,然后用"移动（M）"命令将它们放置好,如图 2-33（a）所示。

命令:_trim

当前设置:投影＝UCS,边＝无

选择剪切边 …

选择对象或<全部选择>:　找到 1 个　　　　　　//拾取选外圆

选择对象:　　　　　　　　　　　　　　　//按[Enter]键结束选对象

选择要修剪的对象,或按住 Shift 键选择

要延伸的对象,或[栏选(F)/窗交(C)/

投影(P)/边(E)/删除(R)/放弃(U)]: 　　　　　//分别拾取外圆内不要的直线对象,并按
　　　　　　　　　　　　　　　　　　　　　　　　　　[Enter]键退出命令

修剪后的图形如图 2-33 (b) 所示。

命令:_trim

当前设置:投影＝UCS,边＝无

选择剪切边 ...

选择对象或＜全部选择＞:总计 8 个 　　　//拾取外圆 8 条直线

选择对象: 　　　　　　　　　　　　　　//按[Enter]键结束选对象

选择要修剪的对象,或按住 Shift 键选择

要延伸的对象,或[栏选(F)/窗交(C)/

投影(P)/边(E)/删除(R)/放弃(U)]: 　　　//分别拾取外圆不要的对象,并按
　　　　　　　　　　　　　　　　　　　　　　　　[Enter]键退出命令

修剪后的图形如图 2-33 (c) 所示。

2. 延伸

(1) 功能:延长指定的对象,使其达到图中指定的边界。

(2) 命令输入:

命令:extend 或 EX;

菜单栏:"修改"→"延伸";

工具栏: →| 。

(3) 命令使用:

命令:_extend

当前设置:投影＝UCS,边＝无

选择边界的边 ...

选择对象或＜全部选择＞:找到 2 个 　　　//选择要延伸到的边界对象

选择对象: 　　　　　　　　　　　　　　//按[Enter]键结束选对象

选择要延伸的对象,或按住 Shift 键选择要修剪的对象,

或[栏选(F)/窗交(C)/投影(P)/边(E)/放弃(U)]: 　　　//拾取要延伸的对象,并按
　　　　　　　　　　　　　　　　　　　　　　　　　　　　[Enter]键退出命令

参数说明:参数与修剪中类似,延伸不足的线,延伸后如图 2-34 (a) 所示。

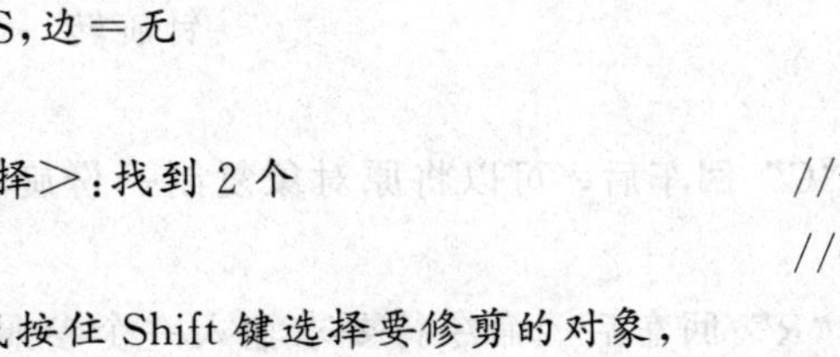

(a) 　　　　　　　　　　　(b)

图 2-34　延伸命令作图

以修剪完成的图 2-34（b）作图。

命令：_extend

当前设置：投影＝UCS，边＝无

选择边界的边 ...

选择对象或＜全部选择＞：找到 1 个　　//拾取里面的小圆，即选择要延伸到的边界对象

选择对象：　　　　　　　　　　　//按[Enter]键结束选对象

选择要延伸的对象，或按住 Shift 键

选择要修剪的对象，或[栏选（F）/

窗交（C）/投影（P）/边（E）/放弃（U）]：　//分别拾取 8 条直线，并按[Enter]键退出命令

3. 旋转

（1）功能：将所选对象绕指定点（称为旋转基点）旋转指定角度。

（2）命令输入：

命令：rotate 或 RO；

菜单栏："修改"→"旋转"；

工具栏：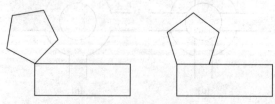。

（3）命令使用：

命令：_rotate

UCS 当前的正角方向：ANGDIR＝逆时针 ANGBASE＝0

选择对象：找到 1 个

选择对象：　　　　　　　　　　　　　//按[Enter]键结束选对象

指定基点：　　　　　　　　　　　　　//选择旋转中心

指定旋转角度，或[复制（C）/参照（R）]＜0＞：　//输入正值逆时针旋转，输入负值顺时
　　　　　　　　　　　　　　　　　　　　　针旋转

参数说明：

① 复制（C）：输入"C"回车后，可以将原对象复制一份旋转到指定的角度，而原对象还在原来的位置。

② 参照（R）：输入"R"回车后，命令行要求输入一个参照角度值和一个新角度值。而对象最终旋转的角度是新角度减去参照角度。

注意：在应用"旋转"命令时要注意 ANGDIR 的取值，当 ANGDIR 的值是 0 时，输入正角按逆时针旋转；当 ANGDIR 的值是 1 时，输入正角按顺时针旋转。

（4）操作示例：

【例 2-7】 将图 2-35 旋转－45°。

图 2-35　旋转命令作图

命令：_rotate
UCS 当前的正角方向：ANGDIR＝逆时针 ANGBASE＝0
选择对象：指定对角点：找到 5 个　　　　　　　　　　//用窗口框选
选择对象：　　　　　　　　　　　　　　　　　　　//按[Enter]键结束选对象
指定基点：　　　　　　　　　　　　　　　　　　　//基点选择矩形左上角点
指定旋转角度，或[复制(C)/参照(R)]<45>：－45　　//输入角度

4. 镜像

(1) 功能：将选中对象镜像复制，主要用于对称图形的绘制。

(2) 命令输入：

命令：mirror 或 MI；

菜单栏："修改"→"镜像"；

工具栏： ⚠ 。

(3) 命令使用：

命令：_mirror
选择对象：指定对角点：找到 7 个　　　　　　　//用窗口框选
选择对象：　　　　　　　　　　　　　　　　　//按[Enter]键结束选对象
指定镜像线的第一点：指定镜像线的第二点：　//选择图 2-36(a)镜像线上的两点
是否删除源对象？[是(Y)/否(N)]<N>：
① 输入 Y,　　　　　　　　　　　　　　　　//删除原有的图形，只保留镜像后的图形
② 输入 N,　　　　　　　　　　　　　　　　//保留所有图形，不删除镜像源，如图 2-36
　　　　　　　　　　　　　　　　　　　　　(b)所示

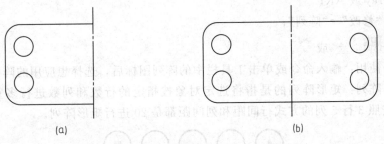

图 2-36　镜像命令作图（一）

注意：默认情况下，镜像文字、属性和属性定义时，它们在镜像图像中不会反转或倒置。文字的对齐和对正方式在镜像对象前后相同。如果确实要反转文字，请将 MIRRTEXT 系统变量设置为 1，否则设置为 0。MIRRTEXT 会影响使用 TEXT、ATTDEF 或 MTEXT 命令、属性定义和变量属性创建的文字。镜像插入块时，作为插入块一部分的文字和常量属性都将被反转，而不管 MIRRTEXT 设置。

将图 2-37（a）进行镜像。

① Mirrtext 变量设置为 0，文字可读。

命令：_mirror
选择对象：指定对角点：找到 3 个　　　　　　//用窗口框选
选择对象：　　　　　　　　　　　　　　　　//按[Enter]键结束选对象

指定镜像线的第一点：指定镜像线的第二点： //选择垂直对称线
要删除源对象吗？[是(Y)/否(N)]<N>： //默认 N，按[Enter]键退出命令
如图 2-37（b）。

② Mirrtext 变量设置为 1，文字不可读。

命令：mirrtext
输入 MIRRTEXT 的新值<0>：1
命令：_mirror
选择对象：指定对角点：找到 3 个 //用窗口框选
选择对象： //按[Enter]键结束选对象
指定镜像线的第一点：指定镜像线的第二点： //分别拾取垂直对称线上两点
要删除源对象吗？[是(Y)/否(N)]<N>： //默认 N，按[Enter]键退出命令
如图 2-37（c）所示。

镜像三角形
镜像三角形
镜像三角形
镜像三角形

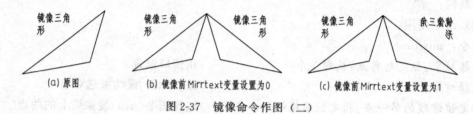

(a) 原图　(b) 镜像前 Mirrtext 变量设置为0　(c) 镜像前 Mirrtext 变量设置为1

图 2-37 镜像命令作图（二）

5. 阵列

（1）功能：将选定对象按矩形、路径或环形阵列进行多重复制。

（2）命令输入：

命令：array 或 AR；

菜单栏："修改"→"阵列"；

工具栏： 、 或 。

（3）命令使用：输入命令或单击工具栏中的阵列图标后，选择想应用的阵列类型。

（4）矩形阵列：矩形阵列的是指将选定对象按指定的行数和列数进行多重复制。如图 2-38 将小圆按照 3 行 5 列的方式行间距和列间距都是 20 进行矩形阵列。

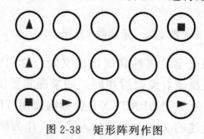

图 2-38 矩形阵列作图

在图 2-39 所示的矩形阵列对话框中进行设置。

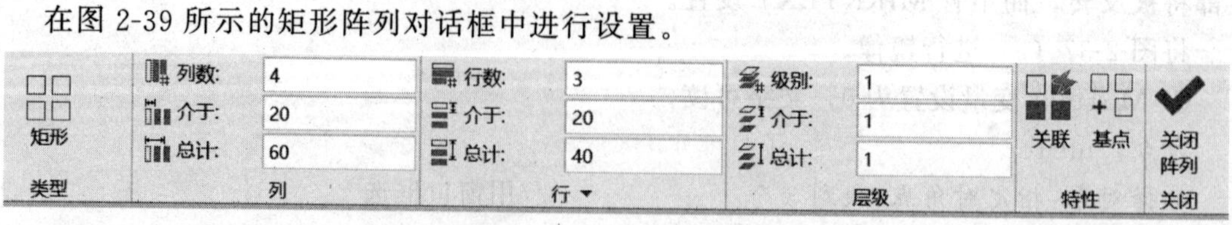

矩形
类型
列数: 4
介于: 20
总计: 60
列
行数: 3
介于: 20
总计: 40
行
级别: 1
介于: 1
总计: 1
层级
关联
基点
特性
关闭
阵列
关闭

图 2-39 矩形阵列对话框

参数说明：

① 行数、列数：输入矩形阵列中行数和列数。

② 行偏移、列偏移：确定矩形阵列中的行间距和列间距。注意正值和负值，使添加对象的方向不同。

③ AS（关联）选项默认是 YES，此时的阵列对象是一个整体，不能单独进行编辑，若 AS（关联）选项改成否 NO，则阵列后的对象才能任意编辑。

（5）路径阵列：路径阵列是指将选定对象绕指定的路径中（例如直线、多段线、三维多段线、样条曲线、螺旋、圆弧、圆或椭圆）进行旋转并多重复制。

① 依次单击"常用"选项卡，"修改"面板"路径阵列"。

② 选择要排列的对象，并按 Enter 键。

③ 选择某个对象（例如直线、多段线、三维多段线、样条曲线、螺旋、圆弧、圆或椭圆）作为阵列的路径。

④ 指定沿路径分布对象的方法。要沿整个路径长度均匀地分布项目，请依次单击上下文功能区选项卡上的"特性"面板"定数等分"。要以特定间隔分布对象，请依次单击"特性"面板"定距等分"。

⑤ 沿路径移动光标以进行调整，按 Enter 键结束阵列，如图 2-40 所示。

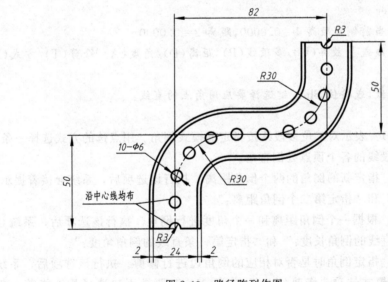

图 2-40　路径阵列作图

（6）极轴（环形）阵列：极轴（环形）阵列是指将选定对象绕指定的中心点旋转并多重复制。

参数说明：

① 中心点：输入或选择环形阵列的中心点。

② 方法：项目总数和填充角度、项目总数和项目间角度、填充角度和项目间角度。

③ 项目总数、填充角度、项目间角度：是环形阵列的三个参数，根据选择的方法不同，系统只要求确定其中的两个即可，项目总数只能输入，而填充角度和项目间角度有正负之分，可以输入，也可以在屏幕上指定，如图 2-41 图形。

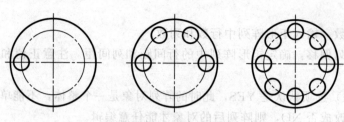

图 2-41　环形阵列作图

四、倒角、圆角、缩放、打断、分解

1. 倒角

(1) 功能：对两条不平行的直线边倒棱角。

(2) 命令输入：

命令：chamfer 或 CHA；

菜单栏："修改"→"倒角"；

工具栏：〔图标〕。

(3) 命令使用：

命令：_chamfer

（"修剪"模式）当前倒角距离 1＝0.0000,距离 2＝0.0000

选择第一条直线或［放弃(U)/多段线(P)/距离(D)/角度(A)/修剪(T)/方式(E)/多个(M)］：

选择第二条直线,或按住 Shift 键选择要应用角点的直线：

参数说明：

① 多段线（P）：表示对二位多段线按指定的模式倒角。用点选的方式选择一条多段线，AutoCAD 会在多段线的各个顶点处倒直角。

② 距离（D）：指定新的倒角的两个倒角距离。执行该选项后，系统会接着提示："指定第一个倒角距离："和"指定第二个倒角距离："。

③ 角度（A）：根据一个倒角距离和一个角度进行倒角。执行该选项后，系统会接着提示："指定第一条直线的倒角长度："和"指定第一条直线的倒角角度："。

④ 修剪（T）：指定倒角时是否对相应的倒角边进行修剪。执行该选项后，系统会接着提示："输入修剪模式选项［修剪(T)/不修剪(N)］"要求用户选择是否修剪，两种方式如图 2-42。

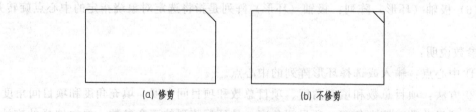

(a) 修剪　　　　　　　　　　(b) 不修剪

图 2-42　倒角命令作图（一）

⑤ 方式（E）：指定采用什么方式倒角，即按设定好的两个倒角距离方式倒角还是按距离与角度的方式倒角。执行该选项后，系统会接着提示："输入修剪方式［距离(D)/角度

（A）]："。

⑥ 放弃（U）：放弃上一次操作命令。

⑦ 多个（M）：输入"M"回车后，系统会默认重复多次选择相同的修剪方法进行操作（按距离或角度）。

注意：输入倒角的两个距离时，可以相等，也可以不相等。

（4）操作示例：

【例 2-8】 将图 2-43(a) 中的正六边形进行倒角。距离 1＝5，距离 2＝5。

命令：_chamfer

（"修剪"模式）当前倒角距离 1＝0.0000,距离 2＝0.0000

选择第一条直线或[放弃(U)/多段线(P)/

距离(D)/角度(A)/修剪(T)/方式(E)/多个(M)]:d　　　　　　　　//采用"D"选项

　指定第一个倒角距离＜0.0000＞:5　　　　　　　　　　　　　　//输入距离 5

　指定第二个倒角距离＜5.0000＞:5　　　　　　　　　　　　　　//输入距离 5

选择第一条直线或[放弃(U)/多段线(P)/

距离(D)/角度(A)/修剪(T)/方式(E)/多个(M)]:p　　　　　　　　//采用"P"选项

　选择二维多段线：　　　　　　　　　　　　　　　　　　　　　　//拾取六边形

6 条直线已被倒角，如图 2-43(b) 所示。

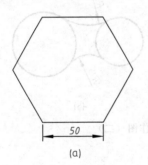
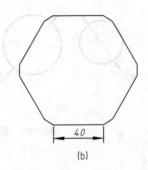

(a)　　　　　　　　　　　　　　(b)

图 2-43 倒角命令作图（二）

2. 圆角

（1）功能：在指定的对象间（直线、圆、圆弧）按指定半径倒圆角。

（2）命令输入：

命令：fillet 或 F；

菜单栏："修改"→"圆角"；

工具栏：。

（3）命令使用：

命令：_fillet

当前设置:模式＝修剪,半径＝0.0000

选择第一个对象或[放弃(U)/多段线(P)/半径(R)/修剪(T)/多个(M)]:

参数说明：提示中的参数含义与倒角命令的含义一致。

① 放弃（U）：用于恢复在命令中执行的上一个操作。

② 多段线（P）：用于在多段线的每个顶点处进行倒圆，可以使整个多段线的圆角同，

如果多段线的距离小于圆角的距离，将不倒圆。

③ 半径（R）：用于设置圆角的半径。

④ 修剪（T）：用于控制倒圆操作是否修剪对象。

⑤ 多个（M）：用于为多个对象集进行倒圆操作，此时 AutoCAD 将重复显示提示命令，直到按 Enter 键结束为止。

如图 2-44 所示为修剪和不修剪模式的倒圆角。

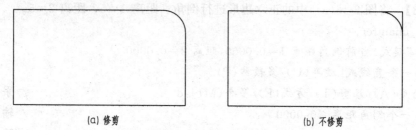

(a) 修剪　　　　　　　　　　　　　　　(b) 不修剪

图 2-44　圆角命令作图（一）

（4）操作示例：

【例 2-9】　将图 2-45(a) 中的两圆分别用半径为 30、15 的圆弧连接。

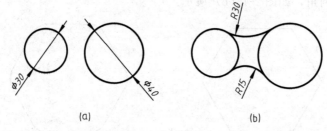

(a)　　　　　　　　　　　　　　　(b)

图 2-45　圆角命令作图（二）

① 命令：_fillet

当前设置：模式＝修剪，半径＝0.0000

选择第一个对象或[放弃(U)/多段线(P)/

半径(R)/修剪(T)/多个(M)]:r　　　　　　　　　　　　　//采用"R"选项

指定圆角半径＜0.0000＞:30　　　　　　　　　　　　　//输入半径

选择第一个对象或[放弃(U)/多段线(P)/

半径(R)/修剪(T)/多个(M)]:　　　　　　　　　　　　　//拾取左边圆

选择第二个对象，或按住 Shift 键选择要应用角点的对象:　　//拾取右边圆

② 命令：_fillet

当前设置：模式＝修剪，半径＝30.0000

选择第一个对象或[放弃(U)/多段线(P)/

半径(R)/修剪(T)/多个(M)]:r　　　　　　　　　　　　　//采用"R"选项

指定圆角半径＜30.0000＞:15　　　　　　　　　　　　//输入半径

选择第一个对象或[放弃(U)/多段线(P)/

半径(R)/修剪(T)/多个(M)]:　　　　　　　　　　　　　//拾取左边圆

选择第二个对象，或按住 Shift 键选择要应用角点的对象:　　//拾取右边圆

如图 2-45(b)所示。

3. 缩放

(1) 功能：将选择对象按指定的比例，相对于指定的基点放大或缩小。

(2) 命令输入：

命令：scale 或 SC；

菜单栏："修改"→"缩放"；

工具栏：📦。

(3) 命令使用：

命令：scale

选择对象：指定对角点：找到 2 个　　　//选择所要缩放的对象

选择对象：　　　　　　　　　　　　　//按[Enter]键结束选对象

指定基点：　　　　　　　　　　　　　//选择一点作为缩放的基点，缩放过程中，该基点不动

指定比例因子或 [复制(C)/

参照(R)] <1.0000>：　　　　　　　//输入缩放的比例因子或用参照方式进行缩放

参数说明：

① 指定基点：指定比例缩放的点，缩放后该点不移动。

② 指定比例因子：指定缩放的比例，指定缩放的比例，小于 1 为缩小，大于 1 为放大。

③ 复制 (C)：在原对象不删除的情况下，重新复制一个对象进行缩放。

④ 参照 (R)：用参考值作为比例因子缩放操作对象。执行该选项后，系统会继续提示："指定参照长度 <1>："，指定参照长度，默认值是 1。在此提示下如果指定一点，系统提示指定第二点，则两点之间决定一个长度；系统又提示："指定新长度："，则由新长度值与前一长度值之间的比值决定缩放的比例因子。也可以在指定参考长度的提示下键入参考长度值，系统会继续提示指定新长度，则由参考长度和新长度的比值决定缩放的比例因子。

注意：缩放命令是改变图形的实际尺寸，而不是改变在屏幕上的显示大小。经过比例缩放过的图形，因它的实际大小发生了变化，因此在标注尺寸时应注意设置尺寸标注的样式。输入的比例因子均为正值，大于 1 时为放大，小于 1 时为缩小。

(4) 操作示例：

【例 2-10】 绘制如图 2-46 的平面图形。

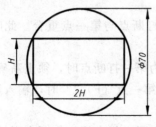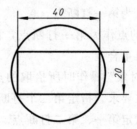

图 2-46　缩放命令作图

① 任意画一个长：宽 =2∶1 的矩形，如长 40，宽 20。

② 以矩形中心为圆心，画一个矩形外接圆。

③ "参照 (R)"直径缩放矩形和圆。

命令：_scale

选择对象：指定对角点：找到 4 个（选择矩形和圆）　　//用窗口框选

选择对象：　　//按[Enter]键结束选对象

指定基点：　　//拾取圆的圆心为基点

指定比例因子或［复制(C)/

参照(R)］＜1.0000＞：r　　//采用"R"选项

指定参照长度＜1.0000＞：指定第二点：　　//拾取圆心为第一参照点，拾取
圆周任意象限点为第二参
照点

指定新的长度或［点(P)］＜1.0000＞：35　　//输入圆的半径

4. 打断

(1) 功能：将选择的对象切断，或者切掉对象中的一部分。

(2) 命令输入：

命令：break 或 BR；

菜单栏："修改"→"打断"；

工具栏：📐 和 📐 。

(3) 命令使用：

命令：_break

选择对象：

指定第二个打断点或［第一点(F)］：

如图 2-47 所示。执行"打断"命令时，其打断点的选取有以下几种情况：

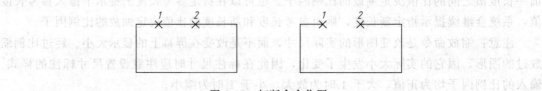

图 2-47　打断命令作图

① 直接以拾取的点作为第一打断点，然后选择第二打断点。即在"选择对象"操作时所选中的点即默认为第一打断点。

② 直接拾取的点作为第一打断点，而第二打断点与第一点重合。此时输入符号"@"来确认一、二两点重合。

③ 在"选取对象"操作时所拾取的点不作为第一打断点时，须重新确定第一、第二打断点。此时必须在要求"指定第二个打断点或［第一点 (F)］:"时，输入选项"F"并根据后续提示来重新指定第一、第二打断点。

④ 不论第一打断点以何种方式确定，均可在要求指定第二打断点时输入符号"@"以确定第二点同第一点重合，此时对象在打断点处被切断（一分为二）。

⑤ 如果第二打断点选取在对象外部，则对象的该端被切掉。

注意：在打断圆时，被切掉部分是从第一打断点起，按逆时针方向到第二打断点之间的部分。所以在打断圆时，必须注意选取第一、第二打断点的顺序。

5. 分解

（1）功能：分解由多个 AutoCAD 基本对象组合而成的复杂对象，例如块，多段线及面域等。

（2）命令输入：

命令：explode 或 X；

菜单栏："修改"→"分解"；

工具栏：🔲。

（3）命令使用：

命令：_explode

选择对象：找到 2 个　　　　　　　　　//拾取要分解的图形，并按[Enter]键退出命令

第五节　AutoCAD 绘图环境设置

一、选择样板文件

绘图是 AutoCAD 的主要功能，在进入绘图工作前，用户首先要选择好需要的样板文件，即点击"新建"，在弹出"选择样板"的对话框中，选择"acadiso.dwt"文件，从而进入"公制"的绘图空间。

二、调整状态栏

点击图 2-48 状态栏最右边的"自定义 ≡"按钮，勾选"动态输入"和"线宽"选项，让这两个状态显示在状态栏上，然后选择打开的状态分别是"极轴"、"对象捕捉"、"对象捕捉追踪"、"线宽"，其余的关掉，以免影响绘图的速度。"动态输入"相对新手而言，最好关掉，以便更好地在命令栏内学习人机对话的逻辑关系。

图 2-48　状态栏

三、设置图层

图层是 AutoCAD 管理图形的有效工具，既可以节省图形的存储空间，又可以提高工作效率。将不同线型和不同特性的对象绘制在不同的图层上，便于对相同特性的对象进行分层修改和更新。鉴于平面图形的绘制，图层可设置 6 个，即粗实线、细实线、中心线、虚线、标注和文字即可。

1. 创建图层

（1）单击"图层"工具栏上的"图层特性管理器"按钮🗒；

（2）菜单栏"格式"→"图层"；

（3）命令行输入：layer 或 LA。

打开图 2-49"图层特性管理器"对话框，当前图形文件，系统会自动创建名为"0"的

图层,该图层不能删除或更名,但可以修改其颜色、线型等特性。除"0"图层外,用户可以创建任意数量的图层,还可以对各图层进行打开、关闭、冻结、解冻、锁定与解锁等操作,以决定各图层上对象的可见性和可操作性。通过控制对象的显示或打印方式可以降低图形的视觉复杂程度,并提高显示性能。

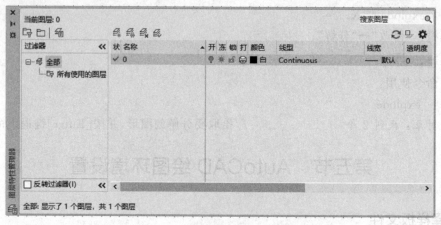

图 2-49 "图层特性管理器"对话框

在"图层特性管理器"对话框中,单击"新建图层"按钮 ,可创建一个图层名为

"图层 1"的新图层,默认情况下,新图层继承了当前图层(如"0"层)的所有特性,用户可以根据需要,更改图层的名称、颜色、线型和线宽等。

① 更改图层名。单击要更改的图层名,输入一个新的图层名按 Enter 键即可。

② 更改图层颜色。单击颜色图标或颜色名,显示如图 2-50 所示的"选择颜色"对话框,从中选择需要的颜色即可改变选定的图层的颜色。

③ 更改图层线型。单击线型名显示如图 2-51(a) 所示的"选择线型"对话框,单击"加载(L)"按钮打开"加载或重载线型"对话框,需要更改的图层分别是"中心线"选"CENTER","虚线"选"DASHED",如图 2-51(b)。

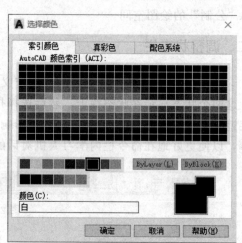

图 2-50 图层特性管理器"选择颜色"对话框

④ 更改图层线宽。单击线宽显示"线宽"对话框,从中选择需要的线宽即可改变选定图层的线宽。一般情况下,粗实线的线宽选择 0.3mm,其他线型选择默认(0.25mm),如图 2-52(a),最终图层设置如图 2-52(b) 所示。

2. 管理图层

① 切换当前层。单击"图层"工具栏中的"图层控制"下拉列表框中下三角按钮,选择要将其设置为当前层的图层(如粗实线层),可将其切换为当前层,如图 2-53 所示,用户只能在当前层上绘制图形。

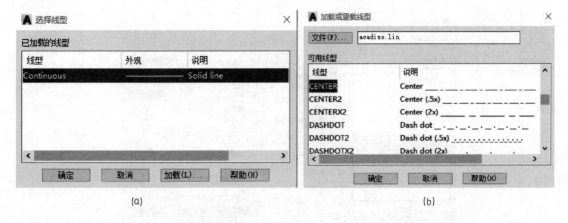

图 2-51　图层特性管理器"选择线型"对话框

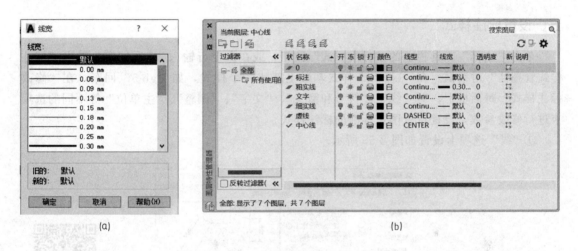

图 2-52　图层特性管理器"线宽"对话框

② 将对象的图层置为当前层。单击"图层"工具栏上的"将对象的图层置为当前"按钮 置为当前，可将选定对象所在的图层设置为当前层。

③ 改变对象所在图层。若某对象不在预先设置的图层，可选中该图形，单击"图层控制"下拉列表框中三角按钮将其切换到所需的图层上；或单击"特性"工具栏上的"特性匹配"按钮 ，将选定对象的特性应用到其他对象，同样可以改变对象所在图层。

图 2-53　"图层"工具栏

四、设置文字样式

单击"注释"工具栏的"文字样式"按钮，或在命令行输入"ST"回车，弹出"文字样式"对话框，在"Standard"样式基础上新建一个样式，如"gb-5"，在该样式上将字体设置成"gbeitc.shx"。勾选"使用大字体"，大字体设置成"gbcbig.shx"，其他设置取默认值，单击"gb-5"置为当前。如图 2-54 所示。

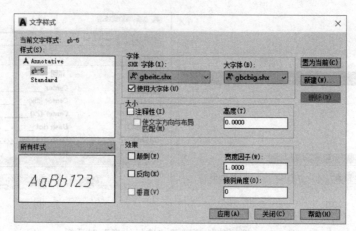

图 2-54 "文字样式"对话框

五、设置标注样式

单击"注释"工具栏上的"标注样式"按钮，或在命令行输入"D"回车，弹出"标注样式管理器"对话框。在"iso-25"样式基础上新建一个样式，如"gb-5"回车，在"修改标注样式"对话框上，对"线"、"符号和箭头"、"文字"、"调整"、"主单位"等不同的选项卡进行修改参数，设置符合国家标准的标注样式。

① "线"选项卡设置如图 2-55 所示。

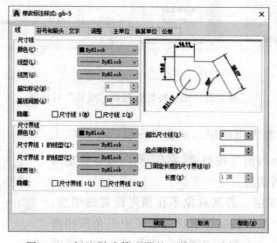

标注样式设置

图 2-55 标注样式管理器的"线"选项卡

② "符号和箭头"选项卡设置如图 2-56 所示。

③ "文字"选项卡设置，如图 2-57 所示。

④ "调整"选项卡设置如图 2-58 所示。

⑤ "主单位"选项卡设置如图 2-59 所示。

⑥ 设置"子样式"。单击"gb-5"样式，然后再点击"新建"，在弹出对话框的基础上，选"用于"下"所有标注"右边小三角，选择角度标注。如图 2-60 所示。

点击"继续"，在"文字"选项卡的"文字对齐"选择"水平"，如图 2-61 所示。

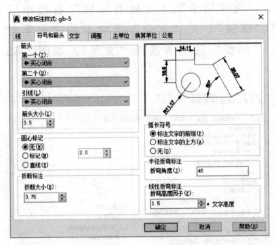

图 2-56　标注样式管理器的"符号和箭头"选项卡

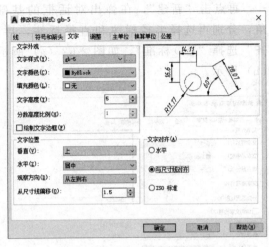

图 2-57　标注样式管理器的"文字"选项卡

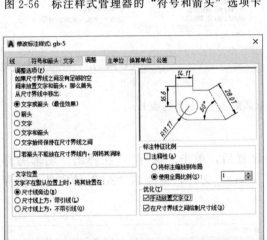

图 2-58　标注样式管理器的"调整"选项卡

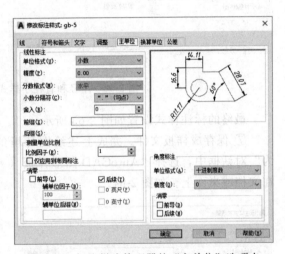

图 2-59　标注样式管理器的"主单位"选项卡

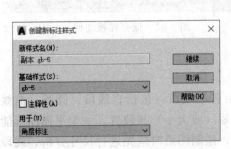

图 2-60　创建"子样式"角度对话框

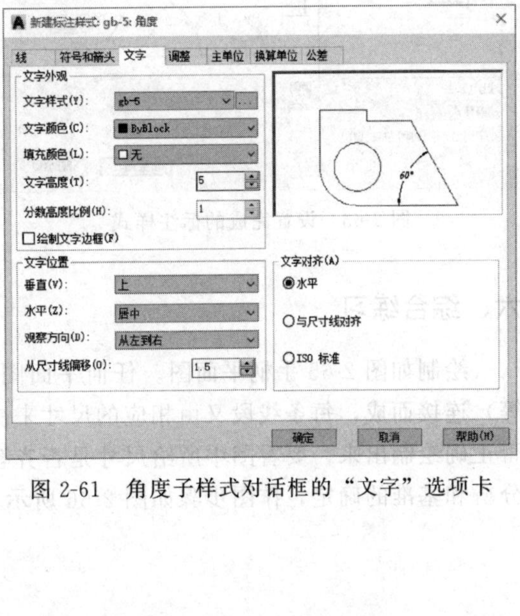

图 2-61　角度子样式对话框的"文字"选项卡

再点击"新建"，在弹出对话框的基础上，选"用于"下"所有标注"右边小三角，分别再选择半径标注和直径标注，再点"继续"，在"文字"选项卡的"文字对齐"选择"ISO标准"，如图2-62（a）所示。"调整"选项卡选择"文字"，如图2-62（b）所示。

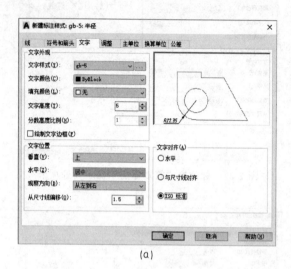
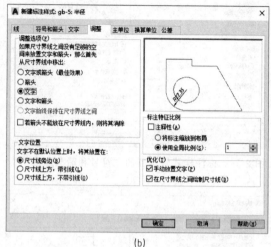

(a)　　　　　　　　　　　　　　　　(b)

图2-62　半径和直径子样式对话框的"文字"选项卡

最终的标注样式设置如图2-63所示。

⑦ 保存成样板文件。完成上述绘图环境的设置后，单击"保存"，在弹出"图形另存为"对话框中，选择"AutoCAD图形样板（*.dwt）"文件，将命名"A3"的文件名保存在文档或桌面上。如图2-64。

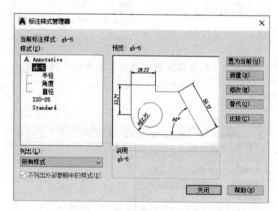

图2-63　设置完成的标注样式　　　　　　图2-64　保存样板文件

六、综合练习

绘制如图2-65手柄平面图。任何平面图形都是由若干线段（包括直线段、圆弧、曲线等）连接而成，每条线段又由相应的尺寸来决定其长短（或大小）和位置。一个平面图形能否正确绘制出来，要看图中所给尺寸是否齐全和正确。绘制图形时应先进行尺寸分析、线段分析和基准的确定，作图步骤如图2-66所示。

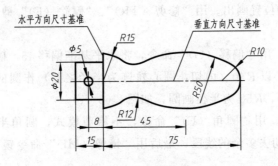

图 2-65　手柄平面图综合练习　　　　手柄平面图

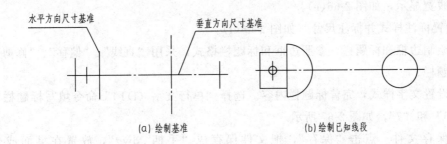

(a) 绘制基准　　　　　　　　　　　(b) 绘制已知线段

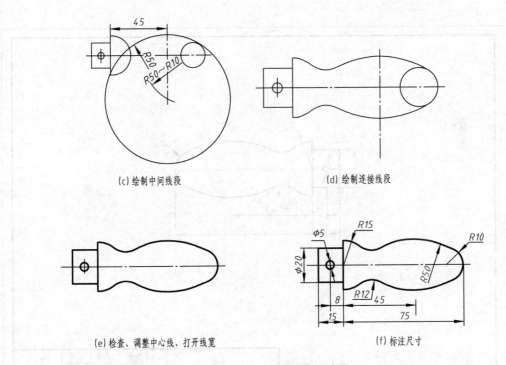

(c) 绘制中间线段　　　　　　　　　(d) 绘制连接线段

(e) 检查、调整中心线、打开线宽　　　　(f) 标注尺寸

图 2-66　手柄平面图作图步骤

（1）新建图形样板，选择"A3"样板文件，创建"Drawing1"图形文件。

① 绘制基准，布图。将"中心线"层设置成当前层。用"直线（L）"命令绘制好水平方向和垂直方向的基准线。用"偏移（O）"命令将手柄各段距离偏移好，如图 2-66(a)。

② 绘制已知线段。将"粗实线"层设置成当前层。用"直线（L）"、"圆（C）"命令按给定的尺寸在偏移好的位置画出。用"修剪（TR）"、"删除（E）"剪去和删除多余的线段，如图 2-66(b)。

③ 绘制中间线段。用"偏移（O）"命令，将水平基准偏移45，确定 $R50$ 的其中一条圆心轨迹，在 $R10$ 的圆心以 $R40$（内切，圆心轨迹为半径之差）作圆的另一圆心轨迹。以两圆心轨迹的交点为圆心，$R50$ 为半径画圆，如图 2-66（c）。

④ 绘制连接线段。用"圆角（F）"命令，不修剪模式，圆角半径 $R12$ 作上半段弧。"修剪（TR）"命令剪切去多余的线段，最后用"镜像（MI）"命令镜像出下半部分的图形，如图 2-66(d)。

⑤ 用"修剪（TR）"、"删除（E）"命令剪切、删除去多余的线段，调整好中心线的距离，打开线宽显示，如图 2-66(e)。

⑥ 设置标注样式并标注尺寸，如图 2-66(f)。

（2）绘制边框和标题栏，参照边框和标题栏格式，采用"直线"、"偏移"、"修剪"等命令绘制标题栏。

（3）设置文字样式，完善标题栏内容。选择"单行文字（DT）"命令填写标题栏，字高分别为"5"和"7"，如图 2-67 所示。

（4）保存文件。点击"保存"，把文件保存成"手柄.dwg"，放置在桌面或"文件夹"里。

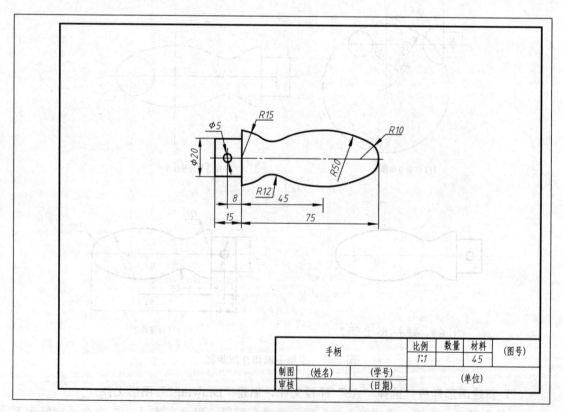

图 2-67　绘制边框和标题栏、书写文字

思政拓展

　　港珠澳大桥是连接中国香港、广东珠海和中国澳门的一项横跨珠江口伶仃洋海域的桥隧工程，全长 55 公里，是当时世界上最长的跨海大桥。针对复杂海床结构、恶劣自然环境以及繁忙航运等难题，港珠澳大桥建设团队开展了一系列技术创新，如采用大型钢圆筒快速成岛技术、海底沉管隧道设计与施工技术等，填补了多项国内空白。大桥设计图纸中的细节（如抗震结构）设置了减隔震支座、优化桥梁结构等，能够抵御一定级别的地震，保障桥梁在地震等自然灾害下的安全，采用 AutoCAD 设计来保障精准度。港珠澳大桥的建设展示了工程师如何利用 AutoCAD 进行高精度图纸设计，体现了精益求精的工匠精神。同时，强调 AutoCAD 图纸的标准化管理对大型工程的重要性，引导读者理解集体协作的意义。通过中国桥梁技术从"跟跑"到"领跑"的案例，激发读者对国家科技发展的信心。港珠澳大桥建成加强了粤港澳大湾区城市之间的经济联系与合作，推动了区域经济一体化发展，为大湾区的产业协同发展、资源优化配置等提供了有力支撑。

模块三　物体的三视图

【知识目标】

① 掌握正投影的基本特性及三视图的画法。
② 掌握立体及其表面交线的投影作图方法。
③ 掌握三视图的构成与视图分析，能识别基本几何体（棱柱、圆柱、圆锥等）的三视图特征。

【技能目标】

① 具有根据正投影法绘制物体三视图的能力。
② 能作出立体表面点、线、面的投影。
③ 视图分析与补图能力：给定两个视图，能补画第三视图。能识别三视图中的投影错误（如漏线、多线、投影不对应），并提出修正方案。

【素质目标】

① 具备空间想象力与逻辑思维能力。
② 养成规范、严谨的绘图习惯，具有创新与优化意识。

在机械设计及生产过程中，需要用图准确地表达机器零部件的大小、形状等。正投影的作图原理就是将空间物体转换为平面图形的方法，立体的平面图就是依据正投影法从不同的方向完整准确地表达各面的大小和形状，因此掌握基本体及表面交线的投影作图方法是准确表达零件结构的基础。

第一节　投影法与三视图的形成

用灯光或日光照射物体，在地面或墙上产生影子，这种现象叫投影。这个投影只能反映出物体的轮廓，却反映不出物体的真实形状和大小。人们在长期的生产实践中，积累了丰富的经验，找出了物体和影子的几何关系，经过科学的抽象研究，逐步形成了投影方法，使在图纸上准确而全面地表达物体形状和大小的要求得以实现。

一、投影法

1. 中心投影法

图 3-1 中的平行四边形 $ABCD$ 在中心光源 S 的照射下，在投影面 P（墙面）得到它的

投影 $abcd$。把光源抽象为一点 S，叫作投影中心。经过 S 点与物体上任一点的连线（例如 SA）叫作投射线；平面 P 叫作投影面；SA 的延长线与 P 平面的交点 a 叫 A 点在 P 面上的投影。因为所有投射线都是从一个投影中心 S 发出的，所以叫作中心投影法。在日常生活中，常见的照相、电影和人眼看东西得到的映象，都属于中心投影。

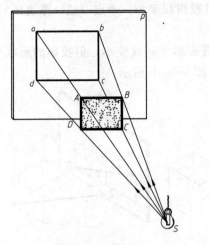

图 3-1　中心投影

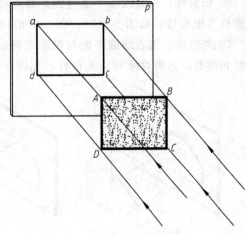

图 3-2　平行投影

2. 平行投影法

光源在无限远处（例如日光的照射），这时所有的投射线可以看成是互相平行的，这种投影方法叫作平行投影，如图 3-2 所示。

在平行投影中，根据投影线与投影面是否垂直，又可分为斜投影和正投影两种。

① 斜投影法：投射线与投影面倾斜的平行投影法。根据斜投影法所得到的图形，称为斜投影，如图 3-3 所示。

② 正投影法：投射线与投影面垂直的平行投影法。根据正投影法所得到的图形称为正投影，如图 3-4 所示。

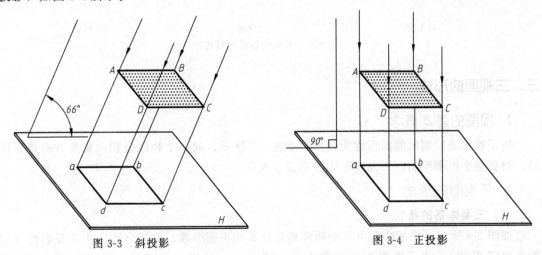

图 3-3　斜投影

图 3-4　正投影

因为正投影法容易表达空间物体的形状和大小，度量性好，作图简便，所以在工程上应用最广。工程图样都是采用正投影法绘制的，所以它是工程图样的主要理论基础。

二、正投影的基本性质

① 真实性：当直线或平面与投影面平行时，其投影反映实形，这种性质称为真实性，如图 3-5(a)，图 3-6(a) 所示。

② 积聚性：当直线或平面与投影面垂直时，其投影积聚为一个点（或一条直线），这种性质称为积聚性，如图 3-5(b)，图 3-6(b) 所示。

③ 类似性：当直线或平面与投影面倾斜时，其投影变短或变小，但投影的形状与原来形状相类似，这种性质称为类似性，如图 3-5(c)，图 3-6(c) 所示。

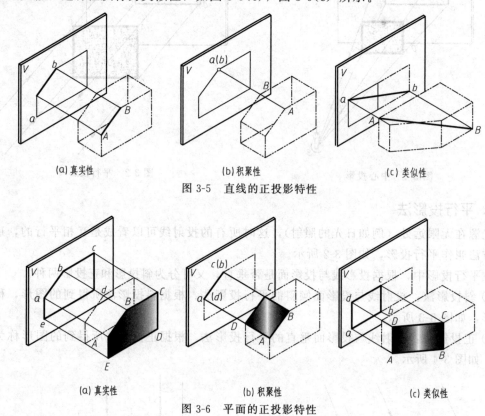

(a) 真实性　　　　　　　　(b) 积聚性　　　　　　　　(c) 类似性

图 3-5　直线的正投影特性

(a) 真实性　　　　　　　　(b) 积聚性　　　　　　　　(c) 类似性

图 3-6　平面的正投影特性

三、三视图的形成

1. 视图的基本概念

按正投影法绘制出的图形称为视图。如图 3-7 所示，同一个物体分别向某个方向进行投射，得到某个投影绘制在平面图形中就形成了视图。

2. 三视图的形成

(1) 三面体系的建立

如图 3-8 所示，三面体系由三个两两相互垂直的平面组成，它们分别为正立投影面（简称正面或 V 面）、水平投影面（简称水平面或 H 面）、侧立投影面（简称侧面或 W 面）组成。

相互垂直的投影面之间的交线称为投影轴，它们分别是：

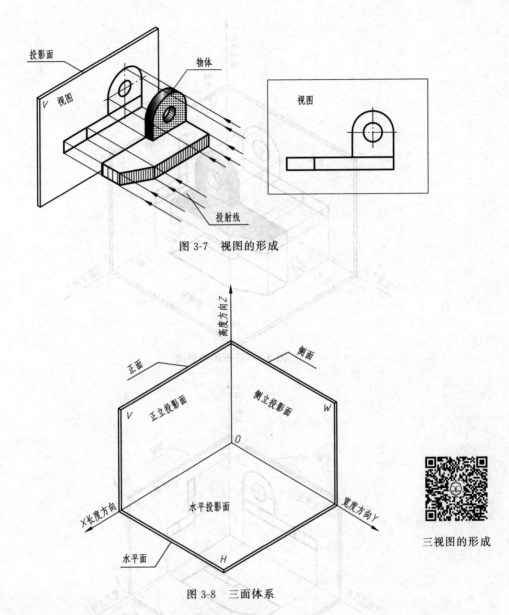

图 3-7　视图的形成

图 3-8　三面体系

三视图的形成

OX 轴是 V 面与 H 面的交线，它代表长度方向；

OY 轴是 H 面与 W 面的交线，它代表宽度方向；

OZ 轴是 V 面与 W 面的交线，它代表高度方向。

三个投影轴相互垂直，其交点称为原点，用 O 表示。

(2) 三视图的形成

把物体放在相互垂直的三面投影体系中，将物体向三个投影面进行正投影，得到物体的三面投影。其正面投影称为主视图，水平投影称为俯视图，侧面投影称为左视图，如图 3-9 所示。

(3) 三视图的展开

如图 3-10 所示，V 面不动，H 面绕 X 轴向下旋转 $90°$，W 面绕 Z 轴向右旋转 $90°$，与 V 面展开成为一个平面。展开后的平面图形如图 3-11 所示。

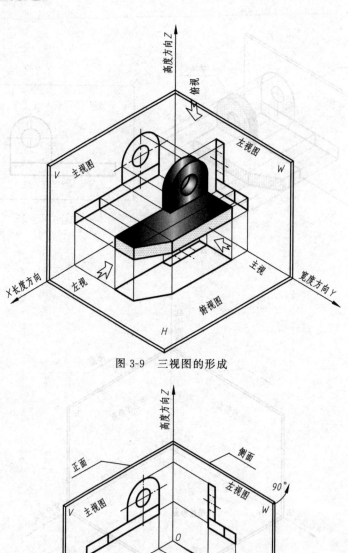

图 3-9　三视图的形成

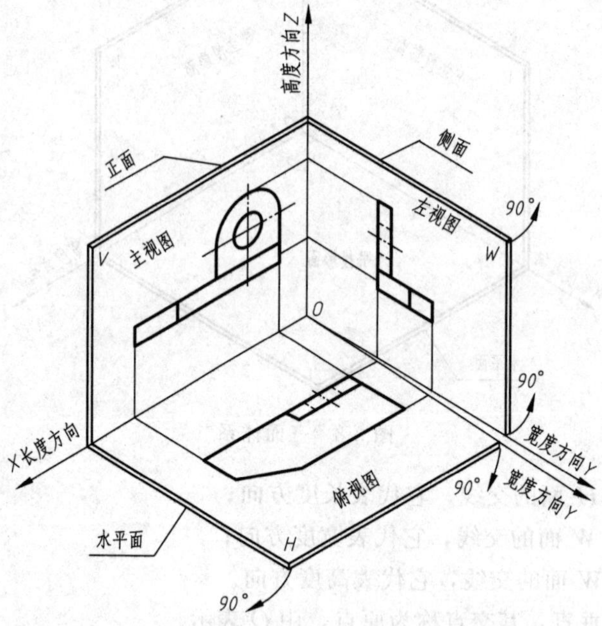

图 3-10　三视图的展开

（4）三视图的位置关系

以主视图为准，俯视图在主视图正下方，左视图在主视图的正右方，如图 3-11 所示。

（5）三视图之间的对应关系

① 尺寸关系：主视图——反映了物体的长度和高度；俯视图——反映了物体的长度和宽度；左视图——反映了物体的高度和宽度。

三视图之间的投影规律：主、俯视图——长对正；主、左视图——高平齐；俯、左视

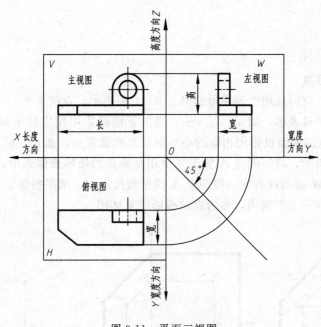

图 3-11　平面三视图

图——宽相等。

② 物体在三视图上的方位：物体有上、下、左、右、前、后 6 个方位，如图 3-12 所示。

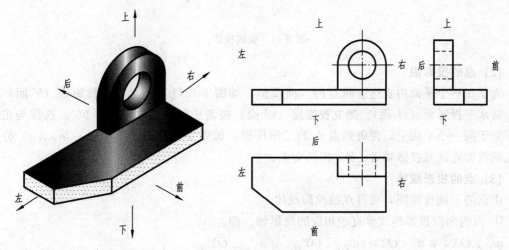

图 3-12　三视图的方位

主视图反映物体的上、下、左、右 4 个方位；俯视图反映物体的左、右、前、后 4 个方位；左视图反映物体的上、下、前、后 4 个方位。

第二节　点、直线、平面的投影

点、线、面是构成物体表面最基本的几何要素。为了迅速而正确地画出物体的投影，必须首先掌握这些几何元素的投影规律。

一、点的投影

1. 点的投影规律

点的投影

（1）点投影的形成

国家标准规定：空间点用大写字母如 A、B、C⋯表示，点的水平投影用相应的小写字母表示，如 a、b、c⋯；点的正面投影用相应的小写字母加一撇表示，如 a'、b'、c'⋯；点的侧面投影用相应的小写字母加两撇表示，如 a''、b''、c''⋯。

如图 3-13（a）所示，将空间点 A 置于三个相互垂直的投影面体系中，分别过 A 点作垂直于 V 面、H 面、W 面的投射线，得到点 A 的正面投影 a'、水平投影 a 和侧面投影 a''。点 A 的三面投影不在同一个平面内，称为点的投影的立体图。

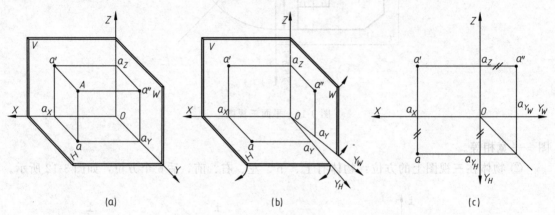

(a)　　　　　(b)　　　　　(c)

图 3-13　点的投影

（2）点的投影图

为了在一个平面内表达空间点的三面投影，如图 3-13（b）所示，正投影面（V 面）不动，将水平投影面（H 面）、侧立投影面（W 面）按箭头所指的方向旋转 $90°$，这样与正投影面处于同一个平面上，便得到点 A 的三面投影，如图 3-13（c），图中 a_X、a_Y、a_Z 分别为点的投影连线与投影轴 X、Y、Z 的交点。

（3）点的投影规律

由点的三面投影图，可得点的投影规律。

① 点的两面投影连线垂直于相应的投影轴。即：

$aa' \perp OX$，$a'a'' \perp OZ$，$aa_{YH} \perp OY_H$，$a''a_{YW} \perp OY_W$。

② 点的投影到投影面的距离，等于该点到相应的投影面的距离，如图 3-14 所示，即：

$$a'a_X = a''a_{Y_W} = Aa = Oa_Z = Z \qquad \text{表示点 } A \text{ 到 } H \text{ 面的距离；}$$

$$a\,a_X = a''a_Z = Aa' = Oa_Y = Y \qquad \text{表示点 } A \text{ 到 } V \text{ 面的距离；}$$

$$a'a_Z = aa_{Y_H} = Aa'' = Oa_X = X \qquad \text{表示点 } A \text{ 到 } W \text{ 面的距离。}$$

【例 3-1】 已知点 A（20，15，18），求作它的三面投影。

作图步骤如图 3-15 所示。

① 画出投影轴，标出坐标名称，在 Y_H 和 Y_W 之间作 $45°$ 斜线；

② 在 OX 轴正方向 O 点开始量取 20，得 $a_X = 20$；

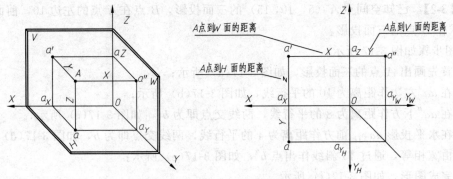

图 3-14 点的投影到投影面的距离

③ 过 a_X 点作 OX 轴垂线，自 a_X 点向下量 15 得 a 点、向上量 18 得 a' 点；

④ 由 a 点作平行于 X 轴的水平线，经 45°斜线后作平行于 Z 轴的垂直线；由 a' 点作平行于 X 轴的水平线，两线的交点即为 a''。

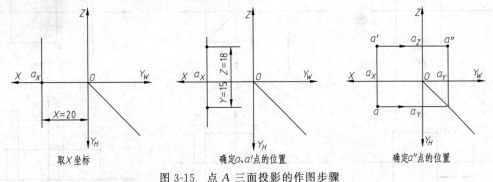

图 3-15 点 A 三面投影的作图步骤

2. 两点的相对位置

空间两点的相对位置可以由两点的坐标关系来确定。如图 3-16 所示，X 坐标值反映点的左、右位置，X 坐标值大者在左；Y 坐标反映点的前、后位置，Y 坐标值大者在前；Z 坐标值反映点的上、下位置，Z 坐标值大者在上。

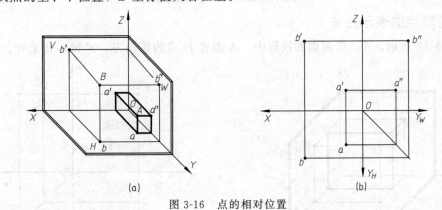

图 3-16 点的相对位置

从图 3-16 中可以看出，由于 A 点的 X 坐标小于 B 点的 X 坐标，所以点 A 在点 B 的右边；A 点的 Y 坐标小于 B 点的 Y 坐标，所以点 A 在点 B 的后面；A 点的 Z 坐标小于 B 点的 Z 坐标，所以点 A 在点 B 的下方。

【例 3-2】 已知空间点 A（5，10，15）的三面投影，B 点在 A 点的左边 10，前面 4，下方 8。求作 B 点的三面投影。

作图步骤如图 3-17 所示。

① 首先画出 A 点的三面投影，如图 3-17(a) 所示；

② 在 aa' 左边作距离为 10 的平行线，如图 3-17(b) 所示；

③ 在 aa'' 下方作距离为 8 的平行线，两线交点即为 b'，如图 3-17(c) 所示；

④ 在水平投影 aa_{YH} 前方作距离为 4 的平行线，两线交点即为 b，如图 3-17(d) 所示；

⑤ 由宽相等，通过 45°斜线作出点 b''，如图 3-17(e) 所示；

⑥ 完成图形，如图 3-17(f) 所示。

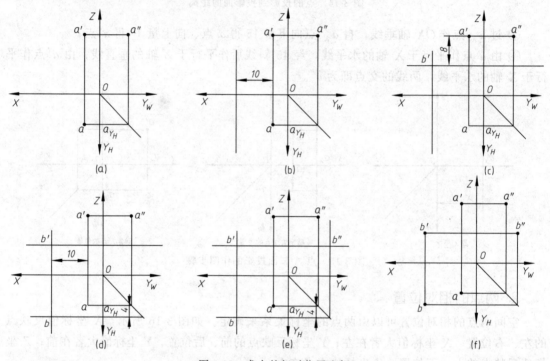

图 3-17　求点的相对位置坐标

3. 重影点的表示方法

如图 3-18 所示，A、B 两点的投影中，A 点在 B 点的正前方，a' 和 b' 相重合。在 V 面

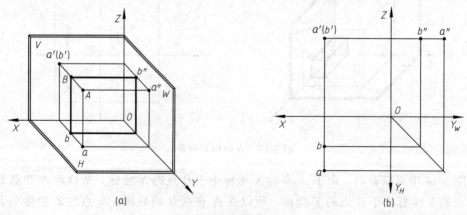

图 3-18　重影点表示

的投影中，A 可见，B 不可见。在投影图中，对不可见的点投影，加圆括号表示。图中 B 的 V 面投影表示为（b'）。

二、直线的投影

直线的投影

1. 直线的三面投影

① 直线的投影一般仍是直线，特殊情况下，直线垂直于投影面，它在投影面上的投影积聚为一点，如图 3-19 所示。

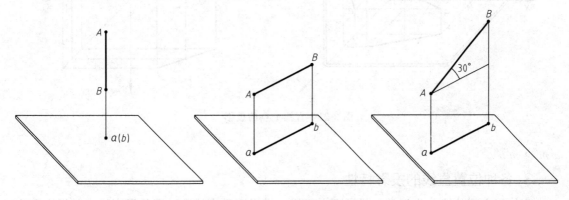

图 3-19 直线的投影特性

② 直线的投影可由直线上两点的同面投影来确定。图 3-20（a）所示为线段的两端点 A、B 的三面投影，连接 ab、$a'b'$、和 $a''b''$，就是直线 AB 的三面投影，如图 3-20（b）所示。

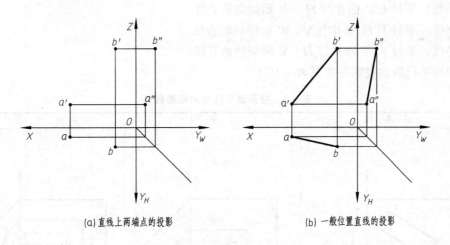

(a) 直线上两端点的投影　　　　(b) 一般位置直线的投影

图 3-20 直线的三面投影

2. 直线上点的投影特性

直线上点的投影必在该直线的同面投影上，且符合点的投影规律。反之，如果点的各个投影都在直线的同面投影上，则该点一定在该直线上。直线上的点分割直线之比在其投影中保持不变，如图 3-21 所示，点 M 在直线 AB 上，则 $AM:MB=am:mb=a'm':m'b'=$

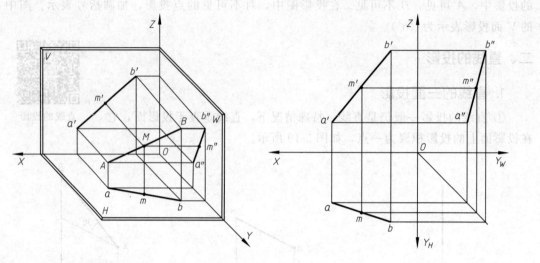

图 3-21 直线上点的投影

$a''m'' : m''b''$。

3. 各种位置直线的投影特性

直线按空间位置分为三类：投影面平行线、投影面垂直线和一般位置直线。平行线和垂直线又称特殊位置直线。

(1) 投影面平行线

平行于一个投影面而与其他两个投影面倾斜的直线，称为投影面平行线。共有三种，定义如下：

正平线：平行于 V 面并与 H、W 面倾斜的直线；

水平线：平行于 H 面并与 V、W 面倾斜的直线；

侧平线：平行于 W 面并与 H、V 面倾斜的直线。

投影面平行线的投影特性见表 3-1。

表 3-1 投影面平行线的投影特性

名称	正 平 线	水 平 线	侧 平 线
轴测图			

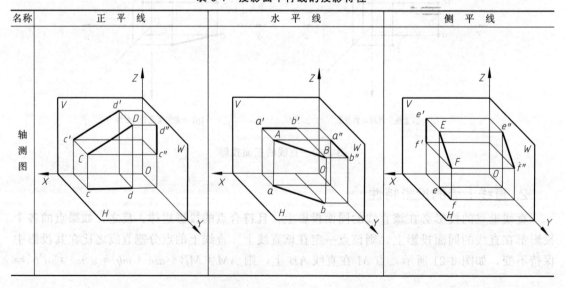

续表

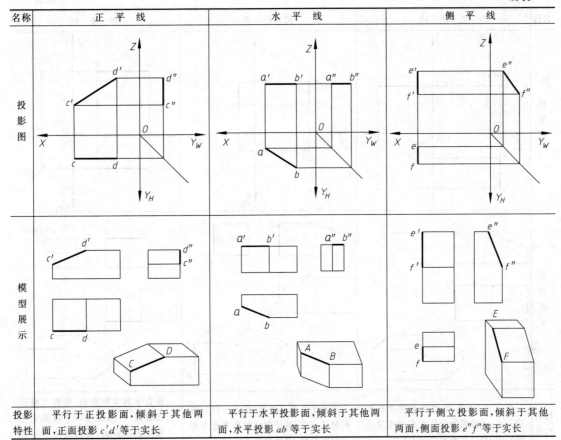

名称	正平线	水平线	侧平线
投影特性	平行于正投影面,倾斜于其他两面,正面投影 $c'd'$ 等于实长	平行于水平投影面,倾斜于其他两面,水平投影 ab 等于实长	平行于侧立投影面,倾斜于其他两面,侧面投影 $e''f''$ 等于实长

(2) 投影面垂直线

垂直于一个投影面,与另外两个面平行的直线,称为投影面垂直线。按照所垂直的投影面不同,共有三种,定义如下:

正垂线:垂直于 V 面并与 H 面、W 面平行的直线;

铅垂线:垂直于 H 面并与 V 面、W 面平行的直线;

侧垂线:垂直于 W 面并与 H 面、V 面平行的直线。

投影面垂直线的投影特性见表 3-2。

表 3-2 投影面垂直线的投影特性

名称	正垂线	铅垂线	侧垂线
轴测图			

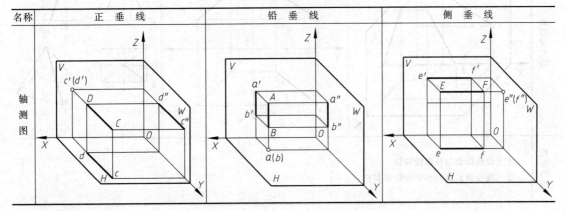

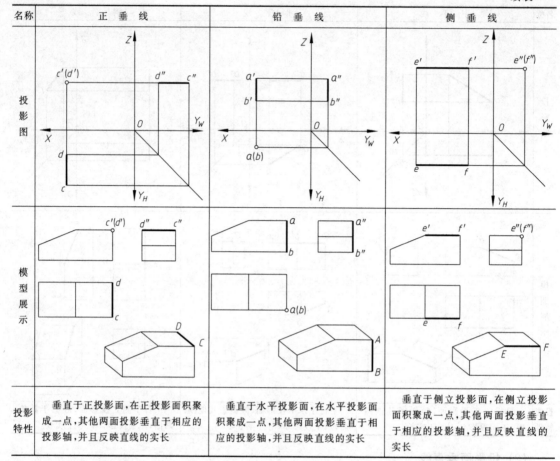

名称	正 垂 线	铅 垂 线	侧 垂 线
投影图			
模型展示			
投影特性	垂直于正投影面,在正投影面积聚成一点,其他两面投影垂直于相应的投影轴,并且反映直线的实长	垂直于水平投影面,在水平投影面积聚成一点,其他两面投影垂直于相应的投影轴,并且反映直线的实长	垂直于侧立投影面,在侧立投影面积聚成一点,其他两面投影垂直于相应的投影轴,并且反映直线的实长

(3) 一般位置直线

对三个投影面都倾斜的直线称为一般位置直线。一般位置直线的投影特性见表 3-3。

表 3-3   一般位置直线的投影特性

名称	轴 测 图	投 影 图	模 型 展 示
一般位置直线			
投影特性	① 三面投影都与投影轴倾斜 ② 三面投影长度均小于该线的实长		

三、平面的投影

在投影中，一般常用平面图形来表示空间的平面，如图 3-22 所示。平面按空间位置可分为三类：投影面平行面、投影面垂直面和一般位置平面，前两种又称为特殊位置平面。

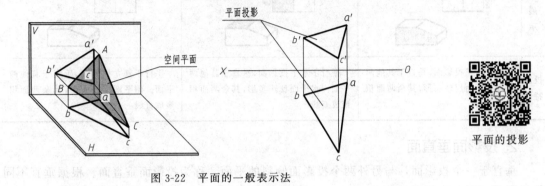

平面的投影

图 3-22 平面的一般表示法

1. 投影面平行面

平行于一个投影面，与另外两个投影面垂直的平面，称为投影面平行面。根据平行不同的投影面，可分为如下三种：

正平面：平行于 V 面并与 H 面、W 面垂直的平面；

水平面：平行于 H 面并与 V 面、W 面垂直的平面；

侧平面：平行于 W 面并与 H 面、V 面垂直的平面。

投影面平行面的投影特性见表 3-4。

表 3-4 投影面平行面的投影特性

名称	正 平 面	水 平 面	侧 平 面
轴测图			
投影图			

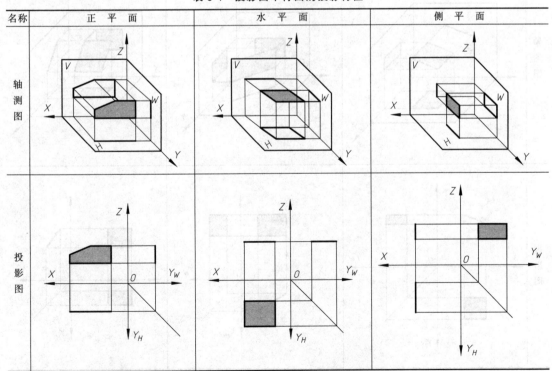

续表

名称	正 平 面	水 平 面	侧 平 面
模型展示			
投影特性	平行于正投影面,垂直于其他两平面。正面反映实形,其余两面积聚成直线	平行于水平投影面,垂直于其他两平面。水平面反映实形,其余两面积聚成直线	平行于侧立投影面,垂直于其他两平面。侧平面反映实形,其余两面积聚成直线

2. 投影面垂直面

垂直于一个投影面,与另外两个投影面倾斜的平面,称为投影面垂直面。根据垂直不同的投影面,可分为如下三种:

正垂面:垂直于 V 面并与 H 面、W 面倾斜的平面;

铅垂面:垂直于 H 面并与 V 面、W 面倾斜的平面;

侧垂面:垂直于 W 面并与 H 面、V 面倾斜的平面。

投影面垂直面的投影特性见表 3-5。

表 3-5 投影面垂直面的投影特性

名称	正 垂 面	铅 垂 面	侧 垂 面
轴测图			
投影图			

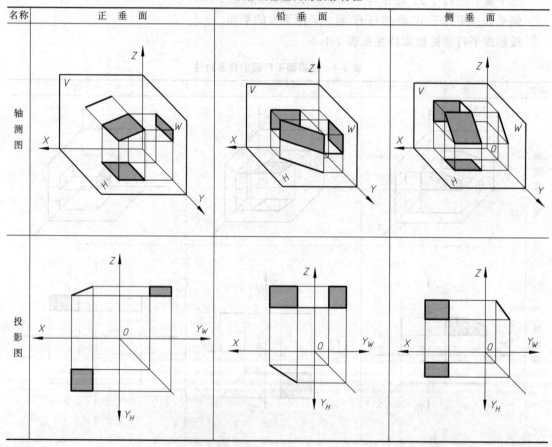

续表

名称	正 垂 面	铅 垂 面	侧 垂 面
模型展示	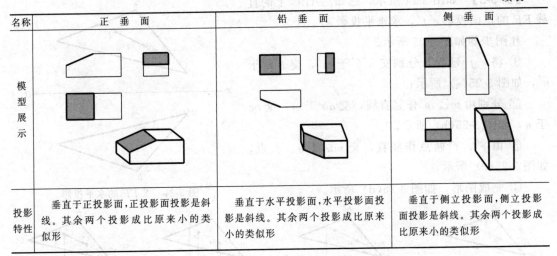		
投影特性	垂直于正投影面,正投影面投影是斜线。其余两个投影成比原来小的类似形	垂直于水平投影面,水平投影面投影是斜线。其余两个投影成比原来小的类似形	垂直于侧立投影面,侧立投影面投影是斜线。其余两个投影成比原来小的类似形

3. 一般位置平面

倾斜于三个投影面的平面称为一般位置平面，如图 3-23 所示。

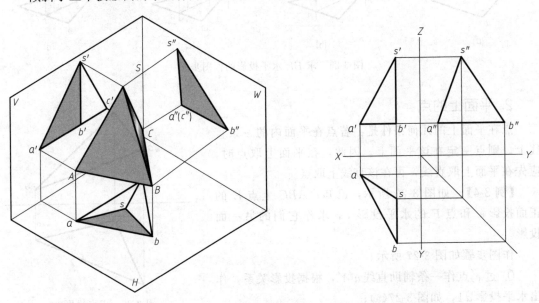

图 3-23　一般位置平面的投影

由于一般位置平面与三个投影面都倾斜，因此它的三个投影面都缩小，而且与原来的平面相似。三角形 SAB 的水平投影 sab、正面投影 $s'a'b'$、侧面投影 $s''a''b''$ 均为三角形，都小于平面 SAB。

四、平面上直线和点的投影

1. 平面上的直线

直线在平面上的几何条件是：直线经过平面上的两点，或通过平面上的一个点，且平行于属于该平面任一直线，则直线在该平面上。

【例 3-3】 如图 3-24 所示，已知△ABC 上的直线 EF 的正面投影 e′f′，求水平投影 ef。

作图步骤如图 3-25 所示。

① 将 e′f′ 延长，分别交 a′b′ 于 m′，交 b′c′ 于 n′，如图 3-25(a) 所示；

② 分别由 m′、n′ 作竖直线，交 ab 于 m，交 bc 于 n，如图 3-25(b) 所示；

③ 由 e′、f′ 两点作竖直，交 mn 于 e、f 点，如图 3-25(c) 所示；

④ 完成图形，如图 3-25(d) 所示。

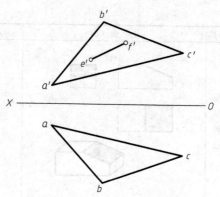

图 3-24　求 EF 的水平投影

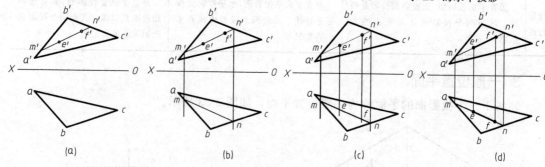

| (a) | (b) | (c) | (d) |

图 3-25　求 EF 水平投影的作图步骤

2. 平面上的点

点在平面上的几何条件是：若点在平面内的一条直线上，则点一定在该平面上。因此，在平面上取点时，应先在平面上取直线，再在该直线上取点。

【例 3-4】 如图 3-26 所示，已知△ABC 上点 E 的正面投影 e′ 和点 F 的水平投影 f，求作它们的另一面投影。

作图步骤如图 3-27 所示。

① 过 e′ 点作一条辅助直线 a′1′，根据投影关系，作出水平投影 a1，如图 3-27(a)；

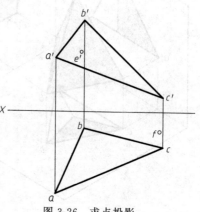

图 3-26　求点投影

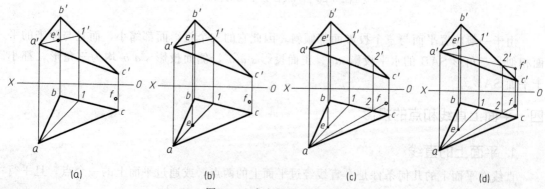

| (a) | (b) | (c) | (d) |

图 3-27　求点投影作图步骤

② 过 e' 作竖直线与 $a1$ 相交，交点 e 就是所求点，如图 3-27(b)；

③ 连接 af，af 交 bc 于 2，根据投影原理作出 $2'$ 点，如图 3-27(c)；

④ 过 f 作垂直线与 $a'2'$ 的延长线相交，交点 f' 即为所求，如图 3-27(d)。

第三节　立体的投影

立体由若干个表面所围成，分为平面立体和曲面立体，通常情况下立体分为基本体（见图 3-28）和组合体（见图 3-29）。基本体是指棱柱、棱锥、圆锥、圆柱、圆环、球等简单立体，组合体是由基本体切割或叠加所组成的复杂物体。

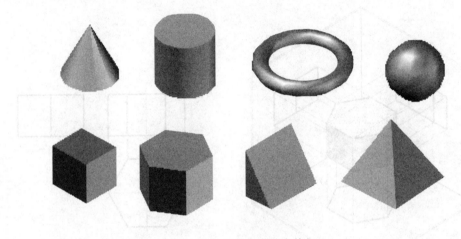

图 3-28　简单基本体

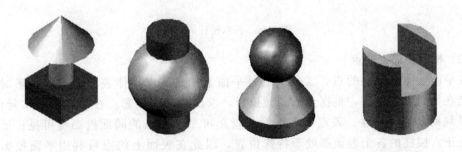

图 3-29　组合体

一、平面立体的三面投影

平面立体的表面是由若干个平面所构成，而平面可看作是由一些直线和棱线所构成，按照点、线、面的投影规律将这些线、面画出来，即可画出平面立体的图形。工程上常见的平面立体有两种：棱柱和棱锥。下面介绍六棱柱和三棱锥的三个基本视图的形成和画法。

1. 棱柱

(1) 棱柱的三面投影

如图 3-30(a) 所示的正六棱柱，六棱柱是由上、下正六边形和六个侧面（矩形）所构成。将它置于三投影面体系中，使其顶面、底面均为水平面，它们的水平投影反映实形，正面和侧面投影积聚为一直线。棱柱有六个侧面，前后为正平面，其正面投影反映实形，水平投影及侧面投影积聚为一直线。棱柱的其他四个侧面均为铅垂面，水平投影积聚为直线，正面投影和侧面投影为类似形。

直棱柱的投影特点：一个投影为多边形，反映棱柱的形状特征，另外两个投影是由矩形（实线和虚线）组成的矩形线框。

正六棱柱

作图时，先画出对称中心线，再画出反映棱柱形状特征的投影——反映顶底面的正多边形，然后根据棱柱的高作出其他两个投影，如图 3-30(b) 所示。

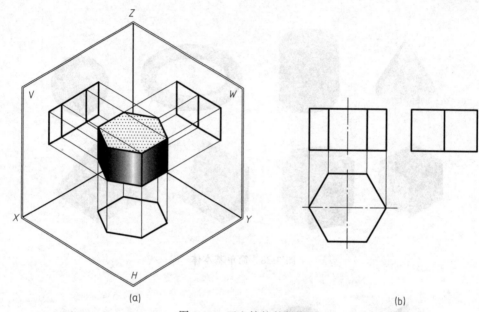

图 3-30　正六棱柱的投影

(2) 棱柱表面上的点

在平面立体表面上的点，实质上就是平面上的点。作立体表面上点的投影时，首先确定点在平面上的位置，根据点的二面投影，求出第三面投影。在确定点的实际位置时，一定要判别点的可见性。若点所在表面的投影可见，则点的同面投影也可见；反之为不可见。正六棱柱的各个表面都处于特殊位置，因此在表面上的点可利用平面投影的积聚性来作图。

【例 3-5】 如图 3-31(a) 所示，已知正六棱柱表面上点 M 和点 N 的正面投影 m'、n'，求这两点的水平投影 m、n 和侧面投影 m''、n''。

解：由于点 M 正面投影 m' 是可见的，因此点 M 必定在正六棱柱的左前侧面上，而左前侧面为铅垂面，其水平投影具有积聚性，因此 m 必在其有积聚性的水平投影上，由 m' 向下引投影连线可求出 m。根据 m' 和 m，由点的投影规律可求出 m''。由于点 N 正面投影 n' 是不可见的，因此点 N 必定在正六棱柱的后侧面上，而后侧面为正平面，其水平投影具有积聚性，因此 n 必在其有积聚性的水平投影上，由 n' 向下引投影连线可求出 n。根据 n' 和 n，由点的投影规律可求出 n''。如图 3-31(b) 所示。

注意：积聚投影线上的点不用判断可见性，对不可见的点的投影，需加圆括号表示。

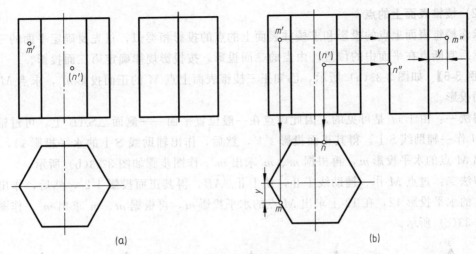

图 3-31　作正六棱柱表面上的点

2. 棱锥

(1) 棱锥的三面投影

如图 3-32(a) 所示为正三棱锥的三面投影，三棱锥是由底面和三个侧面围成，按立体图中所示的看图方向，根据投影规律可知，底面△ABC 为水平面，其水平投影反映三角形的实形，正面投影和侧面投影积聚为一直线，分别为 $a'b'c'$ 和 $a''(c'')b''$。△SAC 为侧垂面，侧面投影积聚为一直线 $s''a''(c'')$，水平投影 sac 和正面投影 $s'a'c'$ 都是类似形。△SAB 和 △SBC 为一般位置平面，其三面投影均为类似形。棱线 SB 为侧平线，SA、SC 为一般位置直线，AC 为侧垂线，AB、BC 为水平线。

画正三棱锥的三面投影时，先画出底面△ABC 的各面投影，再画出锥顶 S 的各面投影，然后连接各顶点的同面投影，即为正三棱锥的三视图，如图 3-32(b) 所示。在画图时，要根据点的投影规律准确绘制，例如，通过作图可知，正三棱锥的侧面投影不是等腰三角形。

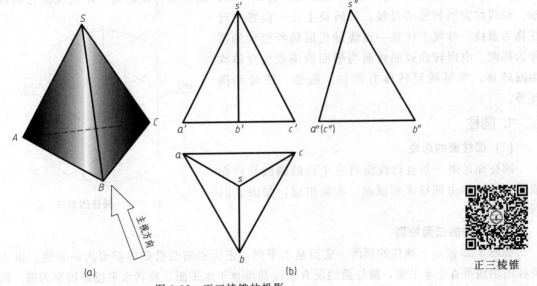

正三棱锥

图 3-32　正三棱锥的投影

（2）棱锥表面上的点

求作棱锥表面上点的投影和求棱柱表面上的点的投影相类似，首先要确定平面的三面投影，然后判断点在平面中的位置，由点的二面投影，按投影规律确定第三面投影。

【例 3-6】 如图 3-33（a）所示，已知正三棱锥表面上点 M 的正面投影 m'，求点 M 的其余两面投影。

解法一：由于 m' 是可见的，因此该点在一般位置平面——侧面 $\triangle SAB$ 上，可过锥顶 S 和点 M 作一辅助线 $S\text{I}$，得其正面投影 $s'1'$，然后，作出辅助线 $S\text{I}$ 的水平投影 $s1$，在 $s1$ 上求出 M 点的水平投影 m，再根据 m、m' 求出 m''。作图步骤如图 3-33（b）所示。

解法二：过点 M 作一辅助线 III，使 $\text{I}\text{II}//AB$，得其正面投影 $1'2'$，然后，作出辅助线 III 的水平投影 12，在 12 上求出 M 点的水平投影 m，再根据 m、m' 求出 m''。作图步骤如图 3-33（c）所示。

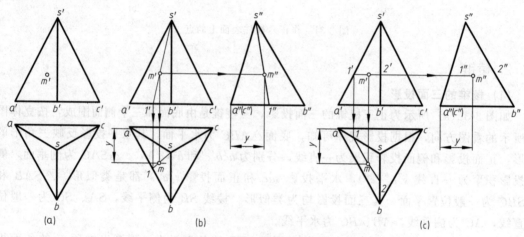

图 3-33 作正三棱锥表面上的点

二、回转体

由一动线（直线或曲线）绕一定直线回转而形成的曲面称为回转面。定直线称为回转轴。动线称为回转面的母线。回转面上任一位置的母线称为素线。母线上任意一点绕轴线回转所形成的圆称为纬圆。由回转面或回转面与平面所围成的立体称为回转体。常见的回转体有圆柱、圆锥、圆球和圆环等。

1. 圆柱

（1）圆柱面的形成

圆柱面是由一条直母线绕与它平行的轴线旋转而成的。圆柱体由圆柱面和顶面、底面组成，如图 3-34 所示。

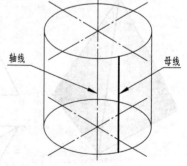

图 3-34 圆柱的形成

（2）圆柱的三面投影

如图 3-35 所示，圆柱的顶面、底面是水平面，正面和侧面投影均积聚为一直线。由于圆柱的轴线垂直于水平面，圆柱面的所有素线都垂直于水平面，故其水平投影积聚为圆。圆

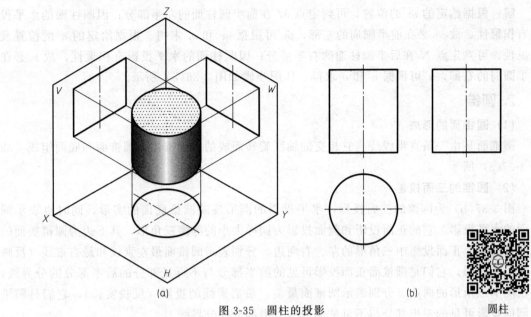

(a)　　　　　　　　　(b)

图 3-35　圆柱的投影

圆柱

柱面的正面投影和侧面投影为形状、大小相同的矩形线框。矩形的两条水平线，分别是圆柱顶面和底面有积聚性的投影。在正面投影中，左右两轮廓线是圆柱面上最左、最右素线的投影，即圆柱面前、后分界线（转向轮廓线）的投影。它们把圆柱面分为前、后两部分，这两条素线是可见的前半部分与不可见的后半部分的分界线。在圆柱的侧面投影中，矩形的左右两轮廓线分别是圆柱的最前、最后素线的投影，即圆柱面左、右分界线（转向轮廓线）的投影。它们把圆柱面分为左、右两部分，这两条素线是可见的左半部分与不可见的右半部分的分界线。

（3）圆柱表面上的点

圆柱表面上的点一定在圆柱的外表面上，由于圆的外表面水平投影为一个圆，所以点的水平投影一定在圆上，根据投影规律，很容易求出点的三面投影。

【例 3-7】　如图 3-36(a) 所示，已知圆柱面上点 M 和点 N 的正面投影 m'、n'，求另两面投影 m、m'' 和 n、n''。

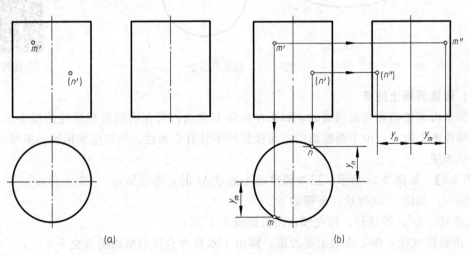

(a)　　　　　　　　　(b)

图 3-36　作圆柱表面上的点

解：根据给定的 m' 的位置，可判定点 M 在前半圆柱面的左半部分；因圆柱面的水平投影有积聚性，故 m 必在前半圆周的左部，m'' 可根据 m' 和 m 求得。根据给定的 n' 的位置及可见性，可判定点 N 在后半圆柱面的右半部分；因圆柱面的水平投影有积聚性，故 n 必在后半圆周的右部，n'' 可根据 n' 和 n 求得。作图步骤如图 3-36(b) 所示。

2. 圆锥

(1) 圆锥面的形成

圆锥面是由一条直母线绕与它相交的轴线旋转而成的。圆锥体由圆锥面和底面组成。如图 3-37(a) 所示。

(2) 圆锥的三面投影

图 3-37(b) 为圆锥的三面投影，水平投影的圆形反映圆锥底面的实形，同时也表示圆锥面的水平投影。它的正面投影和侧面投影为同样大小的等腰三角形，其下边为圆锥底面的积聚性投影。正面投影中三角形的左、右两边，分别表示圆锥面最左素线和最右素线（反映实长）的投影，它们是圆锥面正面投影可见的前半部分与不可见部分的后半部分的分界线；左视图中三角形的两边，分别表示圆锥面最前、最后素线的投影（反映实长），它们是圆锥面侧面投影可见的左半部分与不可见部分的右半部分的分界线。

画圆锥的三面投影时，先画出圆锥底面的各个投影，再画出锥顶点的投影，然后分别画出特殊位置素线的投影，即完成圆锥的三面投影。

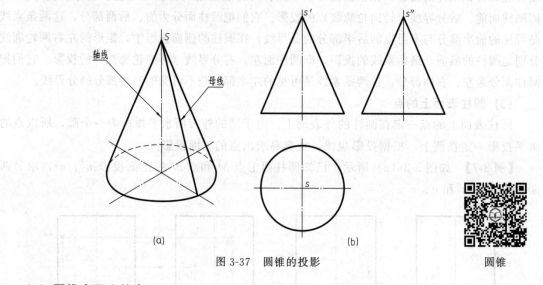

图 3-37　圆锥的投影　　　　圆锥

(3) 圆锥表面上的点

圆锥是由圆锥面和底面围成的，如果在底面上取点，可在底面有积聚性的投影上取点。如果在圆锥面上取点，由于圆锥面的三面投影均不具有积聚性，所以应采用辅助素线法或辅助纬圆法求解。

【**例 3-8**】　如图 3-38 所示，已知圆锥面上的点 M 的正面投影 m'，求 m 和 m''。

解法一：如图 3-39 所示，步骤如下。

① 连接 $s'm'$，并延长，与底圆正面投影交于 $1'$ 点；

② 由投影规律，作 $1'$ 点的水平投影，即由 $1'$ 点作垂直线与底圆前方交于 1 点；

③ 连接 $s1$，作 m' 水平投影，即由 m' 点作垂直线与 $s1$ 相交于 m 点；

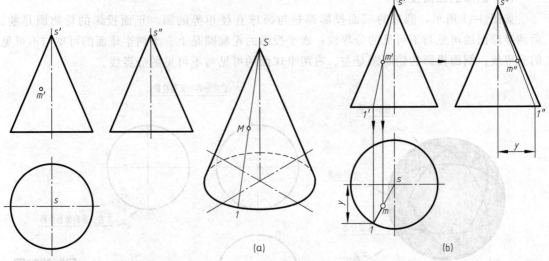

图 3-38　圆锥体表面取点　　　　　图 3-39　用辅助素线法作圆锥表面上的点

④ 按投影规律求出 m'' 点。

解法二：如图 3-40 所示，步骤如下。

① 过 m' 所作的水平线 $2'3'$，它是纬圆的正面投影，其 $2'3'$ 长度即为该纬圆的直径，作 $2'3'$ 的水平投影 23 点；

② 以 s 点为圆心，23 为直径作圆；

③ 作 m' 点的水平投影，即由 m' 作竖直线与以 23 为直径的圆前面相交，交点为 m；

④ 根据投影规律求出第三面投影 m''。

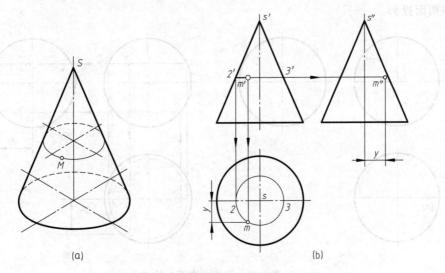

图 3-40　用辅助纬圆法作圆锥表面上的点

3. 圆球

(1) 圆球面的形成

圆球面可看作一圆（母线）围绕它的直径回转而成。

(2) 圆球的三面投影

如图 3-41 所示，圆球的三面投影都是与圆球直径相等的圆。正面投影的轮廓圆是前、后两半球面的可见与不可见的分界线；水平投影的轮廓圆是上、下两半球面的可见与不可见的分界线；侧面投影的轮廓圆是左、右两半球面的可见与不可见的分界线。

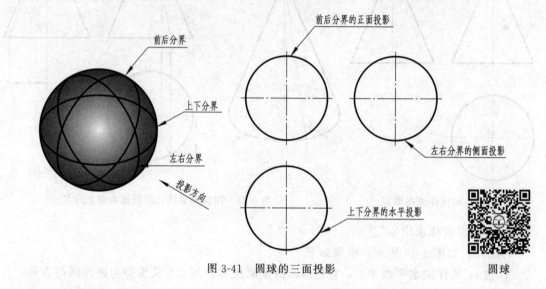

图 3-41　圆球的三面投影　　　　圆球

(3) 圆球表面上的点

作圆球表面上点的投影要明确球的三面投影的意义，确定所求点所在与其平行的投影面所在圆的位置，根据投影规律，求出点的三面投影。

【例 3-9】　如图 3-42(a) 所示，已知圆球面上点 M 的正面投影 m 和点 N 的水平投影 n'，求其他两面投影。

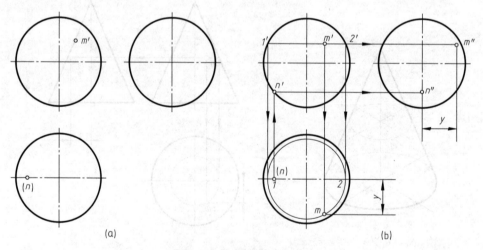

图 3-42　作圆球表面上的点

解：如图 3-42(b) 所示，作图步骤如下。

① 过点 m' 作平行于 X 轴的辅助线，与圆交于 $1'$ 点和 $2'$ 点；

② 作 $1'$ 点和 $2'$ 点的水平投影 1 点和 2 点；

③ 以水平圆的圆心为圆心，以 1 至 2 点为直径画圆；

④ 过 m' 作垂直线与所作圆相交于前方，即为所求 m 点；

⑤ 根据投影规律作出第三面投影 m''；

⑥ 由于 N 点在圆球的前后分界线上，正面投影在圆上，由 n 作垂线与大圆的下方交于 n' 点；

⑦ 根据投影规律求出第三面投影 n''。

4. 圆环

(1) 圆环的形成

圆环面是以圆为母线，绕与其共面但不通过圆心的轴线回转而形成的。圆环是圆环面围成的立体。

(2) 投影分析

圆环其轴线垂直于水平面，水平投影是三个同心圆。细点画线圆是母线同心轨迹；内外实线圆环上最大、最小纬圆的投影，也是俯视转向轮廓线的水平投影。正面投影和侧面投影形状相同。正面投影上的两个小圆是圆环面最左、最右两条素线的正面投影；两条与圆相切的水平方向的直线是圆环面上最高、最低两条纬线圆的正面投影，也是内、外圆环分界的正面投影。侧面投影上的两个小圆是圆环面上最前、最后两条素线的侧面投影，和它相切的两条水平直线是圆环面上最高、最低两条纬线圆的侧面投影。由于内环面的正面和侧面投影均为不可见，所以圆素线靠近轴线的半圆应画成虚线。

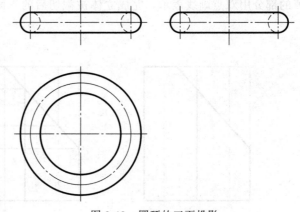

图 3-43 圆环的三面投影

(3) 作图步骤

先画出圆环的轴线、对应中心线的三面投影，再画与圆环的轴线所垂直的投影面上的投影，最后画其他两个投影，如图 3-43 所示。

第四节 切 割 体

在物体上经常出现平面与平面立体表面相交或与回转体表面相交的情况。交线是平面与立体表面的共有线。绘图时，为了清楚地表达物体的形状，必须正确地画出其交线的投影。平面与立体表面的交线在一般情况下是不能直接画出来的，因此必须先设法求出属于交线上的若干个点，然后把这些点连接起来。

当平面切割立体时，与立体表面所形成的交线称为截交线；切割立体的平面称为截平面；因截平面的截切在立体表面上被截交线围成的平面称为截断面。

一、平面切割平面立体

平面立体被截切产生的截交线是由直线组成的平面多边形。多边形的边是立体表面与截平面的交线，而多边形的顶点则是立体棱线与截平面的交点。截交线既在立体表面上，又在截平面上，所以它是立体表面和截平面的共有线，截交线上的每一点都是它们的共有点。因此，求截交线实际上是求截平面与平面立体棱线的交点，或求截平面与平面立体表面的交线。

（1）截交线的性质

平面立体被平面截切时，立体表面形状的不同和截平面相对于立体的位置不同，所形成截交线的形状也不同，任何截交线均具有以下两个性质：

① 封闭性：截交线是封闭的平面多边形；

② 共有性：截交线是截平面与立体表面的共有线。

（2）画截交线的一般方法

① 空间分析：分析截平面与立体的相对位置，确定截交线的形状；分析截平面与投影面的相对位置，确定截交线的投影特征。

② 画投影图：求出平面立体上被截断的各棱线与截平面的交点，然后顺次连接各点成封闭的平面图形。求各棱线与截平面的交点的方法叫作棱线法。

1. 平面切割棱柱

【例 3-10】 如图 3-44（a）所示，已知正五棱柱被正垂面截切掉左上方的一块，被切割掉的部分用双点画线表示，完成立体被截切后的三面投影。

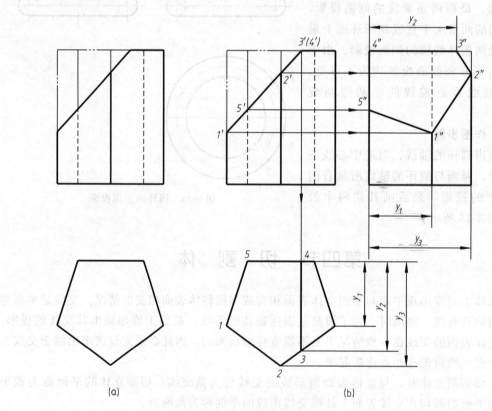

图 3-44 平面切割正五棱柱的三视图

① 分析：由图可知，正五棱柱被正垂面截切，截交线的正面投影积聚为一条直线。水平投影除顶面上的截交线外，其余各段截交线都积聚在正五边形上。

② 作图步骤：画出正五棱柱轮廓线的侧面投影，由截交线的正面投影可得截平面的各

个顶点Ⅰ、Ⅱ、Ⅲ、Ⅳ、Ⅴ的正面投影1′、2′、3′、4′、5′，在水平面和侧面相应的棱线上求得Ⅰ、Ⅱ、Ⅲ、Ⅳ、Ⅴ的水平投影1、2、3、4、5，侧面投影1″、2″、3″、4″、5″，依水平投影的顺序连接侧面投影各交点，可得截交线的投影。正五棱柱轮廓线的侧面投影被截去的部分用双点画线表示。

③ 判别可见性：俯视图、左视图上截交线的投影均为可见，在左视图中右后棱线的投影不可见，应画成虚线。作图步骤如图3-44(b)所示。

2. 平面切割棱锥

【例3-11】　如图3-45(a)所示，已知正三棱锥被正垂面截切，求截切后的水平投影和侧面投影。

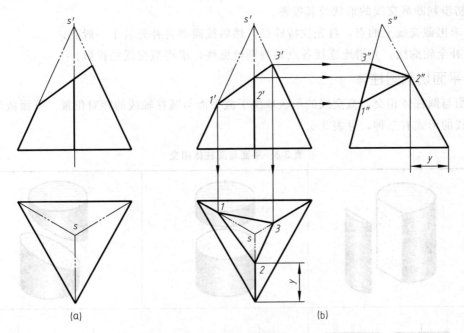

图3-45　平面切割正三棱锥的三视图

① 分析：截平面为正垂面，截交线的正面投影积聚为直线。截平面与三条棱线相交，从正面可以直接找出交点，交点的另外两面投影必在各棱线的同面投影上。

② 作图步骤：在正面投影中相应的棱线上求出截平面与棱线的交点Ⅰ、Ⅱ、Ⅲ的正面投影1′、2′、3′，在侧面相应的棱线上求得Ⅰ、Ⅱ、Ⅲ的侧面投影1″、2″、3″，根据点的投影规律，可以作出Ⅰ、Ⅱ、Ⅲ的水平投影1、2、3，判断可见性后，依次连接各点的同面投影，即得截交线的三面投影。作图步骤如图3-45(b)所示。

二、平面切割回转体

平面与回转体相交，截交线通常是一条封闭的平面曲线。截交线的形状与回转体的几何性质及其与截平面的相对位置有关。

(1) 截交线的性质

平面切割回转体产生的截交线有如下性质：

① 截交线是截平面和回转体表面的共有线，截交线上有点是它们的共有点；

② 截交线是封闭的平面图形；

③ 截交线的形状，取决于回转体的几何性质及截平面对回转体轴线的相对位置。

（2）求截平面的方法和步骤

截交线上有一些能确定其形状和范围的特殊点，包括转向轮廓线上的点（可见与不可见的分界点）和极限位置点（最高、最低、最左、最右、最前、最后点）等，其他的点为一般点。求截交线时，通常先作出这些特殊点，然后按需要再求作若干一般点，最后依次光滑连接各点的同面投影，并判别可见性。当截平面为特殊位置平面时，截交线的投影就积聚在截平面具有积聚性的同面投影上，可利用在回转体表面上取点的方法求作截交线。

① 分析回转体的几何性质、截平面与投影面的相对位置、截平面与回转体轴线的相对位置，初步判断截交线的形状及其投影；

② 求出截交线上的点，首先找特殊点，然后按需要再补充若干一般点；

③ 补全轮廓线，光滑地连接各点并判别可见性，求得截交线的投影。

1. 平面切割圆柱体

平面与圆柱体相交，截交线的形状取决于截平面与圆柱轴线的相对位置。平面截切圆柱体截交线的形式有三种，见表 3-6。

表 3-6   平面与圆柱体相交

立体图 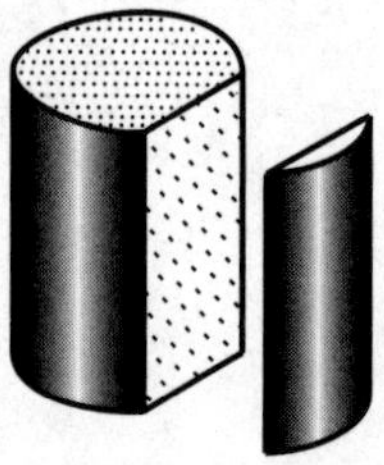 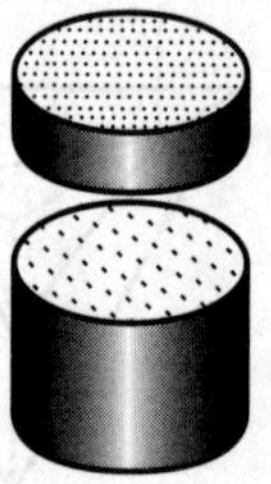 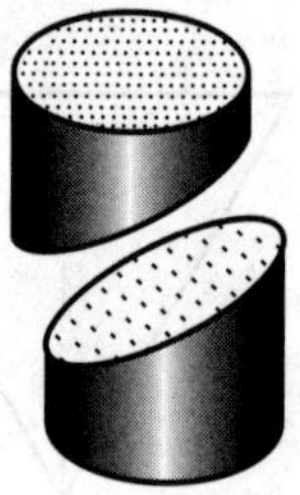		
投影图 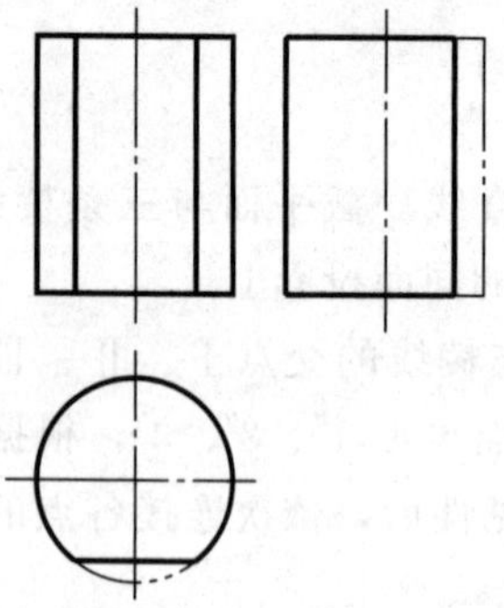 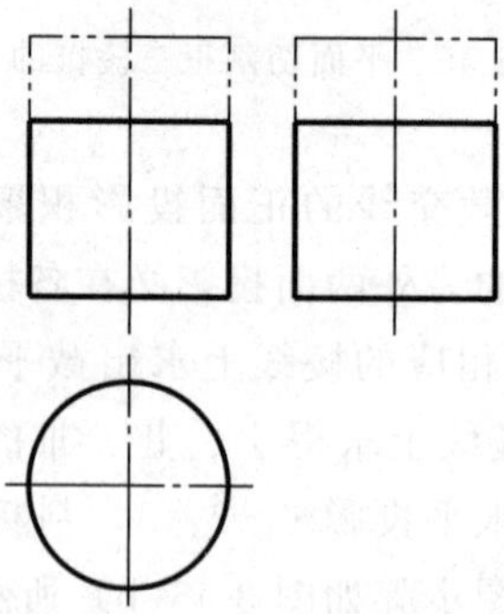 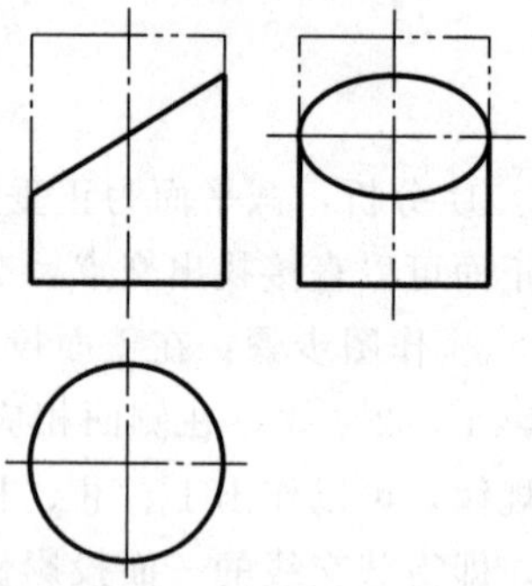		
交线情况	截平面平行于圆柱轴线，截交线为矩形	截平面垂直于圆柱轴线，截交线为圆	截平面倾斜于圆柱轴线，截交线为椭圆

【例 3-12】   如图 3-46(a)、（b）所示，已知斜切圆柱体的水平投影和侧面投影，求作其正面投影。

（1）分析

圆柱的轴线是铅垂线，截平面为侧垂面，斜切圆柱体的截交线为椭圆。截交线的侧面投影积聚为直线，水平投影积聚在圆周上，正面投影为椭圆。

（2）作图步骤

① 求特殊点。截交线最前素线上的点Ⅰ和最后素线上的点Ⅲ 分别是截交线的最低点和最高点。截交线最右点Ⅱ和最左点Ⅳ分别是最右素线和最左素线与截平面的交点。作出点Ⅰ、Ⅱ、Ⅲ、Ⅳ的侧面投影1″、2″、3″、4″，根据从属关系求出点Ⅰ、Ⅱ、Ⅲ、Ⅳ的水平投影1、2、3、4 和正面投影1′、2′、3′、4′。如图 3-46(c) 所示。

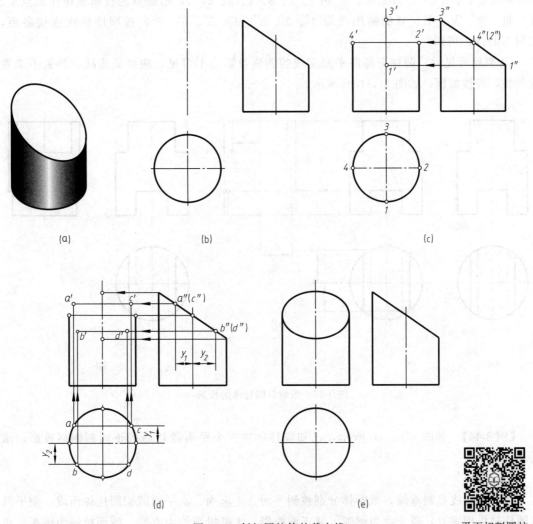

图 3-46　斜切圆柱体的截交线　　　　　平面切割圆柱

② 求一般点。从侧面投影上选取点 A、B、C、D 的侧面投影 a″、b″、c″、d″，然后根据俯、左视图宽相等，前后对应的原则，求得点 A、B、C、D 的水平投影 a、b、c、d，根据点的投影规律，求出点 A、B、C、D 的正面投影 a′、b′、c′、d′。如图 3-46(d) 所示。

③ 按截交线的顺序，光滑地连接各点的正面投影。正面投影的轮廓线画到 2、4 为止，并与椭圆相切，如图 3-46(e) 所示。

【例 3-13】 如图 3-47(a) 所示，已知带切口圆柱体的正面投影和水平投影，求作其侧面投影。

① 分析：圆柱体上部被四个截平面截切，下部被三个截平面截切，为左右对称的图形。其中竖直的四个面是平行于圆柱轴线的侧平面，它们与圆柱面的截交线为两条铅垂线，与顶面的截交线为正垂线。其余三个截平面是垂直与圆柱轴线的水平面，它们与圆柱面的截交线为圆弧。侧平面与水平面间产生的交线均为正垂线。

② 作图步骤：在正面和水平面上找出点 Ⅰ、Ⅱ、Ⅲ、Ⅳ、Ⅴ、Ⅵ、Ⅶ 的正面投影和水平投影 $1'$、$2'$、$3'$、$4'$、$5'$、$6'$、$7'$ 和 1、2、3、4、5、6、7，根据点的投影规律作出点 Ⅰ、Ⅱ、Ⅲ、Ⅳ、Ⅴ、Ⅵ、Ⅶ 的侧面投影 $1''$、$2''$、$3''$、$4''$、$5''$、$6''$、$7''$，按顺序依次连接各点，如图 3-47（b）所示。

③ 判别可见性：圆柱下部截平面交线的侧面投影为不可见，应画成虚线。擦去不必要的图线，校核加深，如图 3-47（c）所示。

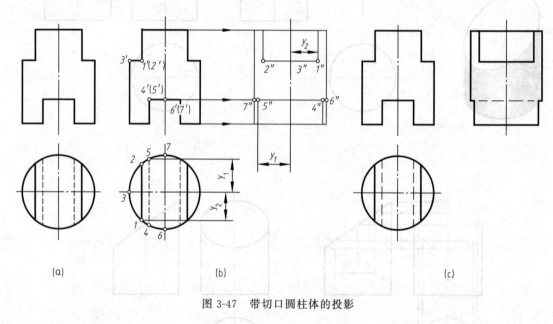

(a)   (b)   (c)

图 3-47　带切口圆柱体的投影

【例 3-14】 如图 3-48（a）所示，已知圆柱体被三个平面截切后的正面和侧面投影，求其水平投影。

(1) 分析

圆柱的轴线是侧垂线，截断体分别被侧平面、正垂面、水平面截切圆柱体而成。侧平面与圆柱轴线相垂直，截交线为圆弧，其正面投影、水平投影均为直线，侧面投影为圆弧。正垂面与圆柱轴线相倾斜，截交线为部分椭圆，正面投影为直线，侧面投影与圆重合，水平投影为椭圆弧。水平面与圆柱轴线相平行，截交线为矩形，水平投影为矩形，正面投影、侧面投影均为直线。

(2) 作图步骤

① 求特殊点。侧平面截切圆柱所形成截交圆弧的最高点 Ⅰ 和前后两端点 Ⅱ、Ⅲ 的侧面投影 $1''$、$2''$、$3''$ 和正面投影 $1'$、$2'$、$3'$ 可直接求出，并根据两面投影求出其水平投影 1、2、3。Ⅱ、Ⅲ 点也是部分椭圆的两个端点，另外两个端点 Ⅳ、Ⅴ 正面投影 $4'$、$5'$ 和侧面投影 $4''$、$5''$ 可直接求出，并根据两面投影求出其水平投影 4、5。点 Ⅵ、Ⅶ 是部分椭圆短轴的端

点，也是截交线的最前点和最后点。其正面投影 6′、7′ 和侧面投影 6″、7″可直接求出，根据两面投影求出其水平投影 6、7。水平面与圆柱的截交线是矩形，点 Ⅳ、Ⅴ 是矩形截交线的两个端点，另外两个端点 Ⅷ、Ⅸ 的正面和侧面的投影也可以直接求出，并根据两面投影求出水平投影，如图 3-48(b) 所示。

② 求一般点。圆弧和矩形的截交线不需要一般点。在截交线的椭圆部分选 A、B、C、D 四点，可直接求出其正面和侧面的投影 a′、b′、c′、d′ 和 a″、b″、c″、d″，并根据其两面投影求出水平投影 a、b、c、d，如图 3-48(c) 所示。

③ 用光滑的曲线连接各点的水平面投影，并补全轮廓线。水平投影转向轮廓线画到 6、7 为止，并与椭圆相切，如图 3-48(d) 所示。

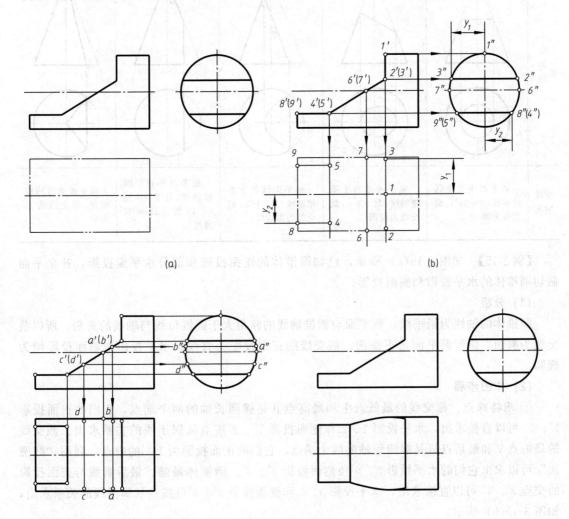

图 3-48　截切圆柱体的投影

2. 平面切割圆锥体

根据截平面与圆锥体的截切位置和与轴线倾角的不同，截交线有五种不同的情况，见表 3-7。

表 3-7　平面与圆锥体的交线

立体图	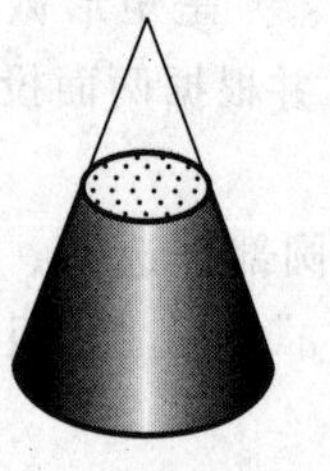	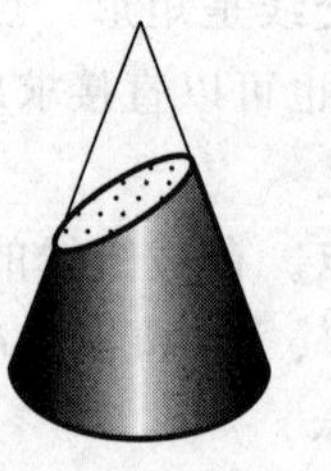	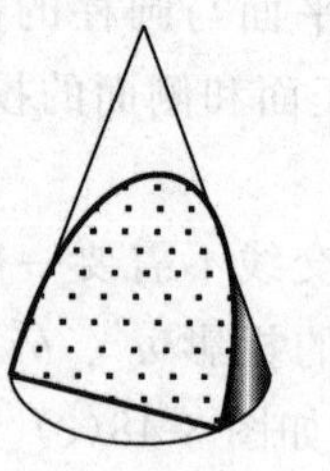	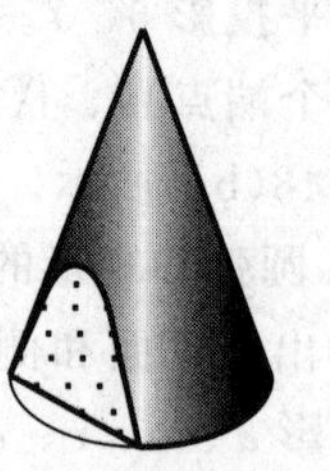	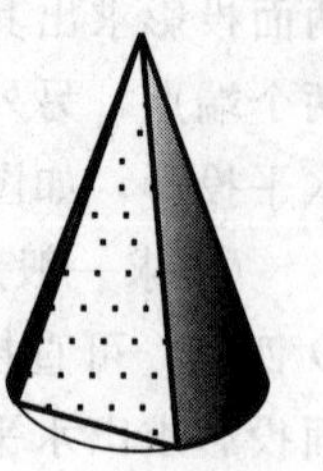
投影图	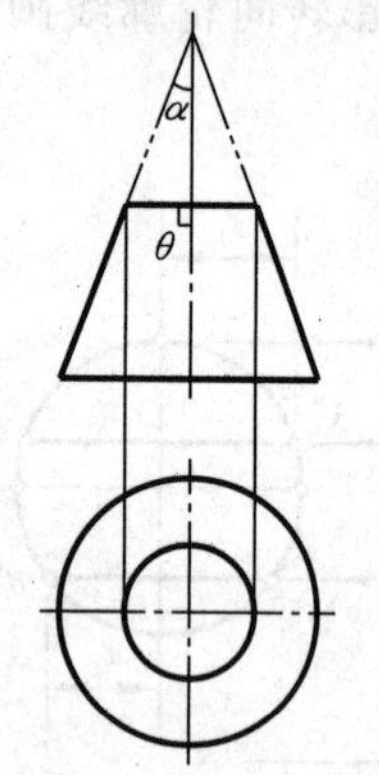	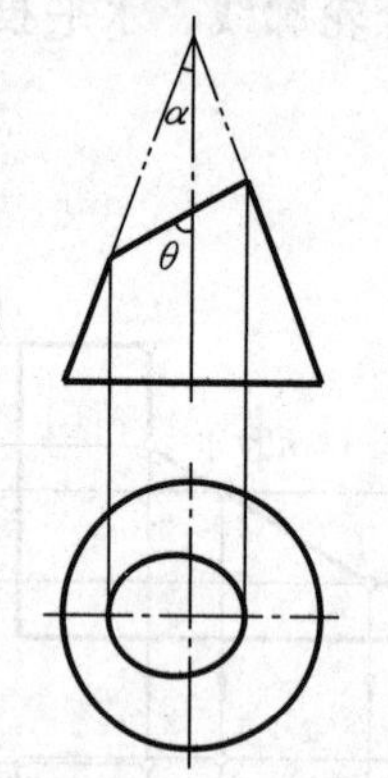	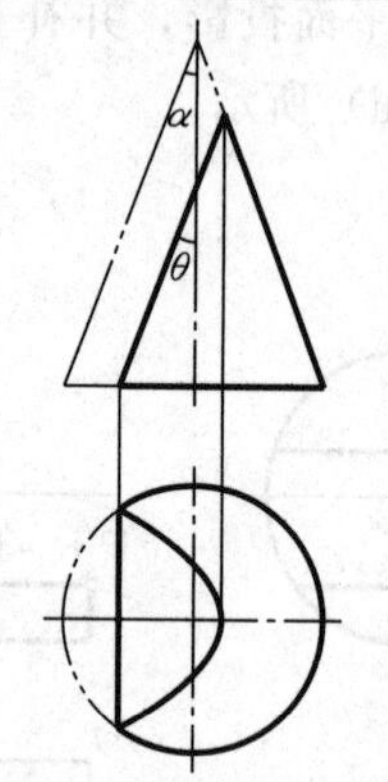	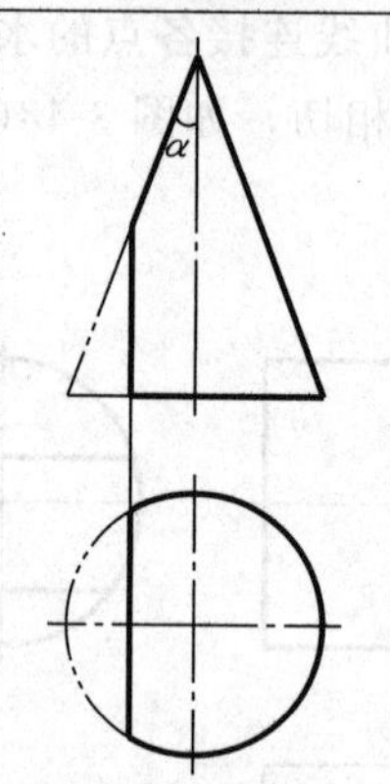	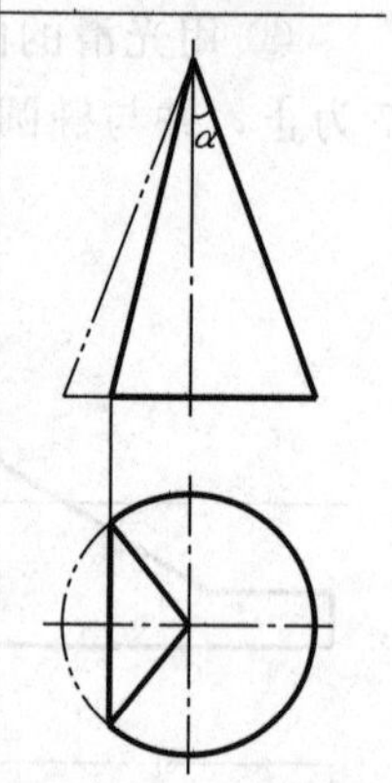
交线情况	截平面垂直于圆锥轴线($\theta=90°$),截交线为圆	截平面倾斜于圆锥轴线,且$\theta>\alpha$,截交线为椭圆	截平面倾斜于圆锥轴线,且$\theta=\alpha$,截交线为抛物线	截平面平行于圆锥轴线,且$\theta=0$或$\theta<\alpha$,截交线为双曲线	截平面通过圆锥锥顶,截交线为三角形

【例 3-15】　如图 3-49(a) 所示,已知圆锥体的正面投影和部分水平面投影,补全平面截切圆锥体的水平投影和侧面投影。

（1）分析

圆锥体的轴线为铅垂线,截平面与圆锥轴线的倾角大于圆锥母线与轴线的夹角,所以截交线为椭圆。由于截平面是正垂面,截交线的正面投影为直线,水平投影和侧面投影均为椭圆。

（2）作图步骤

① 求特殊点。截交线的最低点Ⅰ和最高点Ⅱ是椭圆长轴的两个端点,它们的正面投影 $1'$、$2'$ 可以直接求出,水平投影 1、2 和侧面投影 $1''$、$2''$ 按点从属于线的关系求出。截交线的最前点Ⅴ和最后点Ⅵ是椭圆短轴的两个端点,它们的正面投影为 $1'2'$ 的中点,利用"纬圆法"可以求出它们的水平投影 5、6 和侧面投影 $5''$、$6''$。圆锥体最前、最后素线与正面投影的交点 $3'$、$4'$ 可以直接求出,水平投影 3、4 和侧面投影 $3''$、$4''$ 可按点从属于线的关系求出,如图 3-49(b) 所示。

② 求一般点。在正面投影中,选择适当的位置作截平面上的点 a'、b',利用"辅助纬圆法"可以求出它们的水平投影 a、b 和侧面投影 a''、b'',如图 3-49(c) 所示。

③ 用光滑的曲线连接各点同面投影,求出截断体的水平投影和侧面投影,并补全轮廓线,侧面投影轮廓线画到 $3''$、$4''$,并与椭圆相切,如图 3-49(d) 所示。

【例 3-16】　如图 3-50(a) 所示,已知圆锥体的侧面投影和部分正面投影,补全平面截切圆锥体的水平投影和正面投影。

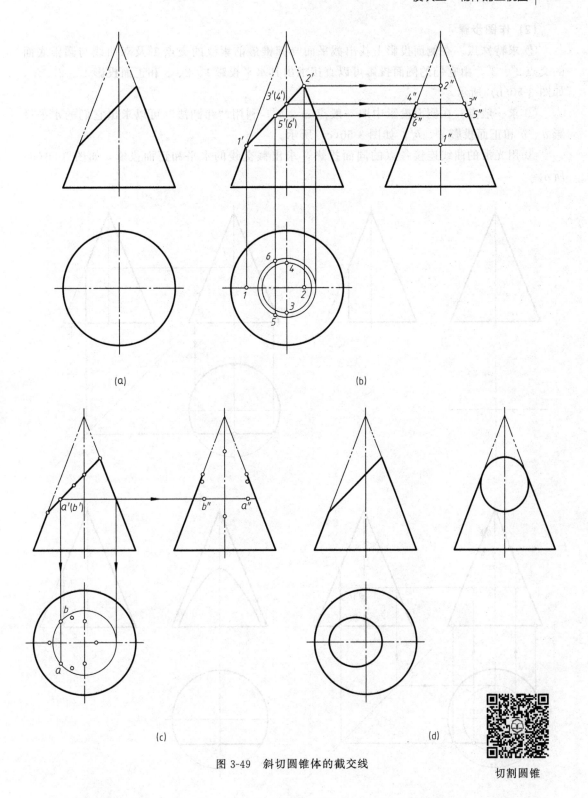

图 3-49 斜切圆锥体的截交线

切割圆锥

(1) 分析

截平面为不过锥顶而平行于圆锥轴线的正平面,截交线为双曲线,其侧面和水平投影积聚为直线,正面投影为双曲线。

（2）作图步骤

① 求特殊点。在侧面投影上找出截平面与圆锥最前素线的交点 1″ 及双曲线与圆锥底面的交点 2″、3″，由它们的侧面投影可以直接求出其水平投影 1、2、3 和正面投影 1′、2′、3′，如图 3-50(b) 所示。

② 求一般点。在侧面投影中取一般点 a″、b″，利用"纬圆法"可以求出它们的水平投影 a、b 和正面投影 a′、b′，如图 3-50(c) 所示。

③ 用光滑的曲线连接各点的同面投影，求出截交线的水平和正面投影，如图 3-50(d) 所示。

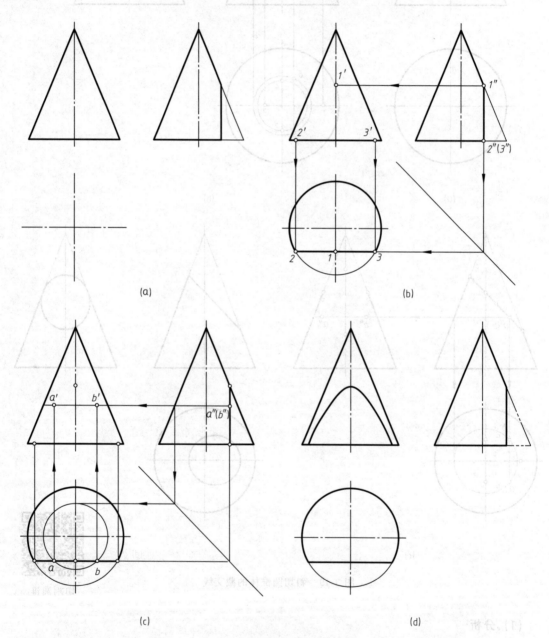

(a)

(b)

(c)

(d)

图 3-50 被截切圆锥体的截交线

3. 平面切割球体

平面与圆球相交，不论截平面处于什么位置，其截交线都是圆。当截平面平行于某一投影面时，截交线在该投影面上的投影为圆，在另外两个投影面上的投影积聚为直线。当截平面垂直于某一投影面时，截交线在该投影面上的投影积聚为直线，在另外两个投影面上的投影为椭圆。

【例 3-17】 如图 3-51(a) 所示，已知圆球体被截切后的正面投影，求作其水平投影。

① 分析：截平面为正垂面，截交线的正面投影积聚为直线，水平投影为椭圆。

② 作图步骤：截交线的最低点 Ⅰ 和最高点 Ⅱ 是截交线的最左点和最右点，也是截交线水平投影椭圆短轴的两个端点，水平投影 1、2 在正平面大圆的水平投影上。1′2′ 的中点 3′(4′) 是截交线水平投影椭圆长轴两个端点的正面投影，其水平投影 3、4 可利用"辅助纬圆法"求出。Ⅴ、Ⅵ 为截平面与圆球侧平面大圆的交点，其水平投影 5、6 可利用"辅助纬圆法"求出。Ⅶ、Ⅷ 为截平面与圆球水平大圆的交点，可直接作出其水平投影，如图 3-51(b) 所示。

用光滑的曲线连接各点的同面投影，得到截交线的水平投影，补全外形轮廓线，其轮廓线大圆画到 7、8 两点为止，如图 3-51(c) 所示。

此题由于特殊点较为匀称地出现在了图形上，可不作一般点。

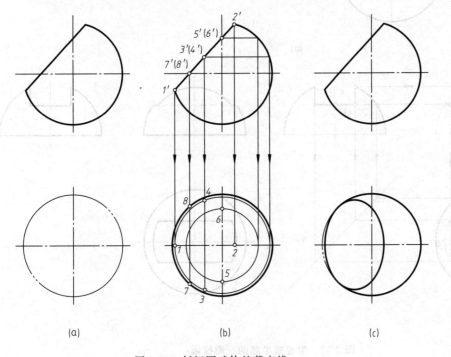

图 3-51 斜切圆球体的截交线

切割圆球

【例 3-18】 如图 3-52(a) 所示，已知带通槽半球的侧面投影，完成其水平投影和正面投影。

① 分析：半球被三个平面截切，分别为一个水平面和两个正平面。正平面与球面的截交线为一段圆弧，正面投影反映实形，与水平截平面的交线为侧垂线。水平截平面与球面的截交线为两段圆弧，水平投影反映实形，截交线圆弧的半径可以根据截平面位置来确定。

② 作图步骤：正平面截切圆球所形成截交圆弧的最高点 I 和前后两端点 II、III 的侧面投影 1″、2″、3″可直接求出，利用"辅助纬圆法"和点的投影特性可以求出其水平投影 1、2、3 和正面投影 1′、2′、3′。水平截平面的最前和最后点 IV、V 的侧面投影 4″、5″可直接求出，根据点的投影特性可以求出其水平投影 4、5 和正面投影 4′、5′，如图 3-52(b) 所示。

由于此图形前后对称，所以只作出图形的后半部分就可得出整个图形的三面投影。正面投影中 2′3′线不可见，球的轮廓大圆只画到 4′、5′处，如图 3-52(c) 所示。

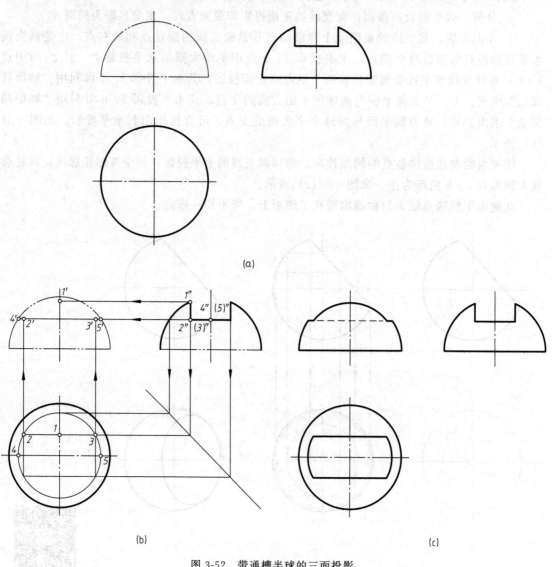

图 3-52　带通槽半球的三面投影

第五节　相　贯　体

一、相贯体的形成

两回转体相交，其表面的交线称为相贯线，它们相交后可以看成是一个整体，称为相贯体。

二、相贯线的特性

由于两相交回转体的形状、大小和相对位置各不相同，所产生的相贯线也各不相同，但它们都有着相同的性质：

相贯线

① 表面性：相贯线位于两相交回转体的表面上；

② 封闭性：相贯线一般是封闭的空间曲线，特殊情况下也可以是平面曲线或直线段；

③ 共有性：相贯线是两相交回转体的表面上的共有线，也是两立体表面的分界线，相贯线上的点一定是两相交回转体表面上的共有点。如图 3-53 所示。

三、相贯线的求法

相贯线是相交两立体表面的共有线，可看作是两立体表面上一系列共有点的集合，因此求相贯线实质上就是求两立体表面共有点的投影。

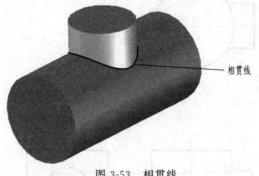

图 3-53　相贯线

1. 表面取点法

两回转体相交，如果其中有一个是轴线垂直于投影面的圆柱，则相贯线在该投影面上的投影就积聚在圆柱面在该投影面上有积聚性的投影上，因而相贯线的这一投影是已知的，利用这个已知投影，就可在另一回转体上用在回转体表面上取点的方法作出相贯线的其他投影，这种方法叫作表面取点法。

【例 3-19】　如图 3-54（a）所示，已知正交两圆柱的水平面投影和侧面投影，求作其正面投影。

（1）分析

两圆柱体轴线垂直相交，其轴线分别为铅垂线和侧垂线，直立大圆柱柱面的水平投影具有积聚性，水平小圆柱柱面的侧面投影具有积聚性，小圆柱完全贯入大圆柱，所以相贯线的水平投影积聚在大圆柱的水平投影上，为一段圆弧；相贯线的侧面投影则积聚在小圆柱柱面的侧面投影上，为一个圆。

（2）作图步骤

① 求特殊点。大圆柱的最左侧素线与小圆柱交于Ⅰ、Ⅲ两点，这两点也是相贯线的最高点和最低点。小圆柱的最前、最后这两条素线与大圆柱交于Ⅱ、Ⅳ两点，这四点的侧面投影 $1''$、$2''$、$3''$、$4''$ 和水平投影 1、2、3、4 可直接求得，然后由点的投影规律可作出其正面投影 $1'$、$2'$、$3'$、$4'$，如图 3-54（b）所示。

② 求一般点。先在相贯线的已知投影如水平投影中取点 a（b），然后根据点的投影规律作出其侧面投影 a''、b'' 和正面投影 a'、b'，如图 3-54（c）所示。

③ 判别相贯线的可见性。相贯线只有同时位于两个立体的可见表面时，这段相贯线的投影才是可见的，否则就不可见。前半相贯线的正面投影可见，因前后对称，后半相贯线与前半相贯线的正面投影相重合。

④ 用光滑的曲线连接各点，得相贯线的正面投影。如图 3-54（d）所示。

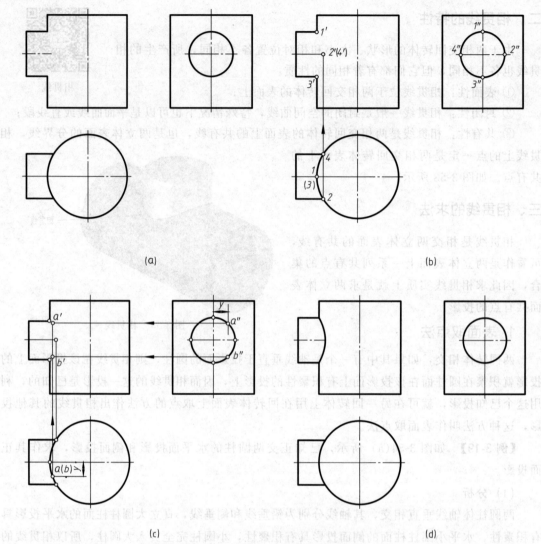

图 3-54 两圆柱垂直相交的相贯线

【例 3-20】 如图 3-55(a) 所示，已知一个圆柱体上有一圆柱孔，求其相贯线。

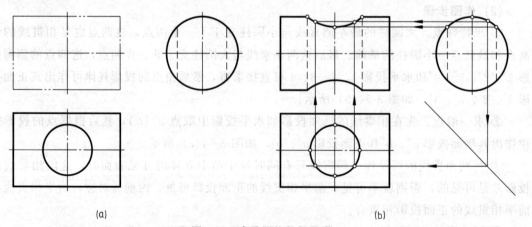

图 3-55 穿孔圆柱的相贯线

解： 圆柱体上挖去一个圆柱孔，两圆柱的轴线相互垂直，其作图过程与例 3-19 类似，需要注意的是，圆柱孔在主视图中的轮廓线为不可见，要画成虚线。作图步骤如图 3-55（b）所示，请读者根据图形自行分析。

圆柱与圆
柱孔相贯

2. 辅助平面法

根据三面共点原理，利用辅助平面求出两回转体表面上的共有点的方法叫作辅助平面法。作圆柱与圆锥（或圆台）相交的相贯线，通常采用辅助平面法。

选择辅助平面的原则是：与两回转体表面的截交线的投影为最简单形状（直线或圆）。一般选择投影面平行面。

【例 3-21】 如图 3-56（a）、（b）所示，求圆柱和圆台相交所形成相贯线的正面投影和水平投影。

(1) 分析

圆柱与圆台的轴线相互垂直，圆柱的轴线是侧垂线，圆台的轴线是铅垂线。相贯线的侧面投影积聚在圆柱侧面投影的圆周上。用"辅助平面法"作图。

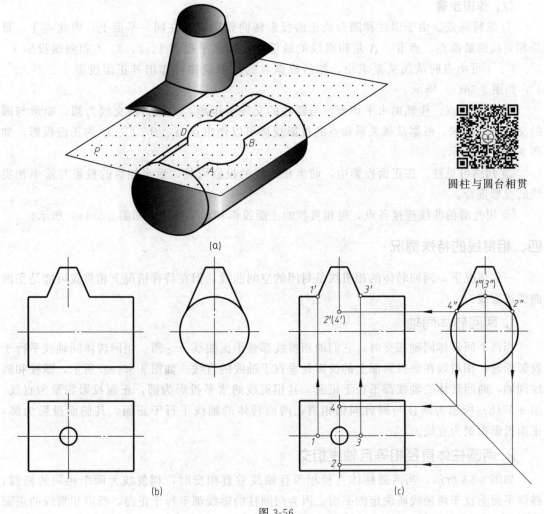

圆柱与圆台相贯

图 3-56

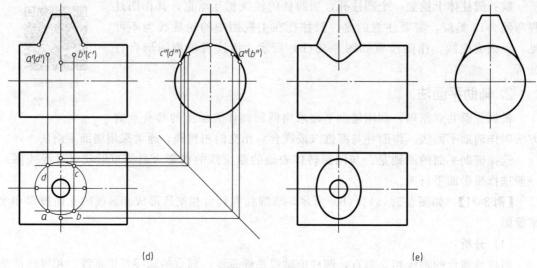

(d)   (e)

图 3-56   圆柱与圆台垂直相交的相贯线

(2) 作图步骤

① 求特殊点。由于圆柱和圆台的正面投影转向轮廓线是在同一平面上，因此点 I、III 是相贯线的最高点，点 II、IV 是相贯线的最低点，其水平投影 1、2、3、4 和侧面投影 $1''$、$2''$、$3''$、$4''$可由点的从属关系求出，然后根据点的投影规律可作出其正面投影 $1'$、$2'$、$3'$、$4'$，如图 3-56(c) 所示。

② 求一般点。作辅助水平切面，与圆柱的交线为矩形，与圆台的交线为圆，矩形与圆的交点即为所求，根据从属关系和点的投影规律可以作出点 A、B、C、D 的正面投影，如图 3-56(d) 所示。

③ 判别可见性。在正面投影中，前半相贯线的投影可见，后半相贯的投影与前半相贯线的投影重合。

④ 用光滑的曲线连接各点，得相贯线的正面投影和水平投影。如图 3-56(e) 所示。

四、相贯线的特殊情况

一般情况下，两回转体的相贯线是封闭的空间曲线，但在特殊情况下相贯线可能是平面曲线或直线。

1. 两回转体同轴

当两个回转体同轴相交时，它们的相贯线都是平面曲线——圆。当回转体同轴线平行于投影面时，相贯线在该投影面上的投影是垂直于轴线的直线。如图 3-57(a) 所示，圆柱和圆球同轴，两回转体的轴线都平行于正面，其相贯线的水平投影为圆，正面投影积聚为直线。图 3-57(b) 所示为圆柱与圆台同轴相贯，两回转体的轴线平行于正面，其侧面投影为圆，正面投影积聚为直线。

2. 两圆柱体直径相等且轴线相交

如图 3-58 所示，当两圆柱体直径相等且轴线垂直相交时，相贯线为两个相同的椭圆，椭圆平面垂直于两轴线所决定的平面。因为两圆柱的轴线都平行于正面，所以相贯线的正面投影积聚为直线，其水平投影和侧面投影为圆。

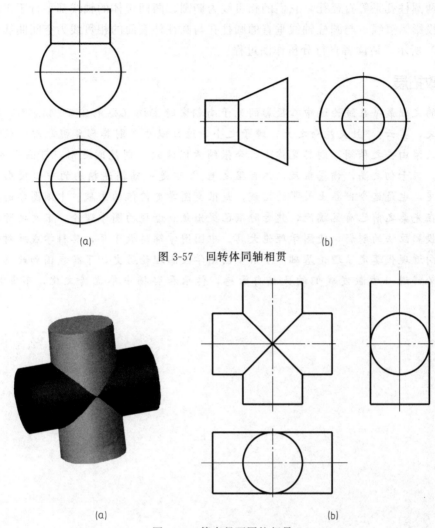

(a)

图 3-57 回转体同轴相贯

(a)

(b)

图 3-58 等直径两圆柱相贯

【例 3-22】 如图 3-59(a) 所示,已知两轴垂直相交的圆柱孔水平投影和侧面投影,作出其相贯线的正面投影。

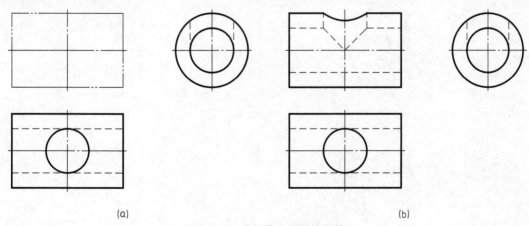

(a)

(b)

图 3-59 孔与带通孔圆柱相贯

---

110 机械制图与AutoCAD

解： 两圆柱孔是等直径孔，它们的相贯线为椭圆，两回转体的轴线都平行于正面，相贯线的正面投影为直线。与圆柱轴线垂直的圆柱孔与圆柱外表面的相贯线为空间曲线。结果如图 3-59(b) 所示，请读者自行分析作图过程。

思政拓展

中国的文献最早系统论述中心投影的见于南朝宋时宗炳（公元 376—443 年）的《画山水序》一文，其云："且夫昆仑之大，瞳子之小，迫目以寸，则其形莫睹，回以数里，则可围以寸眸，诚由去之稍阔，则其见弥小，今张绡素以远映，则昆阆之形，可围于方寸之间，竖画三尺，当千仞之高，横墨数尺，体百里之迥。"这是一篇描述精彩的中心投影，即透视理论的论述，也是迄今世界上最早的记载，是很有图学史价值的文献。中国图学的投影理论及其研究在先秦之前已有见端倪，魏晋时期已提出焦点透视的图学理论，宋元之际，图样绘制之精，投影画法的创新，使图学理论大具。中国图学绵延数千年，其科学成就对于中国图学迅速走向近现代奠定了理论基础。了解中国图学投影理论历史，了解我国如此悠久及璀璨的文化，必将进一步激发我们的民族自豪感，传承和弘扬中华优秀文化，不断增强文化自信。

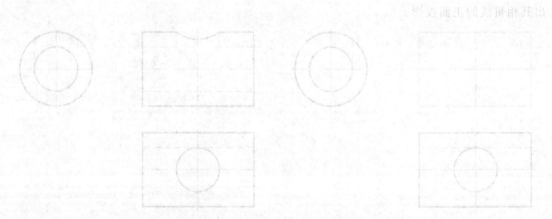

模块四 组 合 体

【知识目标】

① 掌握运用组合体形体分析法和线面分析法画三视图。

② 熟悉组合体三视图投影的绘图思路及作图步骤。

③ 认知尺寸标注规范，熟悉组合体尺寸标注的三类尺寸及其标注原则，理解尺寸基准的选择依据。

【技能目标】

① 掌握绘制中等复杂组合体三视图并标注尺寸，尺寸标注达到准确、完整、清晰的要求。

② 掌握读懂组合体三视图的方法，具备补视图、补漏线的能力。

③ 能熟练运用 AutoCAD 2024 绘图及编辑命令绘制组合体三视图并标注尺寸。

【素质目标】

① 养成规范、严谨的绘图习惯，具有工程实践意识。

② 具备行业软件解决专业问题的素养。

任何复杂的形体都可以看成是由两个或两个以上的基本体组合构成的形体称为组合体。基本形体包括棱柱、棱锥、圆柱、圆锥、球和圆环等。

第一节 组合体三视图

一、组合体的形体分析

1. 组合体的形体分析法

组合体是由一些基本体经过一定的方式组合而成，为了简化画图、读图及尺寸标注，可设想把组合体分解成若干简单的基本体，分析了解各基本体的形状、相对位置及表面连接关系，从而弄清组合体的结构形状，这种分析问题的方法称为形体分析法。如图 4-1 所示，轴承座可分为底板、支承板和肋板三部分，底板上倒圆角及切去两个圆柱孔，同时支承板上切除一个圆柱孔。

2. 组合体的组合形式

组合体按其组成的方式，通常分为叠加型和切割型两种。常见的组合体则是这两种方式的综合，如图 4-2 所示。

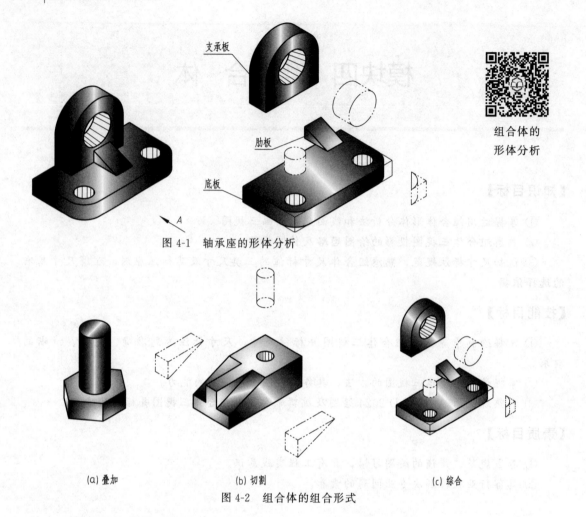

支承板

组合体的
形体分析

肋板

底板

A

图 4-1　轴承座的形体分析

(a) 叠加　　　　　　　(b) 切割　　　　　　　(c) 综合

图 4-2　组合体的组合形式

3. 基本体之间表面连接关系

从组合体的整体来分析，各基本体之间都有一定的相对位置，并且各形体之间的表面也存在一定的连接关系。其形式一般分为平行、相切和相交等情况。

① 平行：平行指两基本体表面间同方向的相互关系。它又可分为共面和不共面两种情况。当相邻两形体的表面互相平齐连成一个平面，即共面，结合处没有界线，如图 4-3（a）

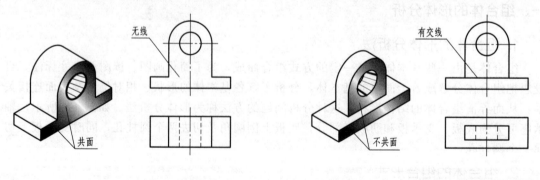

无线

有交线

共面

不共面

(a) 表面平齐　　　　　　　　　　　　　　　　　(b) 表面相错

图 4-3　平行关系

所示；如果两形体的表面不共面，而是相错，结合处须画出分界线，如图 4-3（b）所示。

② 相切：相切是指两个基本体的相邻表面光滑过渡。相切处不存在明显的轮廓线，则不应画出切线，如图 4-4（a）所示。

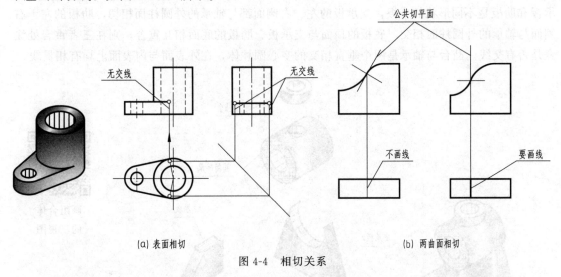

图 4-4 相切关系

有一种特殊情况是：当两曲面相切时，要看两曲面的公切线是否垂直于投影面。若公切线垂直于投影面，则在该投影面上相切处画线，否则不画线，如图 4-4（b）所示。

③ 相交：相交指两基本体的表面相交所产生的交线（截交线或相贯线），应画出相交的交线，如图 4-5 所示。

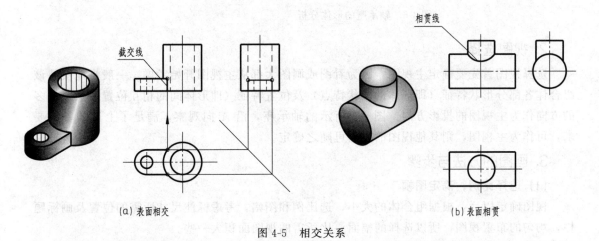

图 4-5 相交关系

二、组合体三视图画法

在对组合体进行绘图、读图的过程中，通常要假想把组合体分解成若干个基本体，分析各基本体的形状、相对位置、组成方式以及表面连接关系，这种把复杂形体分解成若干简单形体的基本分析方法称为形体分析法。

1. 形体分析

画组合体视图之前，应对它进行形体分析，分析组合体由几部分组成，采用了什么组合形式，各部分之间的相对位置，是否产生交线，在某一方向是否对称等。

【例 4-1】 根据图 4-6 所示轴测图，画轴承座的三视图。

分析：如图 4-6 所示，轴承座由底板、圆筒轴承、支承板、肋板和凸台组成。底板、支承板和肋板是不同形状的平板，支承板的左、右侧面都与轴承的外圆柱面相切，肋板的左、右侧面与轴承的外圆柱面相交，底板的顶面与支承板、肋板的底面相互重合，则在三者重合处注意是否有交线。凸台与轴承是两个垂直相交的空心圆柱体，在外表面与内表面上均有相贯线。

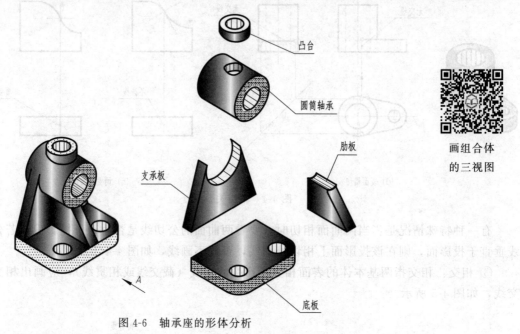

画组合体
的三视图

图 4-6　轴承座的形体分析

2. 视图选择

选择视图首先要确定主视图，因为看图或画图大都从主视图开始考虑，一般将能反映该组合体各部分形状特征（即形体的形状特点）及位置特征（即形体间的相互位置关系）最多的方向作为主视图的投影方向。图 4-6 所示的轴承座，沿 A 向观察，满足了上述的基本要求，可作为主视图，则其他视图的方向可随之确定。

3. 画图的方法与步骤

(1) 选择比例，确定图幅

视图确定以后，根据组合体的大小，选比例和图幅，考虑标注尺寸所需的位置及画标题栏，均匀的布置视图，所以选择的幅面要比所需的视图面积大一些。

(2) 布置视图，画作图基准线

应将视图均匀地布置在幅面上，相邻两个图之间的空档应保证能注全所需的尺寸，由此画各个视图的作图基准线。作图基准线通常选组合体的底面、对称面、重要端面、回转轴线等，如图 4-7(a) 所示。

(3) 画底稿

按形体分析画各个基本体的三视图，画底稿时应注意：

① 画图的先后顺序，先画主要形体，后画次要形体，先画可见部分，后画不可见部分，先画圆或圆弧，后画直线。如图先画底板和圆筒轴承，后画支承板、肋板和凸台。

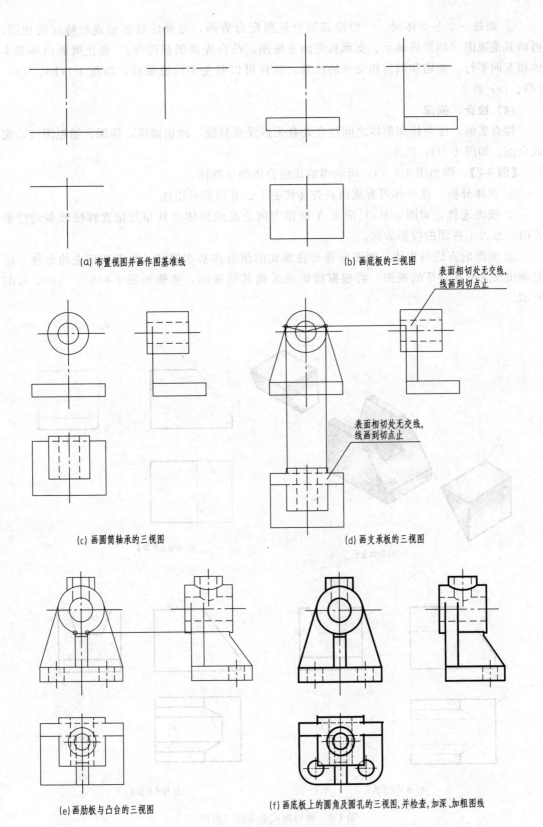

(a) 布置视图并画作图基准线

(b) 画底板的三视图

(c) 画圆筒轴承的三视图

表面相切处无交线，
线画到切点止

表面相切处无交线，
线画到切点止

(d) 画支承板的三视图

(e) 画肋板与凸台的三视图

(f) 画底板上的圆角及圆孔的三视图，并检查，加深、加粗图线

图 4-7　画轴承座三视图

② 画每一个基本体时，一般应该三个视图配合着画，先画反映实形或有特征的视图，再画其他视图（如圆筒轴承、支承板先画主视图，凸台先画俯视图等）。要正确画出各基本体相互间平行、相切和圆筒相交处的投影，这样可以避免多线或漏线，如图 4-7(b)、(c)、(d)、(e) 所示。

(4) 检查、描深

检查底稿，注意相邻形体之间结合处有无多线或漏线，改正错误，描深、加粗图线，完成全图。如图 4-7(f) 所示。

【例 4-2】 画如图 4-8 (a) 所示切割式组合体的三视图。

① 形体分析：该形体可看成由长方体切去Ⅰ、Ⅱ两部分组成。

② 视图选择：如图 4-8(a) 箭头 A 所指方向为反映形体及其相互位置特征较多的投影方向，故为主视图的投影方向。

③ 画图的方法与步骤：画图步骤与叠加式的组合体基本相同。对于被切去的形体，应先画出反映形状特征的视图，再根据投影关系画其他视图，步骤如图 4-8(b)、(c)、(d) 所示。

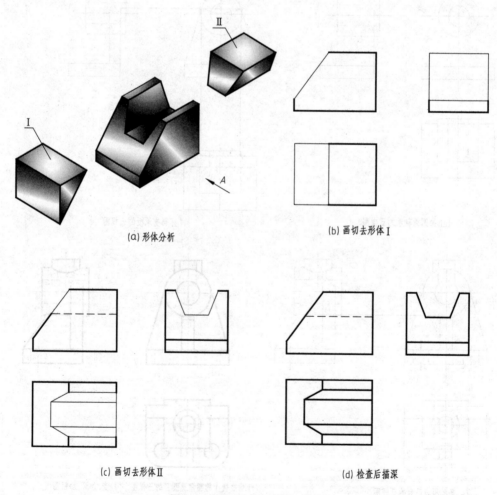

(a) 形体分析　　　　(b) 画切去形体Ⅰ

(c) 画切去形体Ⅱ　　　　(d) 检查后描深

图 4-8　画切割式组合体三视图

第二节 组合体尺寸标注

视图只能表达组合体的结构和形状，若要表达它的大小，则需要注出尺寸，而组合体尺寸标注的要求是：正确、完整、清晰。

正确：标注尺寸必须符合制图国家标准关于尺寸注法的规定。

完整：标注尺寸既不遗漏，也不重复地标注在视图上。

清晰：尺寸注写布局整齐、清晰，便于读图。

一、基本几何体的尺寸注法

掌握组合体的尺寸标注，必须先了解常见基本几何体的尺寸标注，如图 4-9 所示。平面立体一般要标出长、宽、高三个方向的尺寸；回转体一般要注出径向和轴向两个方向的尺寸。

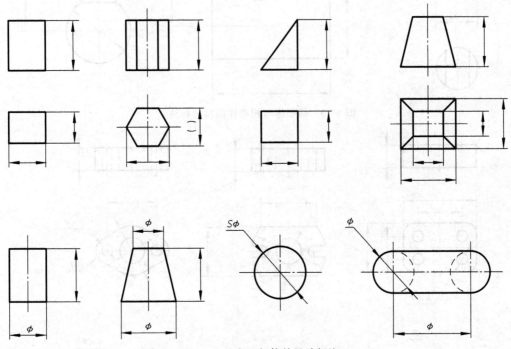

图 4-9 基本几何体的尺寸标注

基本体被切割后的尺寸注法和两基本体相贯后的尺寸标注如图 4-10 所示。标注截交线部分的尺寸时，只需标出基本体的定形尺寸和截平面的定位尺寸，而不标注截交线的尺寸。标注相贯线的尺寸时，只需标注出参与相贯的各基本体的定形尺寸及其相互位置的定位尺寸即可。常见板状结构形体的尺寸注法如图 4-11 所示。

二、组合体的尺寸标注

1. 尺寸分类

组合体的尺寸可分成以下三类。

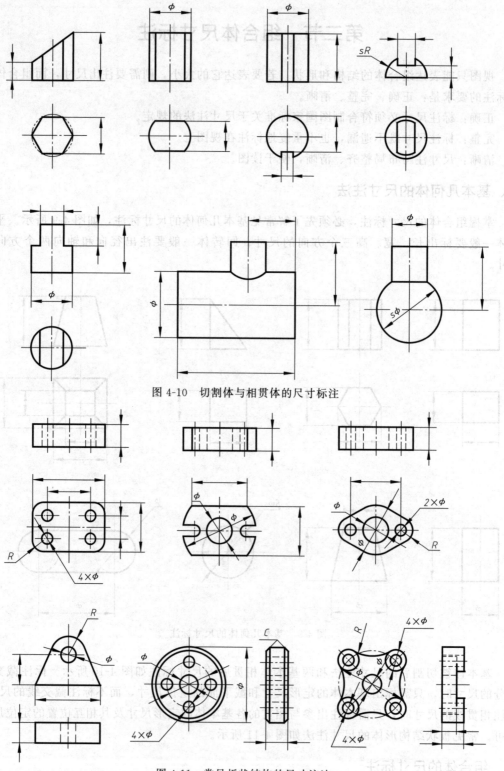

图 4-10　切割体与相贯体的尺寸标注

图 4-11　常见板状结构的尺寸注法

① 定形尺寸：表示组合体各组成部分长、宽、高三个方向的大小尺寸。

② 定位尺寸：表示组合体各组成部分相对位置的尺寸。

③ 总体尺寸：表示组合体外形的总长、总宽、总高的尺寸。

2. 尺寸基准

① 尺寸基准：标注定位尺寸时，必须选择尺寸基准。尺寸基准指的是标注尺寸的起点，即一些面、线或点。组合体的长、宽、高三个方向都至少有一个尺寸基准，以它来确定基本体在该方向的相对位置，但同方向上的尺寸基准只能有一个主要基准，即起主要作用的那个基准（通常由它注出的尺寸较多），同时在这个方向上还有若干辅助基准。

② 尺寸基准的选择：通常选择较大的平面（对称面、底面、端面）、直线（回转轴线、转向轮廓线）、点（球心）或较重要的轮廓面等作为尺寸基准，如图 4-12(a) 所示。

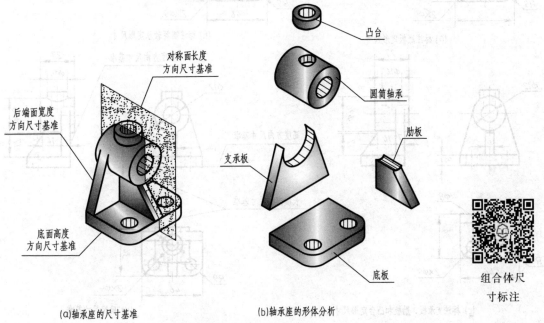

(a)轴承座的尺寸基准　　　　(b)轴承座的形体分析

图 4-12　轴承座的尺寸基准及形体分析

3. 组合体尺寸标注的方法与步骤

以图 4-12 所示的轴承座为例来阐明组合体尺寸标注的基本要求及方法和步骤。

① 形体分析：根据轴承座的三视图可分为底板、圆筒轴承、支承板、肋板和凸台五部分组成，分清各形体之间的形状和相互位置关系，如图 4-12(b) 所示。

② 标注定形尺寸：据形体分析法，依次注出各基本体的定形尺寸。如底板应注出个五定形尺寸 46、34、8、$2 \times \phi 9$、$R9$；圆筒轴承应注三个定形尺寸 $\phi 26$、$\phi 12$、27；支承板应注出一个定形尺寸 7、因为支承板与底板的长度尺寸一致，所以不必再重复标注，左右两侧与轴承圆柱表面相切的斜面可直接作图决定，亦不必标注，因此支承板只需标注其板厚尺寸；肋板应注三个定形尺寸 6、17、14，因为高度方向的尺寸由肋板与轴承圆柱表面相交作图决定，所以不必标注；凸台应注两个定形尺寸 $\phi 14$、$\phi 8$，其高度方向的尺寸因它与圆筒轴承正交作图决定，亦不必标注，由以下所标的定位尺寸决定。如图 4-13(a)、(b)、(c) 所示。

③ 选定尺寸基准，标注定位尺寸：按组合体长、宽、高三个方向分别选定尺寸基准，根据尺寸基准的选择原则，主要基准为轴承座的左右对称中心线为长度方向尺寸基准；支承

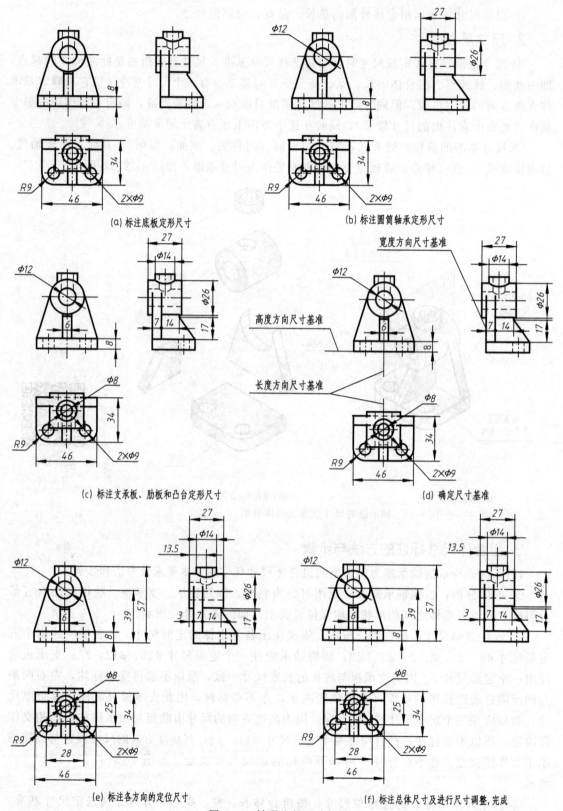

(a) 标注底板定形尺寸

(b) 标注圆筒轴承定形尺寸

(c) 标注支承板、肋板和凸台定形尺寸

(d) 确定尺寸基准

(e) 标注各方向的定位尺寸

(f) 标注总体尺寸及进行尺寸调整,完成

图 4-13　轴承座的尺寸标注

板的后端面为宽度方向尺寸基准；下底板面为高度方向尺寸基准，如图 4-13（d）所示。由长度方向的尺寸基准注出底板上两圆孔的中心定位尺寸 28；由宽度方向的尺寸基准注出底板上孔的中心定位尺寸 25 和凸台中心的定位尺寸 13.5 及圆筒轴承与支承板的定位尺寸 3；由高度方向的尺寸基准注出圆筒轴承中心线的定位尺寸 39 和凸台上端面的定位尺寸 57，如图 4-13（e）所示。

④ 标注总体尺寸：当总体尺寸与已经标注的定形尺寸一致时，就不再重复标注。如底板的长兼作组合体的总长，只注一次，不能重复；总宽亦为底板的宽与圆筒轴承的定位尺寸即 34+3 之和，也不再标出；总高与高度方向凸台的定位尺寸 57 一致，就不应再注出。应优先注出重要尺寸，而把某一尺寸空开，使标注不封闭，如图 4-13（f）所示。

4. 尺寸标注应注意的问题

① 尺寸应尽量标注在反映形状特征最明显的视图上。如底板的圆孔和圆角应标注在俯视图上。

② 同一形体的尺寸应尽量集中标注在一个视图上，便于看图时查找尺寸。如底板的长、宽尺寸，圆孔的定形、定位尺寸集中标注在俯视图上。

③ 尺寸尽量注在两视图之间，以保持图形清晰。同一方向的平行尺寸应使小尺寸在内，大尺寸在外，避免尺寸线与尺寸界线相交。如主、俯视图中的尺寸（8、39、57）和（28、46 或 25、34 ）等。同一方向几个连续的尺寸应排列在同一条直线上。

④ 圆的直径最好标注在非圆的视图上，而圆弧的半径必须标注在投影为圆弧的视图上，虚线上尽量避免标注尺寸。如底板圆角半径 $R9$ 标注在俯视图上。

在标注尺寸时，有时会出现不能兼顾以上各点的情况，必须在保证标注尺寸正确、完整、清晰的前提下，灵活掌握，合理布置。

第三节　读组合体视图

画图是把空间形体投影到平面用视图来表达其形状，读图是根据视图想象出形体的空间结构形状。照物画图与依图想物，后者的难度要大，为了能正确、迅速地读懂视图，必须掌握读图的基本知识与基本方法，培养空间想象能力，反复实践，提高读图能力。

一、读图基本要领

1. 几个视图联系起来看

在机械图样中，机件的形状一般通过几个视图来表达，仅仅一个视图不能确定机件的形状，如图 4-14 所示，同时四个结构不同的物体，沿图中所示方向进行投影，所得到的视图完全一样。若只看一个视图，它可以表示不同形状的物体。

有时两个视图也不能完全确定机件的形状。如图 4-15 所示，主视、左视图相同，但确定的形状也不唯一。

读图时，必须要把几个视图联系起来分析和构思，才能想象出机件的确切形状。

2. 从反映形体特征明显的视图看起

所谓形体特征指形体的形状特征和位置特征。读图时，从反映形状特征较多的视图看起，

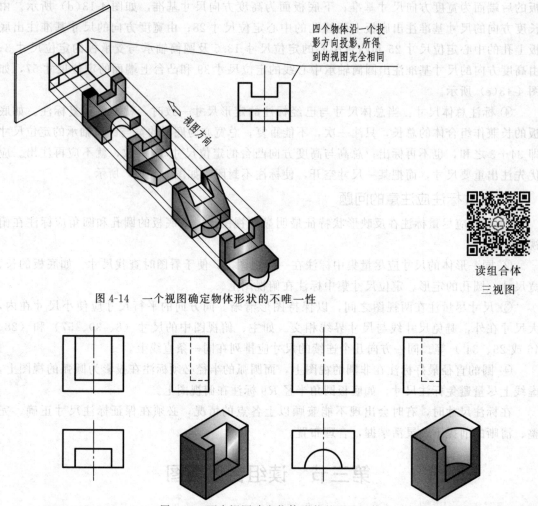

四个物体沿一个投影方向投影,所得到的视图完全相同

读组合体
三视图

图 4-14　一个视图确定物体形状的不唯一性

图 4-15　两个视图确定物体形状的不唯一性

再配合其他的视图,想象出物体的空间形状。如图 4-16(a) 所示,主视图反映物体的形状特征,左视图反映物体的位置特征。因此,先看主视图,还无法确定Ⅰ与Ⅱ两部分的前后关系,再配合左视图,即可想象出物体的空间形状,如图 4-16(d) 所示,而不是图 4-16(b) 所示。

3. 明确视图中的图线和线框的含义

视图是由一个个封闭的线框组成的,每一个封闭的线框都表示物体一个面(平面或曲面)的投影,而线框又是由图线组成。看图就必须明确视图中的线框和图线的含义,如图 4-16(c) 所示。

① 视图中图线的含义:一是面与面的交线;二是具有积聚性的面的投影;三是曲面的转向素线的投影。

② 视图中线框的含义:一是视图中的一个封闭线框,一般表示物体的一个面(平面、曲面或孔)的投影;二是两个相邻的封闭线框,则表示物体上两个不同位置面的投影;三是一个大的封闭线框包含各个小的线框,小线框表示凹下孔洞或凸出形体的投影。

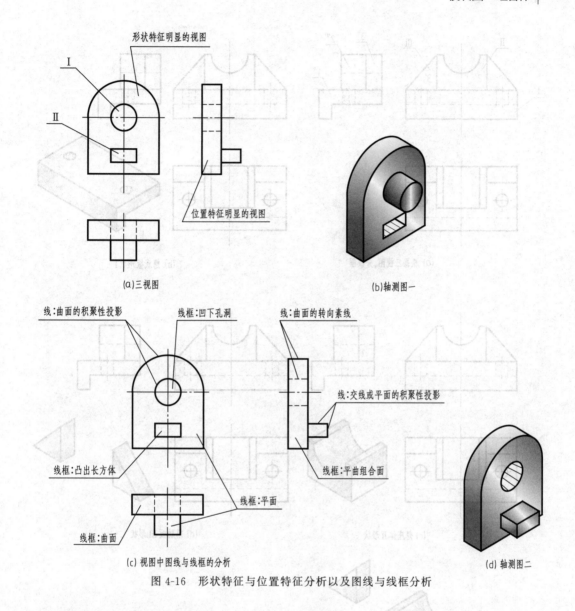

图 4-16　形状特征与位置特征分析以及图线与线框分析

二、读图的方法和步骤

1. 形体分析法

形体分析法是读图的最主要方法。在反映形状特征比较明显的主视图上，按线框将组合体划分为几个部分，然后按照投影关系依次找出各个线框在其他视图中的投影，分析各部分的形状以及它们之间的相对位置，最后综合想象组体合体的总体形状。

以支座为例来说明运用形体分析法识读组合体的方法与步骤，如图 4-17 所示。

① 从反映形状特征最多视图看起：如图 4-17(a) 所示，通过形体分析可知，主视图的线框 2′、3′ 分别较明显地反映形体 Ⅱ、Ⅲ 的形状特征，左视图线框 1″反映了形体 Ⅰ 的形状特征，所以先观察分析主视图。

② 分线框，对投影：从主视图着手，根据投影关系，把视图中的线框分为三部分。如图 4-17(a) 所示。

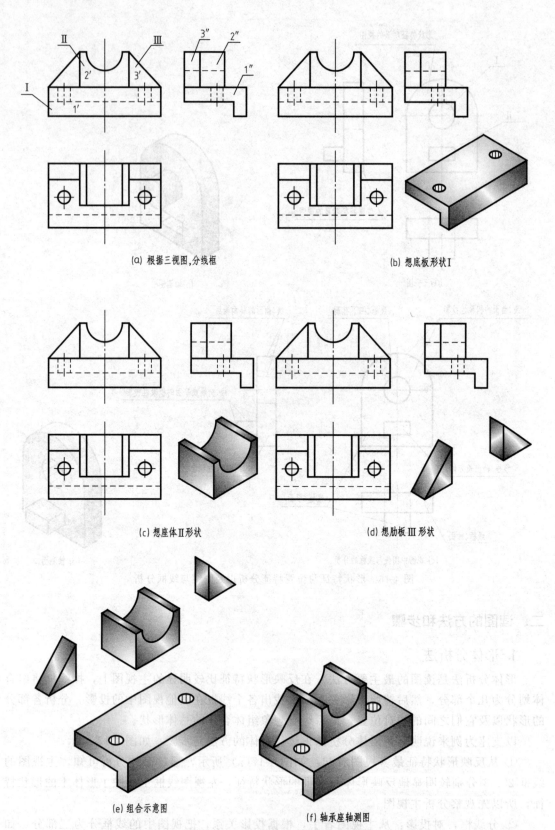

(a) 根据三视图,分线框

(b) 想底板形状Ⅰ

(c) 想座体Ⅱ形状

(d) 想肋板Ⅲ形状

(e) 组合示意图

(f) 轴承座轴测图

图 4-17　支座的形体分析读图方法

③ 分析投影想形状：形体Ⅰ从左视图，形体Ⅱ、Ⅲ从主视图出发，根据"三等"规律，分别在其他两视图中找出对应的投影，并想象出它们的结构形状，如图 4-17(b)、(c)、(d) 所示。

④ 综合想象其整体形状：长方形座体Ⅱ在底板Ⅰ上面，两形体的对称面重合且后板面平齐；肋板Ⅲ在长方体Ⅱ的左、右两侧，且与其相接，后板面平齐。综合想象出形体的整体形状，如图 4-17(e)、(f) 所示。

2. 线面分析法

线面分析法就是运用线、面的投影理论，去分析物体的表面形状、面与面的相对位置以及面与面之间的交线，进而想象出物体的形状。在看切割型的组合体时，主要用线面分析法。

以图 4-18(a) 所示三视图为例，说明线面分析法的读图方法与步骤。

① 形体分析：由于主视图的边框为矩形，俯视图和左视图的轮廓基本为矩形（均切掉了一个角），由此可知它的原始体为长方体。

② 线面分析：从形体的外表面看，俯视图的左前方的缺角是用铅垂面切出的；左视图的前上方缺角是用正平面和水平面同时切出的。可见，此形体是被几个特殊位置平面切割后形成的。

分析清楚被切面的空间位置后，从该平面投影积聚成的直线出发，在其他两视图找出与其对应的线框，即一对边数相等的类似形。

如图 4-18(b) 所示，俯视图线 1 为铅垂面的积聚性投影，按投影关系在主视图中找出与它相对应的六边形线框 1'，则在左视图中亦找出与它对应的类似六边形线框 1"。

同理，如图 4-18(c) 所示，左视图线 2" 为水平面的积聚性投影，对应投影的主视图和俯视图分别为直线 2' 和四边形 2。在图 4-18 (d) 所示中，左视图线 3" 为正平面的积聚性投影，对应投影的主视图和俯视图分别为矩形 3' 和直线 3。

③ 综合想象其整体形状：看懂形体各表面的空间位置与形状后，还必须从线、面投影上弄清面与面之间的相对位置，从而综合想象其整体形状，如图 4-18(e) 所示。

读组合体的视图常常是两种方法并用，以形体分析法为主，线面分析法为辅。

三、由已知两视图补画第三视图

由已知两个视图补画第三视图是训练和检验读图能力，培养空间想象能力的重要手段。一般分为两步进行：第一步是根据已知视图运用形体分析法或线面分析法大致想象出物体的形状；第二步是根据想象的形状，由所给的两个视图按各组成部分依次作出第三视图，最终完成物体的第三视图。

【例 4-3】 已知支架的主、俯视图，补画左视图，如图 4-19 所示。

解： 运用形体分析法分析，在主视图上将其分为三个线框，按投影关系找出各线框在俯视图对应的投影，可知该组合体是由底板、前半圆板和后立板叠加起来后，又切去两个通槽、钻一个通孔而成的。作图步骤如图 4-19 所示。

读图时，对于比较复杂的组合体，特别是切割型组合体，运用形体分析法的同时，还常用线面分析法来帮助想象和读懂这些局部形状。

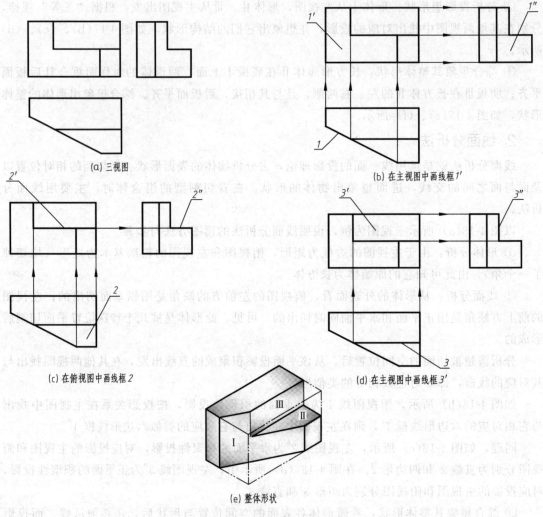

(a) 三视图

(b) 在主视图中画线框1′

(c) 在俯视图中画线框2

(d) 在主视图中画线框3′

(e) 整体形状

图 4-18   用线面分析法读图

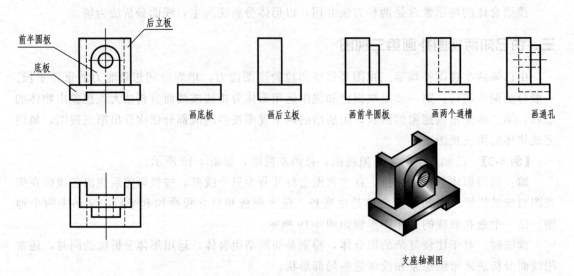

后立板

前半圆板

底板

画底板   画后立板   画前半圆板   画两个通槽   画通孔

支座轴测图

图 4-19   补画支架的第三视图

【例 4-4】 已知夹铁的主、左视图,补画俯视图,如图 4-20(a) 所示。

解: 运用线面分析法分析,由图 4-20(a) 给出主、左视图可知,夹铁的左、右两侧面是正垂面,这个侧面形状在左视图和俯视图上的投影是类似形,即为一四棱台;夹铁的底部是一左右方向的通槽。由此可想象出夹铁的大致形状,它是在四棱台下部切去一个带斜面的燕尾槽,中间沿垂直方向钻一个圆孔所形成。补画夹铁俯视图的作图过程如图 4-20 所示。

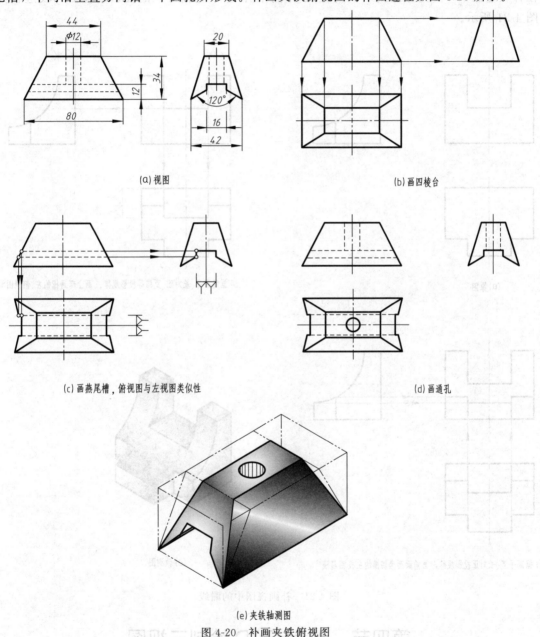

图 4-20 补画夹铁俯视图

四、补画视图中的漏线

补漏线就是在所给的三视图中,补画缺漏的图线。在补漏线的过程中,运用形体分析法或线面分析法分析组合体的形状,再运用投影的"三等"规律,对视图中的线框、图线找对应的投影，在分析过程中仔细核对投影就会发现是视图中的漏线。

【例 4-5】 补画三视图中的漏线，如图 4-21（a）所示。

解： 从已知三个视图的特征轮廓分析，该组合体是一个长方体被几个不同位置的截面切割形成，想象空间形状。可采用边切割、边补线的方法依次补画出三个视图中的每条漏线。在补线过程中，要充分运用"长对正"、"高平齐"、"宽相等"的投影规律。补线过程如图 4-21 所示。

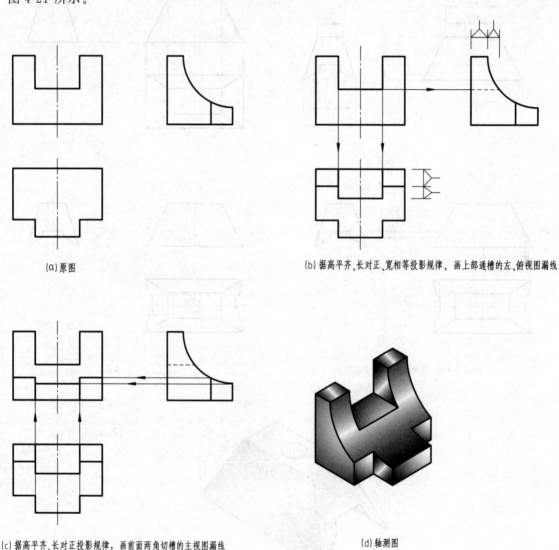

(a)原图

(b)据高平齐、长对正、宽相等投影规律，画上部通槽的左、俯视图漏线

(c)据高平齐、长对正投影规律，画前面两角切槽的主视图漏线

(d)轴测图

图 4-21　补画视图中的漏线

第四节　AutoCAD 绘制三视图

利用 AutoCAD 绘制组合体三视图，在选择好制定的图形样板文件后，根据不同图层决定线段特性，根据物体三视图的三等关系定图形大小，利用 AutoCAD 中状态栏里的"极轴"、"对象捕捉"和"对象捕捉追踪"，来实现"长对正"和"高平齐"，再通过宽度基准的

交点，作一"－45°"的斜线，实现"宽相等"。根据物体的结构特点，采用不同的绘图和修改命令完成物体的三视图绘制后，再利用"移动"命令来调整各个图形的位置。

绘制任意尺寸的长方体三视图，直接利用"直线"、"修剪"命令，完成长方体三视图的绘制，如图 4-22 所示。

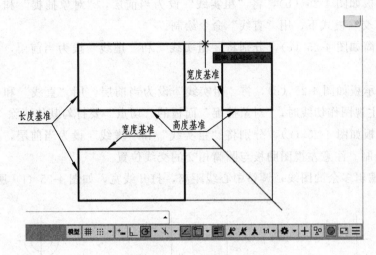

图 4-22　长方体三视图

绘制任意尺寸的圆柱三视图。直接利用"直线"、"圆"命令绘制主视图和俯视图，再根据圆柱的投影特性，左视图直接用"复制"命令完成，以加快作图速度，如图 4-23 所示。

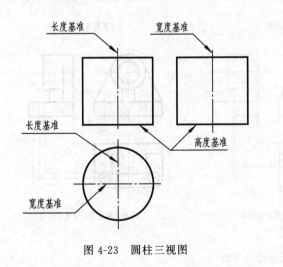

图 4-23　圆柱三视图

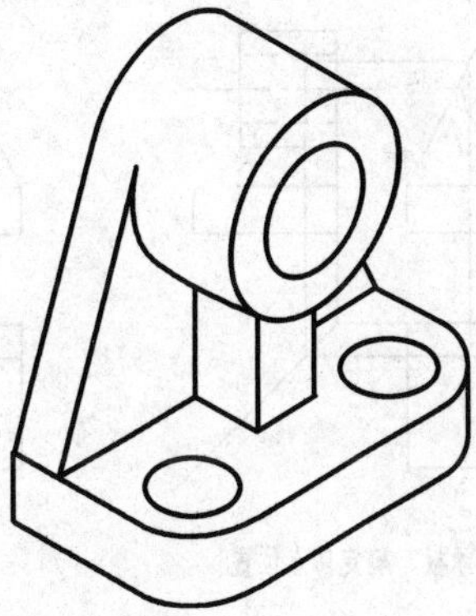

图 4-24　支座

【例 4-6】　如图 4-24，绘制综合式组合体支座三视图。

绘图步骤如图 4-25 所示。

（1）选择制定的图形样板文件，根据物体三视图的三等关系定图形大小。创建图幅、设置图层，图层决定图线特性。

（2）布置视图，绘制视图的主要基准线。分别将"细实线"和"中心线"设为当前层，打开状态栏"正交"模式，用"直线"和"偏移"命令绘制图 4-25（a）所示基准线。

（3）画底稿，按形体分析法，根据各形体的投影特点，从主要形体着手，逐个画出各组成部分的三面投影。

① 绘制底板如图 4-25（b），将"粗实线"设为当前层，"对象捕捉"和"对象捕捉追踪"打开，"正交"模式下，用"直线"命令绘制。

② 绘制圆筒如图 4-25（c），分别将"粗实线"和"虚线"设为当前层，用"直线"和"圆"命令绘制。

③ 绘制支承板如图 4-25（d），将"粗实线"设为当前层，用"直线"和"修剪"命令绘制，注意在主视图作切线时，"对象捕捉"面板的"切点"要打勾其他清除。

④ 绘制肋板如图 4-25（e），分别将"粗实线"和"虚线"设为当前层，用"直线"和"修剪"命令绘制。注意左视图肋板与圆筒相交的交线位置。

（4）检查编辑多余的图线，调整中心线距离，打开线宽，如图 4-25（f）所示。

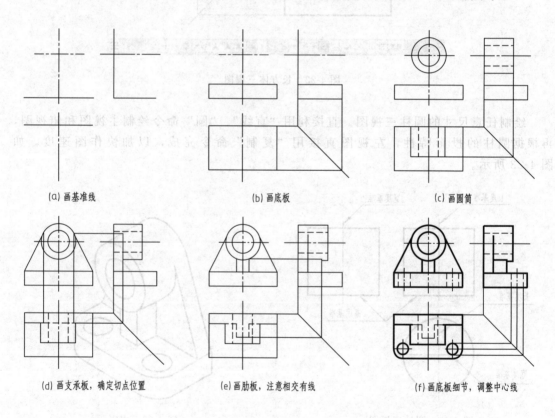

(a) 画基准线   (b) 画底板   (c) 画圆筒

(d) 画支承板，确定切点位置   (e) 画肋板，注意相交有线   (f) 画底板细节，调整中心线

图 4-25　支座绘图步骤

【例 4-7】　如图 4-26 所示，绘制切割式组合体。

从图 4-26 中可以看出该组合体是由长方体经三次切割而形成。画图时可以先画出完整的长方体三视图，然后从积聚性的投影出发，应用线面分析法逐步画出各切口的三面投影，如图 4-27 所示。作图设置的图层及绘图和修改命令与例 4-6 相似。

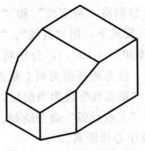

图 4-26 切割式组合体

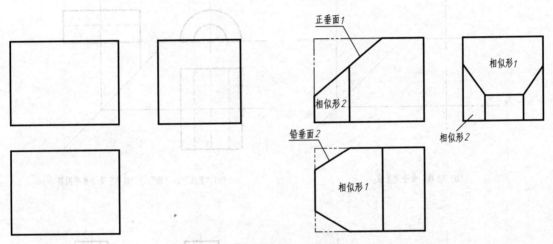

图 4-27 切割式组合体绘图步骤

【例 4-8】 如图 4-28 所示，带尺寸的组合体三视图的绘制。熟悉组合体三视图的绘制方法，根据尺寸大小，熟练运用 AutoCAD 常用的绘图和修改命令，绘制好组合体三视图，并标注尺寸。

绘图步骤如图 4-29 所示。

（1）形体分析，如图 4-28 所示，该组合体可将其分解成半圆筒、左右带半圆柱的长方体、凸台四个组成部分，其中，带半圆柱的长方体和半圆筒相交，应注意相交有线，凸台和半圆筒相贯，需绘制相贯线。

（2）绘制视图。

① 选择制定的图形样板文件，根据物体三视图的三等关

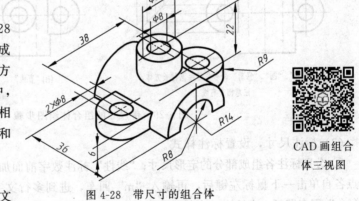

图 4-28 带尺寸的组合体

CAD 画组合体三视图

系定图形大小。创建图幅、设置图层，图层决定图线特性。

② 布置视图，该组合体左右对称，前后对称，确定各视图的主要基准。分别将"细实线"和"中心线"设为当前层，打开状态栏"正交"模式和线宽。用"直线"和"偏移"命令绘制如图 4-29（a）所示基准线。

③ 绘制半圆筒如图 4-29(b)，分别将"粗实线"和"虚线"设为当前层，"对象捕捉"和"对象捕捉追踪"打开，"正交"模式下，用"直线"、"圆"和"修剪"命令绘制。

④ 绘制左右带半圆柱的长方体如图 4-29(c)，分别将"粗实线"和"虚线"设为当前层，用"直线"和"圆"命令绘制，注意俯视图两侧上板面与半圆筒相交的交线位置。

⑤ 绘制凸台如图 4-29(d)，将"粗实线"设为当前层，用"直线"、"圆"和"修剪"命令绘制，注意左视图的相贯线，用"三点画弧"命令绘制。

⑥ 检查编辑多余的图线，调整中心线距离。

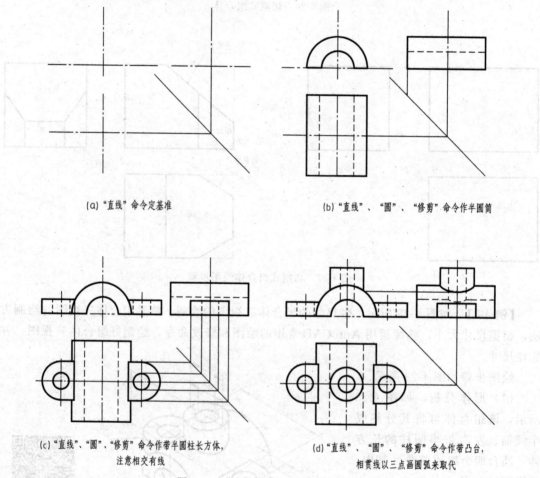

(a)"直线"命令定基准

(b)"直线"、"圆"、"修剪"命令作半圆筒

(c)"直线"、"圆"、"修剪"命令作带半圆柱长方体，注意相交有线

(d)"直线"、"圆"、"修剪"命令作带凸台，相贯线以三点画圆弧来取代

图 4-29 带尺寸的组合体绘图步骤

(3) 标注尺寸，设置标注样式。

① 分别标注各组成部分的定形尺寸；"线性"标注数字前面加"直径 φ"的方法，分别在两端点各自单击一下鼠标左键后，再输入"m"回车，进到多行文字修改模式，在数字前面输入"%%c"回车即可。在输入"直径"命令标注时，单击圆对象后，再输入"m"回车，进到多行文字修改模式，在数字前面输入"2*"，即可得到"2×φ8"的标注，如图 4-30（a）所示。

② 标注定位尺寸，如图 4-30（b）尺寸 38。

③ 整理尺寸标注，保证正确、清晰、完整，尽量避免尺寸线和尺寸界线相交。

④ 标注总体尺寸。标总高，总宽和半圆筒一样，不重复标注，总长由于左右两端是曲面，所以不用标注总长。如图 4-30（c）尺寸 22。

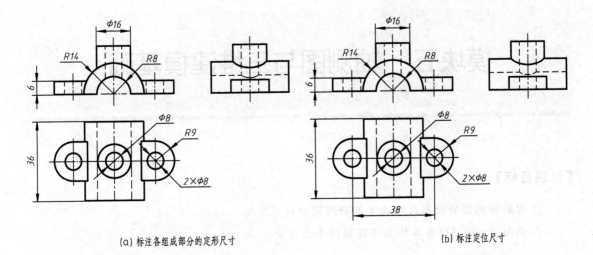

(a) 标注各组成部分的定形尺寸

(b) 标注定位尺寸

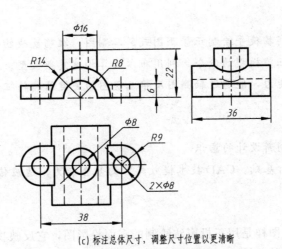

(c) 标注总体尺寸，调整尺寸位置以更清晰

图4-30 组合体尺寸标注

💡 思政拓展

在绘制与读组合体视图时，需选择合适的投射方向作为主视图的方向，使投影尽量得到实形，还要兼顾另外两个视图，使其尽量避免出现虚线，投影表达清晰，使复杂的读图与绘图问题简单化。同样，辩证唯物主义中事物的普遍联系与发展的观点是相一致的，不能片面、静止地思考问题，要有大局观，要动态、全面地对遇到的问题进行分析，客观辩证地看待问题和解决问题。同时，在绘制图样时，追求完美和极致，坚持和追求精品，弘扬敬业、精益、创新的"工匠精神"。

模块五 轴测图与三维建模基础

【知识目标】

① 理解轴测图的投影原理及掌握轴测图的规范绘制。

② 熟悉 AutoCAD 基本体三维建模的多种方法。

【技能目标】

① 能根据三视图或实物徒手绘制正等测图或斜二测图，准确反映物体空间结构。

② 掌握创建及编辑三维模型的命令，利用布尔运算构建复杂模型。

③ 提高读图与转换能力，能通过轴测图反推三视图的关键结构特征，验证投影一致性。

【素质目标】

① 具备创新思维和创新设计的意识。

② 提高"手工绘图打基础，CAD 技术提效率"的复合能力，适应传统与数字化并行的工程环境。

在生产中使用的机械图样是用正投影法绘制的多面投影图，它反映物体的真实形状及大小，但每个视图只能反映其二维空间大小，缺乏立体感。轴测图是用平行投影法绘制的富于立体感的单面投影图，它通常用来表达机器外观、内部结构或工作原理等，但其度量性差，作图较为复杂，因此在机械图样中只能作为辅助图样。运用 AutoCAD 进行三维建模，能从不同方向观察模型，更直观、清楚地分析机件，便于设计和绘图。

第一节 正等轴测图

一、轴测图的形成

将物体连同其直角坐标系，沿不平行于任一坐标面的方向，用平行投影法将其投射在单一投影面上所得到的三维图形称为轴测图。图 5-1 所示为轴测图的两种形成法。

① 正轴测图：设单一投影面 P 与物体上三根直角坐标轴 OX、OY、OZ 都倾斜，用正投影法即投影方向 S_1 与轴测投影面 P 垂直，将物体投射到 P 面上，所得的图形为正轴测图。

② 斜二测图：设单一投影面 Q 平行于物体上 XOZ 平面，用斜投影法即投影方向 S_2 与轴测投影面 Q 倾斜，将物体投射到 Q 面上，所得的图形为斜轴测图。

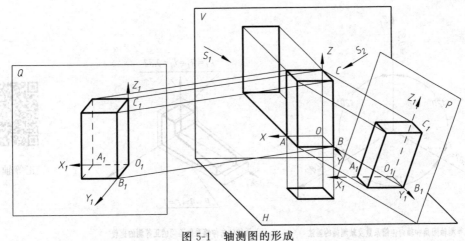

图 5-1　轴测图的形成

1. 轴间角和轴向伸缩系数

① 轴间角：两根轴测轴之间的夹角（$\angle XOY$、$\angle XOZ$、$\angle YOZ$）称为轴间角。

② 轴向伸缩系数：轴测轴上的线段与坐标轴上对应线段长度的比值称为轴向伸缩系数。如图 5-1 所示。

X 轴的轴向伸缩系数　　　$p_1 = O_1A_1/OA$

Y 轴的轴向伸缩系数　　　$q_1 = O_1B_1/OB$

Z 轴的轴向伸缩系数　　　$r_1 = O_1C_1/OC$

轴间角和轴向伸缩系数是画轴测图的两个主要参数，不同种类的轴测图，其轴间角与轴向伸缩系数也不同，所以正（斜）轴测图又分为正（斜）等轴测图、正（斜）二轴测图、正（斜）三轴测图三种。

2. 轴测图的投影特性

轴测图是用平行投影法绘制的单面投影图，它仍具有以下平行投影的特性。

① 物体上相互平行的线段，其轴测投影仍保持平行。

② 物体上与坐标轴平行的线段，其在轴测图中必平行于相应的轴测轴，且同一轴向所有的线段的轴向伸缩系数相同。

二、正等轴测图

1. 轴间角和轴向伸缩系数

使物体的空间直角坐标轴对轴测投影面等角度倾斜，用正投影法将物体投射到轴测投影面上，所得的轴测图称为正等轴测图，简称正等测。如图 5-2(a) 所示。

正等测图的轴间角　　　$\angle X_1O_1Y_1 = \angle X_1O_1Z_1 = \angle Y_1O_1Z_1 = 120°$

轴向伸缩系数　　　$p_1 = q_1 = r_1 = 0.82$

实际作图时，若按轴向伸缩系数 0.82 画图，物体上只要与坐标轴平行的线段都要乘以 0.82 才能确定其轴测投影长度，作图很烦琐。为了作图简便，通常采用简化的轴向伸缩系数 $p = q = r = 1$。作图时，凡平行于坐标轴的线段即可按其实际尺寸直接量取，无须换算。

这样画出来的正等测图比原来用轴向伸缩系数画出的图放大了 $1/0.82 = 1.22$ 倍，但形状不变，如图 5-2(b) 所示。

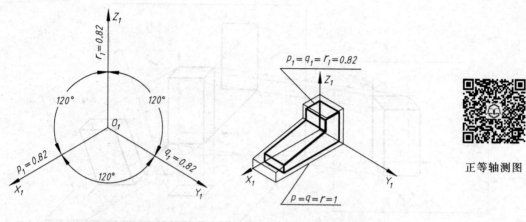

(a) 正等测轴间角和轴向伸缩系数及轴测轴的画法　　(b) 两种轴向伸缩系数不同的正等测的比较

正等轴测图

图 5-2　正等测图

2. 正等测画法

正等测图常用的基本画法为坐标定点法。即定好空间直角坐标系及轴测轴，再按轴测图的投影特性画出其轴测投影，然后分别将对应的点连线，完成轴测图。

(1) 平面立体正等测图

【例 5-1】　如图 5-3(a) 所示，根据正六棱柱的两视图，画出其正等测图，如图 5-3(b) 所示。

1) 分析：正六棱柱前后、左右对称，故选顶面的中心为坐标原点，以六边形的中心线为 X 轴和 Y 轴，棱柱的轴线为 Z 轴，从上底开始作图。国标规定，轴测图可见的轮廓线用粗实线，不可见的轮廓线一般不画出。

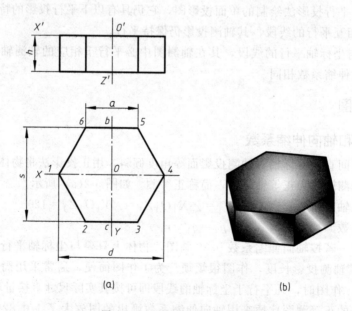

(a)　　　　　　　　(b)

图 5-3　正六棱柱的两面投影

2）作图步骤：如图 5-4 所示。

① 作轴测轴，并在 O_1X_1、O_1Y_1 量得 1_1、4_1 和 a_1、b_1 四点，如图 5-4(a) 所示。

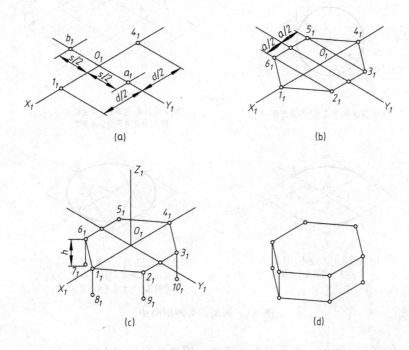

图 5-4　作图步骤

② 通过点 a_1、b_1 作 O_1X_1 轴的平行线，量得 2_1、3_1 和 5_1、6_1 四点，连成顶面，如图 5-4(b) 所示。

③ 由点 6_1、1_1、2_1、3_1 沿 O_1Z_1 向下量取高度 h，得 7_1、8_1、9_1、10_1 四点，如图 5-4(c) 所示。

④ 依次连接 7_1、8_1、9_1、10_1 四点，作图结果如图 5-4(d) 所示。

(2) 曲面立体的正等轴测图

1）圆的正等测图：在物体三个坐标面上的圆或平行于其平行面上的圆，其正等测图均为椭圆，如图 5-5 所示。为了简化作图，其正等测图可采用四心近似画法，作图步骤如图 5-6 所示。由图 5-6 可以看出：

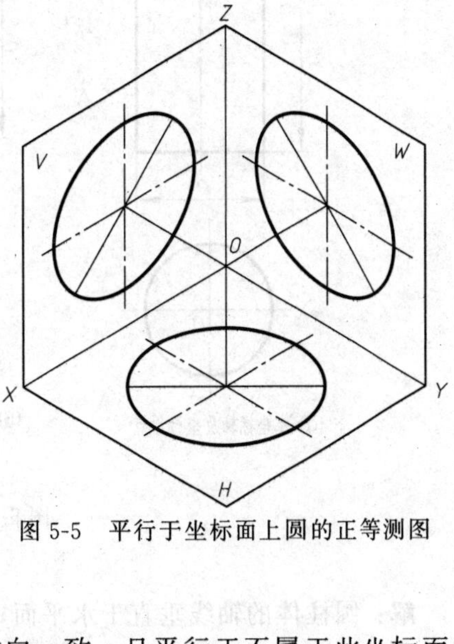

① 三个平行于坐标面上的圆的正等测均为形状和大小完全相同的椭圆，但其长、短轴方向各不相同；

② 椭圆的长轴方向与其外切菱形长对角线的方向一致，且垂直于不属于此坐标面的那根坐标轴，如图 5-5 所示，水平面上的椭圆，长轴垂直于 OZ 轴；

③ 椭圆的短轴方向与其外切菱形长短对角线的方向一致，且平行于不属于此坐标面的

图 5-5　平行于坐标面上圆的正等测图

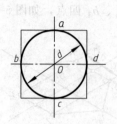

(a) 定坐标,作圆的外切正方形

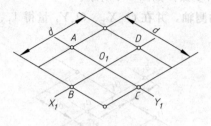

(b) 画轴测轴,按圆的直径截取 A、B、C、D 四点,作正方形的正等测图

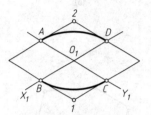

(c) 分别以 1、2 为圆心、以 1A 或 2B 为半径画两个大圆弧

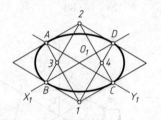

(d) 连接 1A、1D、2B、2C 得交点 3 和 4 两点,分别以 3、4 点为圆心、3A 或 4D 为半径画小圆弧,与大弧连接即完成

图 5-6　圆的正等测图画法

那根坐标轴,如图 5-5 所示,水平面上的椭圆,短轴平行于 OZ 轴。

2)圆柱的正等测图画法。

【例 5-2】　如图 5-7(a)所示,根据圆柱的两视图,画出其正等测图。

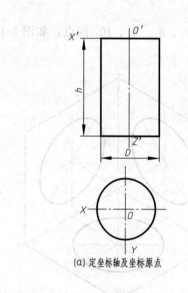

(a) 定坐标轴及坐标原点

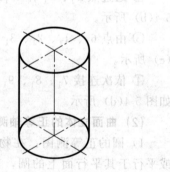

(b) 画轴测轴,定上、下底中心,画上、下底椭圆

(c) 作上、下底圆的公切线,去除多余的线后描深

图 5-7　圆柱的正等测图画法

解：圆柱体的轴线垂直于水平面,上、下底面为与水平面平行且大小相等的圆,可采用四心近似画法画出两个高为 h 的底圆的正等测图即椭圆,再作椭圆的公切线即完成。作图

步骤如图 5-7 所示。

当圆柱轴线垂直正面或侧面时，轴测图画法与垂直于水平面时的画法相同，只是圆平面内所含的轴线应分别为 X、Z 和 Y、Z 轴，如图 5-8 所示。

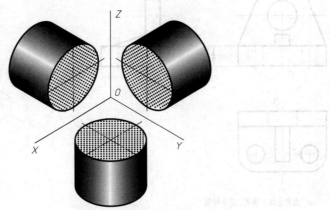

图 5-8　不同方向圆柱的正等测

【例 5-3】　如图 5-9（a）所示，作圆角的正等测图。

解：平行于坐标面的圆角实质上是圆的一部分。特别是常见的四分之一圆周的圆角，其正等测正好是上述近似椭圆的四段弧中的一段，作图步骤如图 5-9 所示。

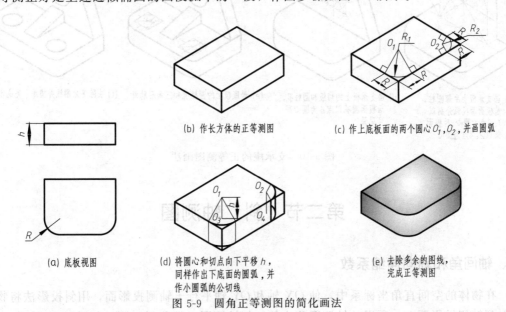

(b) 作长方体的正等测图

(c) 作上底板面的两个圆心 O_1，O_2，并画圆弧

(a) 底板视图

(d) 将圆心和切点向下平移 h，同样作出下底面的圆弧，并作小圆弧的公切线

(e) 去除多余的图线，完成正等测图

图 5-9　圆角正等测图的简化画法

(3) 组合体的正等测画法

采用形体分析法画组合体的正等测图，对于叠加型及切割型的组合体仍采用对应的方法，有时也可两种方法并用。

【例 5-4】　用一带圆角的组合体来阐明叠加型或切割型的正等测图的画法。如图 5-10（a）所示支承座的三视图，画出其正等测图。

解：根据支承座是由底板、支承板和肋板组成，底板及支承板上均开有圆孔，可采用综合法作图，其作图步骤如图 5-10 所示。

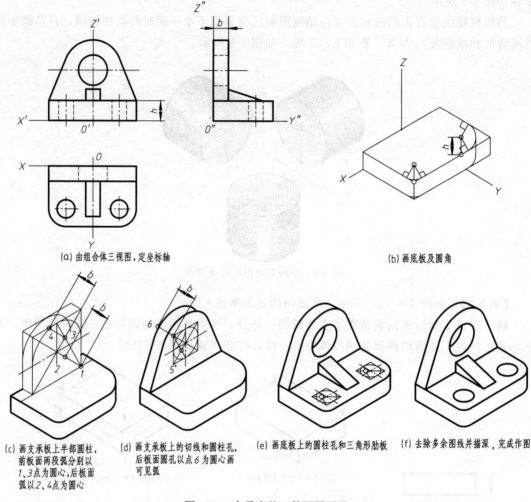

(a) 由组合体三视图,定坐标轴

(b) 画底板及圆角

(c) 画支承板上半部圆柱,前板面两段弧分别以1、3点为圆心,后板面弧以2、4点为圆心

(d) 画支承板上的切线和圆柱孔,后板面圆孔以点6为圆心画可见弧

(e) 画底板上的圆柱孔和三角形肋板

(f) 去除多余图线并描深,完成作图

图 5-10　支承座的正等测图画法

第二节　斜二轴测图

一、轴间角和轴向伸缩系数

在物体的空间直角坐标系中,使 OX 轴和 OY 轴平行于轴测投影面,用斜投影法将物体投射到轴测投影面上,所得的轴测图称为斜二等轴测图,简称斜二测。如图 5-11 所示。

斜二测图的轴间角　　　$\angle X_1O_1Y_1 = \angle Y_1O_1Z_1 = 135°,\angle X_1O_1Z_1 = 90°$

轴向伸缩系数　　　　　$p_1 = r_1 = 1 \quad q_1 = 1/2$

由此可知,平行于坐标面 $X_1O_1Z_1$ 的圆的斜二测仍是大小相同的圆;平行于坐标面 $X_1O_1Y_1$ 和 $Y_1O_1Z_1$ 的圆的斜二测是椭圆。

二、斜二测画法

斜二测的特点:物体上平行于 $X_1O_1Z_1$ 坐标面的表面,其轴测投影反映实长和实形,

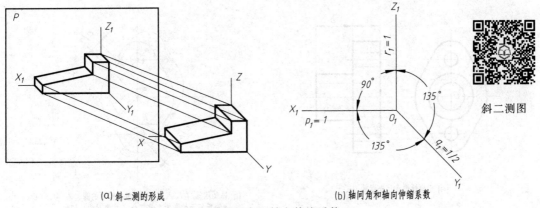

(a) 斜二测的形成　　　　　　(b) 轴间角和轴向伸缩系数

图 5-11　斜二测的轴间角和轴向伸缩系数

当物体有较多的圆或曲线平行于 $X_1O_1Z_1$ 坐标面时，采用斜二测作图比较简便易画。

　　斜二测的画法与正等测的画法相似，只是它们的轴间角和轴向伸缩系数不同，斜二测中 OY 轴的轴向伸缩系数 $q_1=1/2$，因此，作画时，沿 OY 轴方向应取物体实际长度的一半。

　　【例 5-5】　如图 5-12(a) 所示，根据圆台的两视图，作其斜二测图。

　　解：同轴圆柱孔圆台的前、后端以及孔都是圆，将其前、后端面放成平行于正面的位置，作图比较简便。步骤如图 5-12 所示。

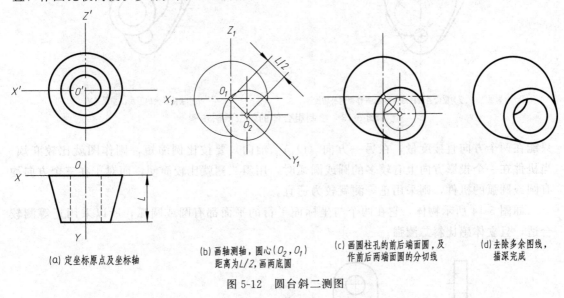

(a) 定坐标原点及坐标轴　(b) 画轴测轴，圆心(O_2，O_1)　(c) 画圆柱孔的前后端面圆，及　(d) 去除多余图线，
　　　　　　　　　　　距离为 $L/2$，画两底圆　　前后两端面圆的分切线　　描深完成

图 5-12　圆台斜二测图

　　【例 5-6】　如图 5-13(a) 所示，绘制组合体的斜二测图。

　　解：此组合体上的圆都平行于正面，底板四个角倒角为圆柱面，因此采用斜二测表达比较简便。作画步骤如图 5-13 所示。

三、两种轴测图的比较

　　正等测和斜二测的画法，在选择哪一种轴测图来表达机件时，应根据机件的结构特点来选用，即使所画的轴测图立体感强，度量性好，又要作图简便。

　　在立体感和度量方面，正等测较斜二测好，正等测在三个方向可直接度量长度而斜二测

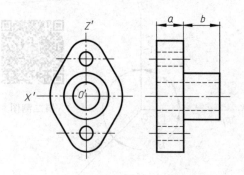

(a) 定坐标原点及坐标轴

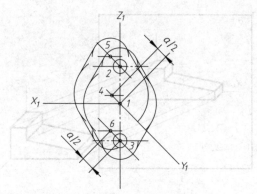

(b) 画轴测轴，在1、2、3点画底板前板面的圆，在 4、5、6 点画后板面的圆的可见部分，并作圆的公切线

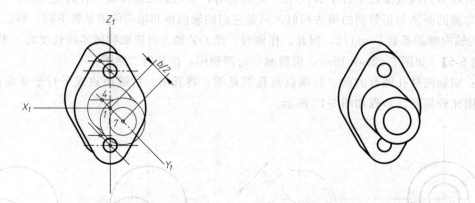

(c) 分别以1、4、7为圆心画圆柱的可见圆，并作圆的公切线

(d) 去除多余的图线，描深完成

图 5-13   绘制组合体的斜二测图步骤

只能在两个方向直接度量，在另一方向（O_1Y_1 轴向）要按比例缩短，则作图就比较麻烦。当机件在一个投影方向上有较多的圆或圆弧时，用斜二测就比较简便，而对于在三个方向均有圆或圆弧的机件，则采用正等测就较为适宜。

如图 5-14 所示物体，它在两个与坐标面平行的平面都有圆或圆弧，所以采用正等测较合适，且立体感比斜二测强。

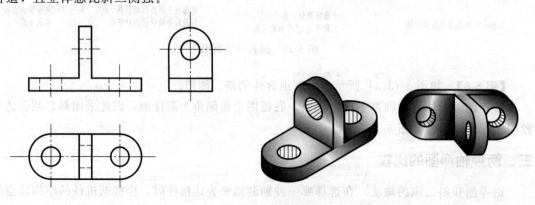

(a) 三视图

(b) 正等测图

(c) 斜二测图

图 5-14   正等测与斜二测的比较（一）

如图 5-15 所示物体，它在径向具有较多的圆，所以采用斜二测较合适，可使作图简化。

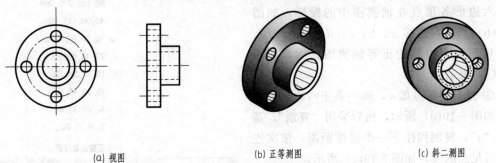

(a) 视图　　　　　　　　　　(b) 正等测图　　　　　　　　(c) 斜二测图

图 5-15　正等测与斜二测的比较（二）

第三节　AutoCAD 绘制轴测图

一、AutoCAD 正等轴测图的画法

1）在新建一张样板图文件后，在状态栏"显示图形栅格"按钮上单击鼠标右键，弹出"网格设置"后单击左键，弹出"草图设置"对话框，如图 5-16 所示。

在"捕捉类型"的选项中选择"等轴测捕捉"以改变十字光标的形状，如图 5-17 所示。通过按"F5"依次改变不同视图上十字光标的方向。

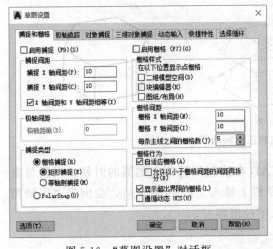

图 5-16　"草图设置"对话框

图 5-17　草图设置对话框"捕捉和栅格"选项

2）单击在状态栏"极轴"右下角的小三角，把极轴角度调整为"30.60.90.120…"那档，即可得出正等轴测图需要的极轴方向，如图 5-18 所示。

3）AutoCAD 平面立体的正等轴测图画法。

【例 5-7】　据图 5-19（a）所示正六棱柱的两视图，画出其正等轴测图。

作图步骤如下：

① 在两视图中定出直角坐标，将坐标原点 O 设在六棱柱上顶面的中心，以正六边形的对称中心线为 X、Y 轴，如图 5-19（a）所示。

② 利用极轴画出 OX、OY，利用圆半径定出六边形各顶点在轴测图中的投影，如图 5-19(b) 所示，连接 a、b、c、d、e、f、a，画出顶面正六边形的正等轴测图轮廓，如图 5-19(c) 所示。

③ 过其中某点如 a，画一条正六边形的高度，如图 5-19(d) 所示，然后采用"复制"，基点为"a"，复制到往下一个高度距离，依次连接好可见点的线，如图 5-19(e) 所示。

④ 删除多余图线，变图层为"粗实线"完成作图，如图 5-19(f) 所示。

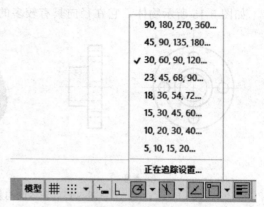

图 5-18 状态栏"极轴"设置

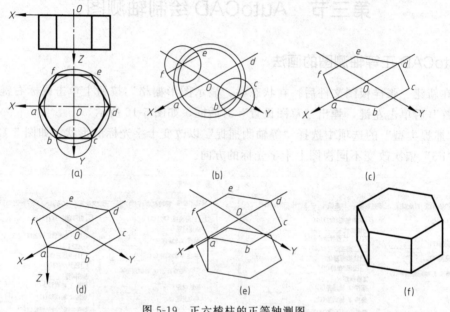

图 5-19 正六棱柱的正等轴测图

4）AutoCAD 回转体的正等轴测图。AutoCAD 在绘制回转体上的圆的时候，当圆与坐标平面平行时正等轴测投影是椭圆，此时在命令栏上输入"EL"回车后，会出现"等轴测圆 I"的选项。如图 5-20 所示。指定圆心，输入半径值即可。

命令: EL ELLIPSE

✕ ⚒ ☉▾ ELLIPSE 指定椭圆轴的端点或 [圆弧(A) 中心点(C) 等轴测圆(I)]：

图 5-20 "等轴测圆 I"选项

【例 5-8】 据图 5-21（a）所示，绘制两圆柱垂直相交的正等轴测图。

作图步骤如图 5-21 所示。

① 作出正等轴测坐标，通过"F5"调整十字光标为左视的等轴测平面。在命令行输入"EL"回车后选择"I"，指定圆心"O"，输入半径值"25"，即可得到左边圆的正等轴测图。

②　利用"复制"命令，基点"O"，沿"X"正方向拉出极轴，输入80，即可得到右边圆。

③　利用"直线"命令，找"象限点"画出圆柱的轮廓。

④　找到两圆心中点，沿"Y"轴正方向作"40"高度的直线，定出小圆柱上面的圆心，通过"F5"调整十字光标为俯视的等轴测平面。在命令行输入"EL"回车后选择"I"，指定圆心后，输入半径值"15"，即可得到顶面圆的正等轴测图。再利用"复制"命令，基点为小圆圆心，将小圆向下距离"15"复制一个。利用"直线"命令，找"象限点"画出小圆柱的轮廓。再找到小圆柱的最左、最前、最右点，用"样条曲线"画出相贯线。

⑤　删除多余图线，变图层为"粗实线"完成作图。

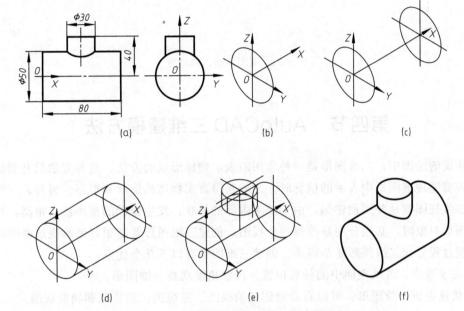

图 5-21　两圆柱垂直相交的正等轴测图

二、AutoCAD 斜二轴测图的画法

根据斜二轴测图的特点，单击状态栏"极轴"右下角的小三角，把极轴角度调整为"45.90.135.180…"那档，即可得出斜二轴测图需要的极轴方向，如图5-22所示。

【例5-9】　据图5-23（a）所示支座的两视图，画出其斜二轴测图。

作图步骤如图5-23所示。

①　在两视图上设置直角坐标轴。

②　由于支架主视图反映实形，根据主视图的真实大小在轴测轴上画出和主视图一样大小的图形，即完成支座前端面的斜二轴测图。

③　由O沿O_Y轴后移$Y/2$（即支座前后宽度的一半）得O_1，利用"复制"命令。以"O"为基点，将图形复制到"O_1"，用公切线画出右侧圆柱面轮廓。

图 5-22　状态栏"极轴"设置

④ 删除多余图线，变图层为"粗实线"完成作图。

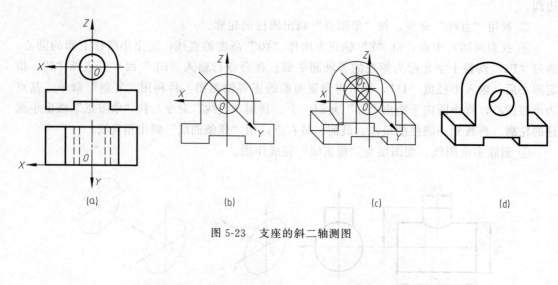

图 5-23　支座的斜二轴测图

第四节　AutoCAD 三维建模方法

在传统的绘图中，二维图形是一种常用的表示物体形状的方法。这种方法只有当绘图者和看图者都能理解图形中表示的信息时，才能获得真实物体的形状和形态。另外，三维对象的每个二维视图都是分别创建的，由于缺乏内部的关联，发生错误的概率就会很高，特别是在修改图形对象时，必须分别修改每一个视图。创建三维图形就能很好地解决这些问题，只是其创建过程要比二维图形复杂得多。创建三维图形有以下几个优点：

① 便于观察：可从空间中的任意位置、任意角度观察三维图形。

② 快速生成二维图形：可以自动地创建俯视图、主视图、侧视图和辅助视图。

③ 渲染对象：经过渲染的三维图形更容易表达设计者的意图。

④ 满足工程需求：根据生成的三维模型，可以进行三维干涉检查、工程分析以及从三维模型中提取加工数据。

在 AutoCAD 中，二维对象的创建、编辑、尺寸标注等都只能在三维坐标系的 XY 平面中进行，如果赋予二维对象一个 Z 轴方向的值，即可得到一个三维实体对象，这是创建三维对象最简单的方法。

1. 创建基本的三维实体对象

AutoCAD 提供的基本的三维实体对象包括长方体、球体、圆柱体、圆锥体、楔体和圆环体。

在状态栏的"切换工作空间"图标右下角的小三角单击左键，将当前工作空间"草图与注释"转换成"三维建模"工作空间，如图 5-24 所示。

在工具栏上方"建模"工具栏左边就是创建基本三维实体的工具栏选项。如图 5-25 所示。

(1) 长方体

在 AutoCAD 中，我们可以创建实心的长方体，且长方体的底面与当前用户坐标系的 XY 平面平行。如作一个长、宽、高分别为 50、30、45 的长方体，操作如下：

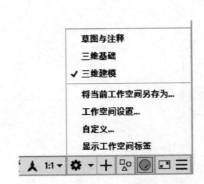

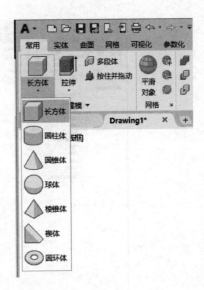

图 5-24　状态栏"切换工作空间"　　　　　　　　　　图 5-25　"建模"工具栏

命令:_box

指定第一个角点[中心点(CE)]<0,0,0>;　　　　　　　//在绘图区域任意单击一点

指定角点或[立方体(C)/长度(L)]:@50,30　　　　　　//确定对角点

指定高度或[两点(2P)]:45　　　　　　　　　　　　　//输入高度,按[Enter]退出命令

　　如图 5-26 在绘图区域左上角有"视图"和"视觉样式"的下拉选项,此时选择西南等轴测,可看到长方体的轴测图形状的实体,如图 5-27 所示。也可通过视觉样式的选择改变立体的显示模式,如图 5-28 所示。

图 5-26　"视图"和"视觉样式"下拉选项

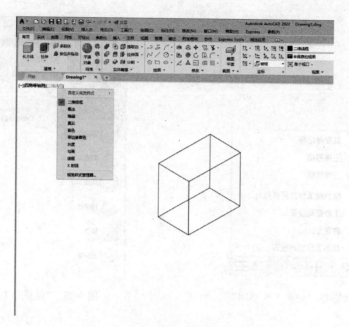

图 5-27　长方体的轴测图

通过按"Shift"键＋按住鼠标中键不放，拖动鼠标能实现360°观察立体的任意位置，实现对立体全方位的观察。

(2) 圆柱体

在 AutoCAD 中，单击"长方体"下面的小三角，选择"圆柱体"单击，用于创建以圆或椭圆作为底面的圆柱实体，如图 5-29 所示。当创建一个圆柱体时，首先要指定圆或椭圆的尺寸（与绘制圆及椭圆的方法相同），然后需要指定圆柱体的高度。

说明：输入的正值或负值既定义了圆柱体的高度，又定义了圆柱体的方向。

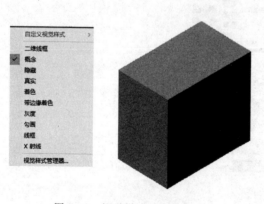

图 5-28　视觉样式选项轴测图

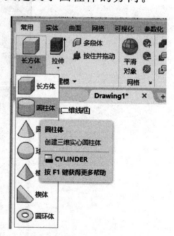

图 5-29　创建"圆柱体"选项

(3) 圆锥体

在 AutoCAD 中，单击"长方体"下面的小三角，选择"圆锥体"单击，用于创建以圆或椭圆作为底面的圆锥实体。当创建一个圆锥体时，首先要指定圆或椭圆的尺寸（与绘制圆及椭圆的方法相同），然后需要指定圆锥体的高度。

说明：输入的正值或负值既定义了圆锥体的高度，又定义了圆锥体的方向。

（4）球体

在 AutoCAD 中，单击"长方体"下面的小三角，选择"球体"单击，用于创建一个球体，且球体的纬线平行于 XY 平面，中心轴平行于当前用户坐标系的 Z 轴。

2. 创建三维实体拉伸对象

创建拉伸实体就是将二维封闭的图形对象沿其所在平面的法线方向按指定的高度拉伸，或按指定的路径进行拉伸来绘制三维实体。拉伸的二维封闭图形可以是圆、椭圆、圆环、多边形、闭合的多段线、矩形、面域或闭合的样条曲线等。

（1）按指定高度拉伸对象

【例 5-10】 作一个长、宽、高为 50、30、45 的长方体。

解： 取俯视图方向，用"直线"命令作一个长 50、宽 30 的长方形，利用"面域"命令，或在命令行输入"region"选择这四根直线，让其生成一个面域。选择西南等轴测，单击"拉伸"命令，选择生成的面域，输入指定高度 45，回车，即可生成该长方体实体。如图 5-30 所示。

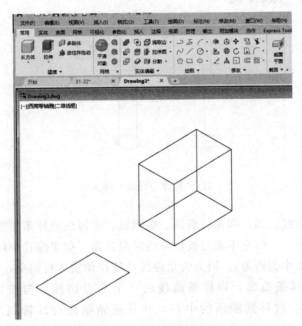

图 5-30　长方体三维实体

亦可以取主视图方向，用"直线"命令作一个长 50、高 45 的长方形，利用"面域"命令，或在命令行输入"region"选择这四根直线，让其生成一个面域。选择西南等轴测，单击"拉伸"命令，选择生成的面域，输入指定宽度 30，回车，即可生成该长方体实体。

亦可以取左视图方向，用"直线"命令作一个长 30、高 45 的长方形，利用"面域"命令，或在命令行输入"region"选择这四根直线，让其生成一个面域。选择西南等轴测，单击"拉伸"命令，选择生成的面域，输入指定长度 50，回车，即可生成该长方体实体。

用"直线"命令创建的封闭二维图形，必须将其转化为封闭的多段线或用"面域"命令转化为面域后，才能将其拉伸为实体。如果封闭二维图形是用"矩形"、"正多边形"、"圆"

等命令作出的多段线，则不用将封闭二维图形转换成多段线或面域。

这种拉伸的方法作出实体的前提条件是封闭的二维图形一定是反映实形的，加上拉升的距离，就是该物体的实体形状。

指定高度拉伸时，数值可正可负，如果高度为正值，则沿着 Z 轴正方向拉伸；如果高度为负值，则沿着 Z 轴反方向拉伸。在指定拉伸的倾斜角度时，角度允许的范围是$-90°\sim$ $+90°$：当采用默认值 0° 时，表示生成实体的侧面垂直于 XY 平面，且没有锥度；如果输入正值，将产生内锥度；如果输入负值，将产生外锥度。

（2）沿路径拉伸对象

在"拉伸"命令的选项中，有"路径"选项，封闭的二维线框可以沿着指定的路径进行拉伸。如图 5-31 所示。

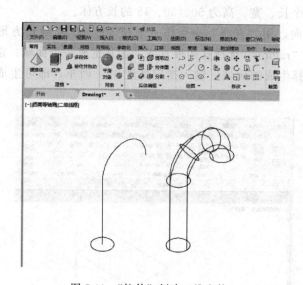

图 5-31 "拉伸"创建三维实体

拉伸路径可以是直线、圆、圆弧、椭圆、椭圆弧、多段线或样条曲线。拉伸路径可以是开放的，也可以是封闭的，但它不能与被拉伸的对象共面。如果路径中包含曲线，则该曲线不能带尖角（或半径太小的圆角），因为尖角曲线会使拉伸实体自相交，从而导致拉伸失败。

如果路径是一条样条曲线，则样条曲线的一个端点切线应与拉伸对象所在平面垂直，否则，样条曲线会被移到断面的中心，并且起始断面会旋转到与样条曲线起点处垂直的位置。

3. 创建三维实体旋转对象

三维实体旋转就是将一个闭合的二维图形绕着一个轴旋转一定的角度从而得到实体。旋转轴可以是当前用户坐标系的 X 轴或 Y 轴，也可以是一个已存在的直线对象，或者是指定的两点间的连线。用于旋转的二维对象可以是封闭多段线、多边形、圆、椭圆、封闭样条曲线、圆环以及面域。在旋转实体时，三维对象、包含在块中的对象、有交叉或自干涉的多段线都不能被旋转。

如图 5-32，旋转创建三维实体。当指定的旋转轴在线框外，则生成的实体内部则形成一个通孔，如图 5-33 所示。

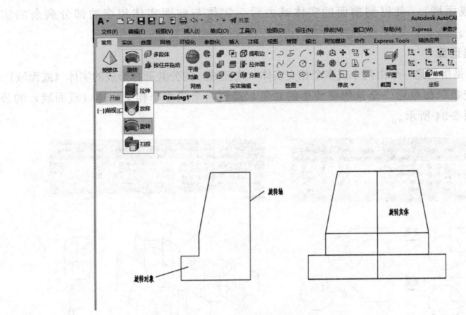

图 5-32　"旋转"创建三维实体（一）

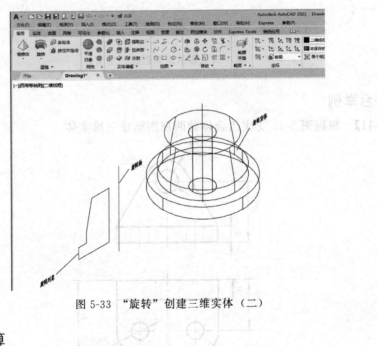

图 5-33　"旋转"创建三维实体（二）

4. 布尔运算

（1）并集运算

并集运算是指将两个或多个实体（或面域）组合成一个新的复合实体（或面域）。

选择"并集"命令后，全选想要并集的实体（或面域）对象，将它们全部融为一体。

（2）差集运算

差集运算是指从选定的实体（或面域）中减去另一些实体（或面域），从而得到一个新实体（或面域）。

选择"差集"命令后，先选一个实体（或面域），回车后，再选另一个实体与之相交的实体（或面域），就得到前面的实体减去后一实体与前面实体相交的部分剩余的实体（或面域）。

（3）交集运算

交集运算是指创建一个由两个或多个相交实体（或面域）的公共部分形成的实体（或面域）。

选择"交集"命令后，全选想要交集的对象，得到两个或多个相交实体（或面域）的公共部分。如图 5-34 所示。

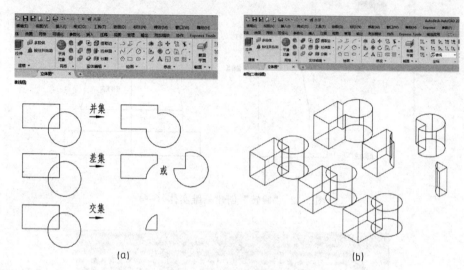

图 5-34　布尔运算创建三维实体

5. 综合举例

【例 5-11】 根据图 5-35 支座组合体的两视图创建三维实体。

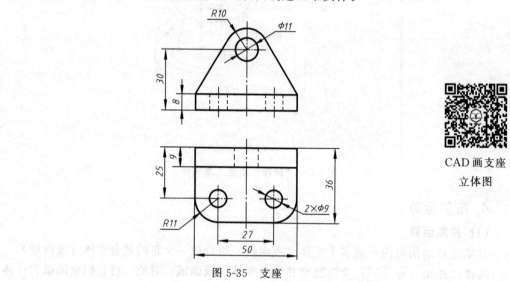

图 5-35　支座

CAD 画支座
立体图

图形分析：该组合体由上下两块板组合而成，上面的三角形板在主视图反映实形，下面的长方体在俯视图反映实形，可利用建模工具栏的"拉伸"命令，创建三维实体，其余三个孔，可以用"差集"的方式将其去除。

作图步骤：

① 新建一张样板图文件，在"视图控件"把视图调成"前视"，如图 5-36。在此绘图空间里按尺寸大小，将主视图画出，因上面的三角形板在主视反映实形，所以将其单独复制出来，得到两个封闭的线框，分别创建支撑板两个面域，如图 5-37 所示。

图 5-36　"视图控件"选项设置

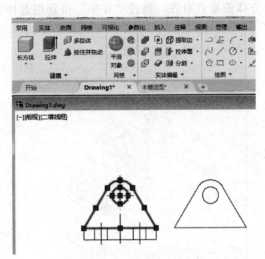

图 5-37　创建支撑板面域

② 在"视图控件"把视图调成"西南等轴测"，利用建模工具栏的"拉伸"命令，将两面域拉伸高度"9"，得到三角板和圆柱实体，通过"差集"，先点击三角板回车，后再点击圆柱体回车，即可得支撑板的实体。如图 5-38 所示。

③ 在"视图控件"把视图调成"俯视"，在此绘图空间里按尺寸大小，将俯视图画出，因下面的长方体在俯视反映实形，所以将其单独复制出来，得到三个封闭的线框，分别创建底板三个面域。如图 5-39 所示。

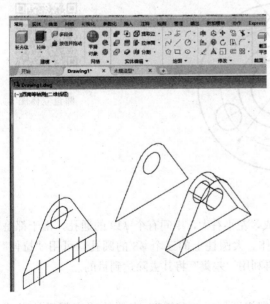

图 5-38　创建支撑板三维实体

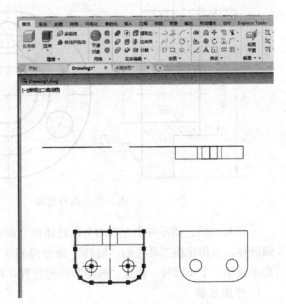

图 5-39　创建底板面域

④ 在"视图控件"把视图调成"西南等轴测",利用建模工具栏的"拉伸"命令,将三面域拉伸高度"8",得到长方体和圆柱实体,通过"差集",先点长方体回车,后再点击两圆柱体回车,即可得底板的实体,如图 5-40 所示。

⑤ 将两物体归于一体,利用"移动"命令,将上面的三角板放到长方体上,基点与长方体的基点对齐,通过"并集"得到组合体实体,删除掉多余的图形,如图 5-41 所示。

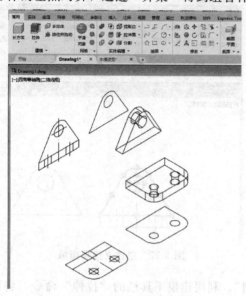

图 5-40　创建底板三维实体

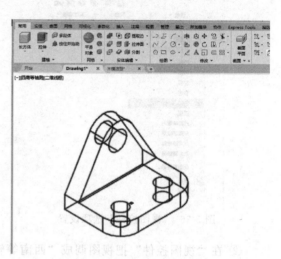

图 5-41　创建支座三维实体

【例 5-12】 根据图 5-42 填料压盖零件图创建三维实体。

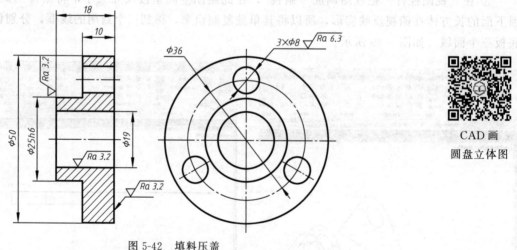

CAD 画
圆盘立体图

图 5-42　填料压盖

图形分析:该零件由左右两个圆柱体组合而成,左小右大,中间有个 φ19 的通孔,由于都是回转体,可用建模工具栏的"旋转"命令得到实体。大圆柱上的三个 φ8 的圆孔,可用"拉伸"命令成型三个小圆柱,通过"移动"找到位置,再利用"差集"将其去除达到目的。

作图步骤:

① 新建一张样板图文件,在"视图控件"把视图调成"前视",在此绘图空间里按尺寸大小,将主视图画出,由于是回转体,上下基本对称,所以取一半截面进行面域,通过建模

工具栏的"旋转"命令得到实体。如图 5-43 所示。

　　② 在"视图控件"把视图调成"左视"，在此绘图空间里按尺寸大小，将左视图画出，然后把中心线圆和三个小圆复制出来，如图 5-44 所示。

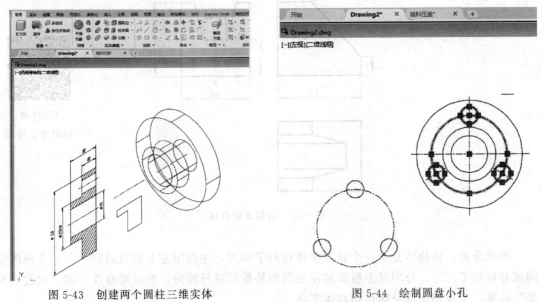

图 5-43　创建两个圆柱三维实体　　　　　　　图 5-44　绘制圆盘小孔

　　③ 在"视图控件"把视图调成"西南等轴测"，利用建模工具栏的"拉伸"命令，将三小圆拉伸高度"10"，得到三个小圆柱实体，如图 5-45 所示。

　　④ 利用"移动"命令，将小圆柱放到大圆柱板上，基点是中心线圆心与大圆柱板最右端面的圆心基点对齐，通过"差集"得到零件模型。删除掉多余的图形，如图 5-46 所示。

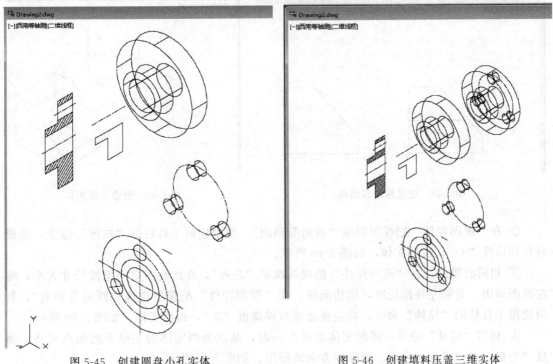

图 5-45　创建圆盘小孔实体　　　　　　　图 5-46　创建填料压盖三维实体

【例 5-13】 据图 5-47，利用"交集"创建切割式组合体三维实体。

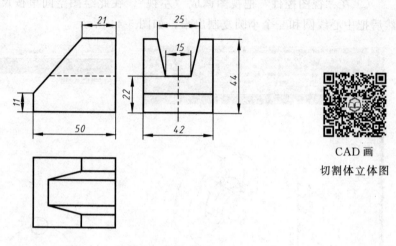

CAD 画
切割体立体图

图 5-47　切割式组合体

图形分析：该物体是由一个长方体被切割了四刀，主视图左上角被斜切一刀，左视图中间部分被切了三刀。分别对主视图和左视图的外轮廓进行拉伸，然后堆叠在一起，通过"交集"运算，生成相交部分即是切割体实体。

作图步骤：

① 新建一张样板图文件，在"视图控件"把视图调成"前视"，在此绘图空间里按尺寸大小，将主视图画出，复制主视图外轮廓，创建成面域，如图 5-48 所示。

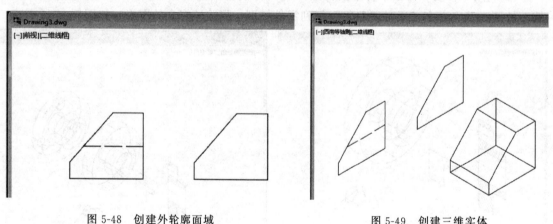

图 5-48　创建外轮廓面域　　　　图 5-49　创建三维实体

② 在"视图控件"把视图调成"西南等轴测"，利用建模工具栏的"拉伸"命令，将面域拉伸高度"42"，得到实体，如图 5-49 所示。

③ 相同的思路，在"视图控件"把视图调成"左视"，在此绘图空间里按尺寸大小，将左视图画出，复制左视图轮廓，创建面域。在"视图控件"把视图调成"西南等轴测"，利用建模工具栏的"拉伸"命令，将左视面域拉伸高度"50"，得到实体，如图 5-50 所示。

④ 利用"移动"命令，将两实体重叠在一起，基点为两实体的左前下的角点对齐，通过"交集"得到组合体模型，删除掉多余的图形，如图 5-51 所示。

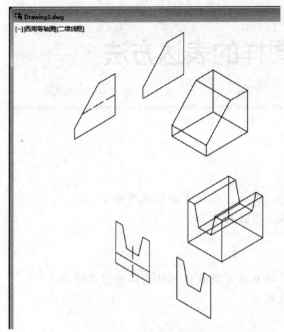

图 5-50　创建凹槽三维实体　　　　　图 5-51　创建切割式组合体三维实体

💡 思政拓展

　　在中国制造 2025 战略中，三维 CAD 建模作为数字化设计与智能制造的核心技术，被广泛应用于高端装备研发、国产工业软件替代、复杂系统优化等领域。中船动力集团采用国产中望 3D 软件，完成船用发动机的复杂装配设计与仿真。船用发动机单机零件多达 1500 种，大型发动机零件数量可达 6 万～8 万个，对三维 CAD 软件的装配管理、动态仿真和精度要求极高。中望 3D 2025 版优化了万级零件装配效率，支持 10 万量级装配体的流畅操作与工程图出图，解决了传统国外软件在大型装配中的性能瓶颈。通过运动仿真模块模拟活塞、曲轴等部件的运动轨迹，结合国产软件的本地化服务，规避了国外软件的数据安全风险，响应了工业数据自主可控的国家战略。中国制造 2025 战略下，三维 CAD 建模的典型案例体现了国产技术的突破（如中望 3D 替代国外软件）、复杂系统的创新设计（如船舶发动机），以及数字化协同（MBD 模式）的深度融合。未来，随着国产 CAD 软件在 AI、云计算等领域的持续升级，将进一步推动制造业向智能化、绿色化、高端化转型。

模块六　机械图样的表达方法

【知识目标】

①　理解视图、剖视图和断面图的基本概念、画法、标注方法及应用场合。

②　认知特殊表达方法与简化画法，了解第三角投影法。

【技能目标】

①　掌握根据机件的结构形状特点合理地选择表达方案表达机件内、外形状结构。

②　具有从"会画图"到"精表达"的实践能力。

③　掌握运用 AutoCAD 绘制机件图样。

【素质目标】

①　具备空间分析与逻辑推理能力，学会通过视图关系逆向分析设计意图。

②　提高兼具工程规范意识、创新思维与协作精神的现代工程师素养。

在生产实际中，有些零件的形状和结构是比较复杂的，用三视图很难将它们的形状结构表达清楚。为此，国家标准《技术制图图样画法》、《机械制图图样画法》及《技术制图简化表示法》中规定了物体的若干种不同的表示法，如视图、剖视图、断面图、局部放大图及简化画法等，供工程技术人员绘图时针对零件的具体情况进行选用。

第一节　视　　图

根据国家标准（GB/T 17451—1998、GB/T 13361—2012）规定，用正投影法所绘制出物体的图形称为视图。在绘制视图时，一般只画出机件的可见部分，必要时才用虚线表达其不可见部分。视图通常有基本视图、向视图、斜视图和局部视图四种。

一、基本视图

将物体分别向六个基本投影面投射所得的视图称为基本视图。

当物体的结构形状较复杂时，要清晰地反映出它在六个不同方位的形状，国家标准规定，在原有三个投影面的基础上，再增设三个投影面，组成一个正六面体，六面体的六个面称为基本投影面，如图 6-1(a) 所示。将物体置于六面体中，由 a、b、c、d、e、f 六个方向，分别向基本投影面投射，即在主视图、俯视图、左视图的基础上，又得到了右视图、仰视图和后视图，这六个视图为基本视图，如图 6-1(b) 所示。

主视图——自物体前面向后投影所得的视图；

俯视图——自物体上方向下投影所得的视图；

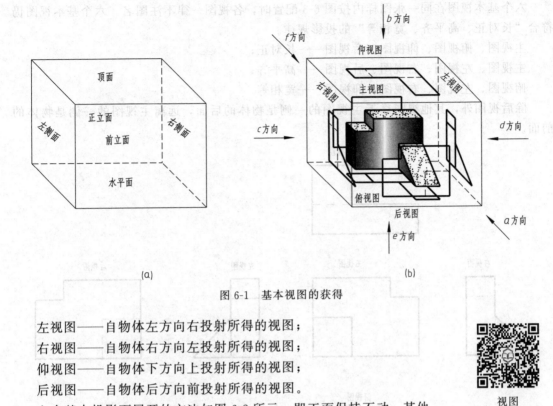

(a)

(b)

图 6-1 基本视图的获得

左视图——自物体左方向右投射所得的视图；
右视图——自物体右方向左投射所得的视图；
仰视图——自物体下方向上投射所得的视图；
后视图——自物体后方向前投射所得的视图。

视图

六个基本投影面展开的方法如图 6-2 所示，即正面保持不动，其他投影面按箭头所示方向旋转到与正面共处在同一平面。

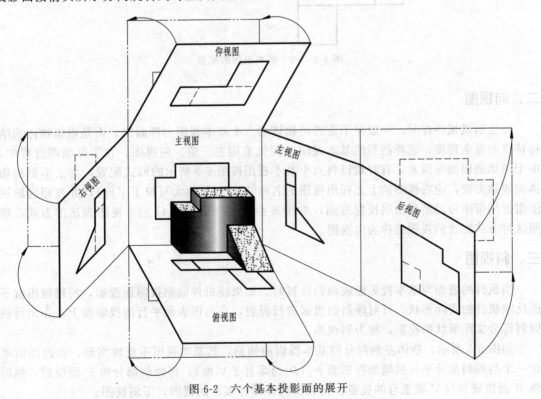

图 6-2 六个基本投影面的展开

六个基本视图在同一张图样内按图 6-3 配置时，各视图一律不注图名。六个基本视图仍符合"长对正、高平齐、宽相等"的投影规律。

主视图、俯视图、仰视图、后视图——长对正；

主视图、左视图、右视图、后视图——高平齐；

俯视图、左视图、右视图、仰视图——宽相等。

除后视图外，其他视图靠近主视图的一侧是物体的后面，远离主视图的一侧是物体的前面。

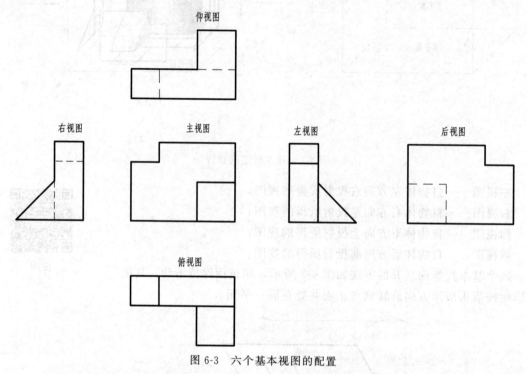

图 6-3　六个基本视图的配置

二、向视图

在绘制机械图样时，一般并不需要将物体的六个基本视图全部画出，而是根据物体的结构特点和复杂程度，选择适当的基本视图。优先采用主、俯、左视图。在实际绘图过程中，由于图纸的幅面等因素，有时难以将六个基本视图按图 6-3 所示的形式配置，为了不影响物体的表达方法，应在视图的上方标出视图的名称"×"（×为大写拉丁字母），并在相应的视图附近用带字母的箭头指明投射方向，如图 6-4 所示，A、B、C 三个视图表达的方式，按照这种方式配置的视图统称为向视图。

三、斜视图

当机件的表面与基本投影面成倾斜位置时，如果将机件向侧投影面投影，所得视图就不能反映机件的实际形状，可对倾斜的表面进行投射，在与该表面平行的投影面上，作出反映倾斜部分实际形状的投影，称为斜视图。

如图 6-5 所示，物体左侧部分与基本投影面倾斜，其基本视图不反映实形，在绘图时增设一个与倾斜部分平行的辅助投影面 P（P 面垂直于 V 面），将倾斜部分向 P 面投射，然后将 P 面旋转到与 V 面重合的位置，得到反映该部分实形的视图，即斜视图。

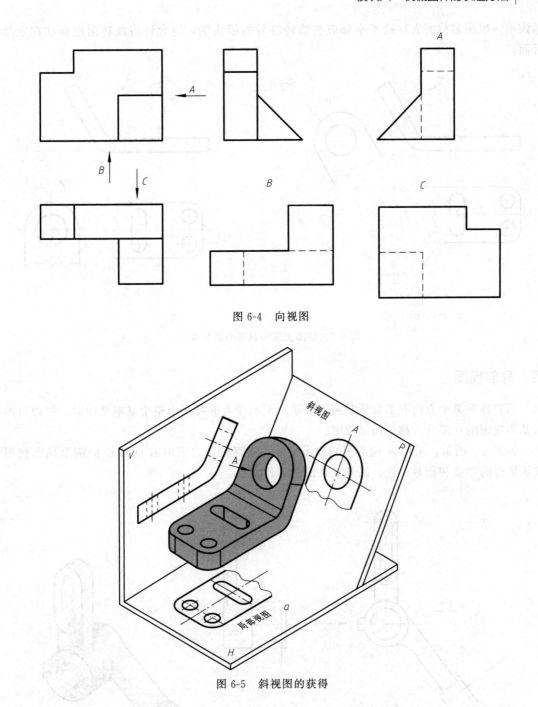

图 6-4 向视图

图 6-5 斜视图的获得

根据机件的实际结构形状，绘制斜视图一般只画出倾斜部分的局部形状，其断裂边界用波浪线表示，并通常按向视图的配置形式配置并标注。

在画斜视图时，要注意以下几点。

① 斜视图必须用带字母的箭头指明表达部位和投射方向，并在斜视图上注明"×"。

② 斜视图只要求表达倾斜部分的局部形状，其余部分不必全部画出，可用波浪线断开。

③ 斜视图最好按投影关系配置，如图 6-6（a）所示。必要时也可平移到其他适当的地方。在不至于引起误解时，允许将图形旋转，其标注形式为"⌒"，如图 6-6（b）所示。表

示该图斜视图名称的大写拉丁字母应在旋转符号的箭头端，也允许将旋转角度标注在字母后面。

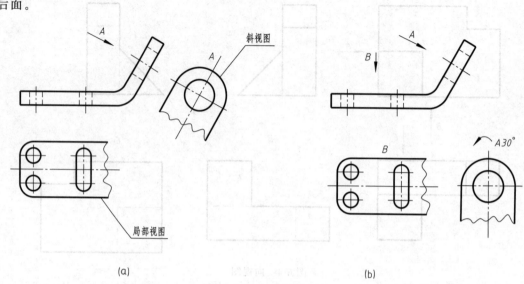

图 6-6 局部视图与斜视图的配置

四、局部视图

当机件在某个方向有部分形状需要表示，但又没有必要画出整个基本视图时，可以只画出基本视图的一部分，称为局部视图。

如图 6-7 所示，采用 A 向斜视图表示端部孔实际形状，采用 B 向和 C 向两个局部视图表示机件的厚度和相对位置，以及油孔的凸台形状。

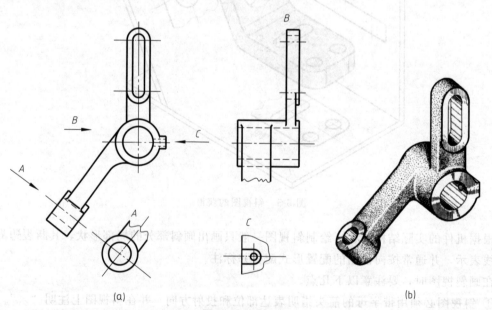

图 6-7 局部视图

在作局部视图时，要注意以下几点。

① 如果按基本视图方向配置的局部视图可不加标注，否则必须用带字母的箭头指明局

部视图的表达部位与投射方向，并在局部视图上注明"×"。

② 局部视图的范围应以波浪线表示，但当所表示的结构要素是完整的，且外轮廓线又呈封闭时，则波浪线可以省略。

③ 局部视图最好配置在箭头所指的方向，必要时也允许配置在其他适当的地方。

第二节 剖 视 图

当物体的内部结构比较复杂时，视图中就会出现较多的细虚线，既影响图形清晰，又不利于标注尺寸。为了清晰地表示物体的内部形状，国家标准规定了剖视图的画法，剖视图的画法要遵循 GB/T 17452—1998、GB/T 4458.6—2002 的规定。

一、剖视图的基本概念

1. 剖视图的形成

假想用剖切面剖开物体，通过机件的对称中心线将机件剖切成两部分，将处在观察者和剖切面之间的部分移去，而将其余部分向投影面投射所得的图形，称为剖视图。

如图 6-8 所示，此机件前后对称，沿其前后对称面将其剖开后，后半部向正投影面投射，为了分清机件的实心部分和空心部分，国家标准规定被切的实心部分应画上剖面符号。不同的材料，采用不同的符号，金属材料的剖面符号，其剖面线应画成与水平线成45°的细实线，同一零件的剖面线的方向、间隔应该相同，图 6-8 展示了该机件形成剖视图的过程。

全、半、局部
剖视图

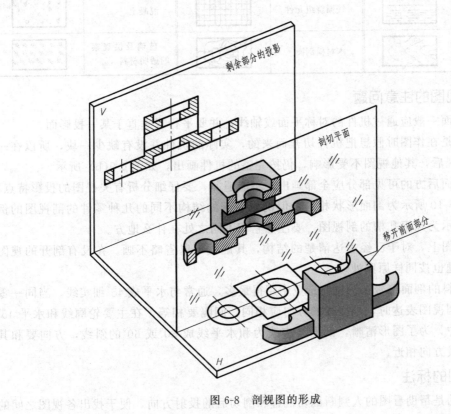

图 6-8 剖视图的形成

通过图 6-9，将视图与剖视图相比较可以看出，由于主视图采用了剖视图的画法，原来不可见的孔成为可见的，视图上的细虚线在剖视图中变成了实线，再加上在剖面区域内画出了规定的剖面符号，使图形层次分明，更加清晰，图中的剖切符号只代表假想被剖切机件的实心处的材质，与图形的线型没有关系，工程上常用的几种剖面符号见表 6-1。

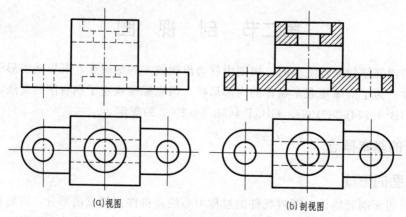

(a)视图   (b)剖视图

图 6-9   视图与剖视图的比较

表 6-1   剖面符号

材料类别	剖面符号	材料类别	剖面符号	材料类别	剖面符号
金属材料		非金属材料		型砂、填砂、粉末冶金、砂轮等	
液体		线圈绕组元件		混凝土	
木材纵剖面		木材横剖面		玻璃及供观察的透明材料	

2. 画剖视图的注意问题

① 剖切平面一般应通过机件的对称平面或轴线，并要平行或垂直于某一投影面。

② 剖视图是在作图时假想把机件切开而来的，实际的机件并没有缺少一块，所以在一个视图上取剖视后，其他视图不受影响，仍按完整的机件画出，如图 6-9(b) 所示。

③ 剖切平面后方的可见部分应全部画出，不能遗漏，要仔细分析有关视图的投影特点，以免画错。图 6-10 所示为剖面形状相同，但剖面后部的结构不同的几种零件的剖视图的例子。图 6-11 所示为几组孔槽的剖视图。要注意它们不同之处在什么地方。

④ 在剖视图上，对于已经表达清楚的结构，其虚线可以省略不画。在没有剖开的视图上，虚线的问题也按同样原则处理。

⑤ 金属材料的剖面符号在机械制造业中用得最多，通常与水平成 45°细实线。当同一零件需要用几个剖视图表达时，剖面线的方向应相同，间隔要相等。在主要轮廓线和水平 45°倾斜的剖视图中，为了图形清晰，剖面线应改为和水平线成 30°或 60°的斜线，方向要和其他剖视图剖面线方向相近。

3. 剖视图的标注

标注的目的是帮助看图的人判断剖切位置和剖切后的投射方向，便于找出各视图之间的

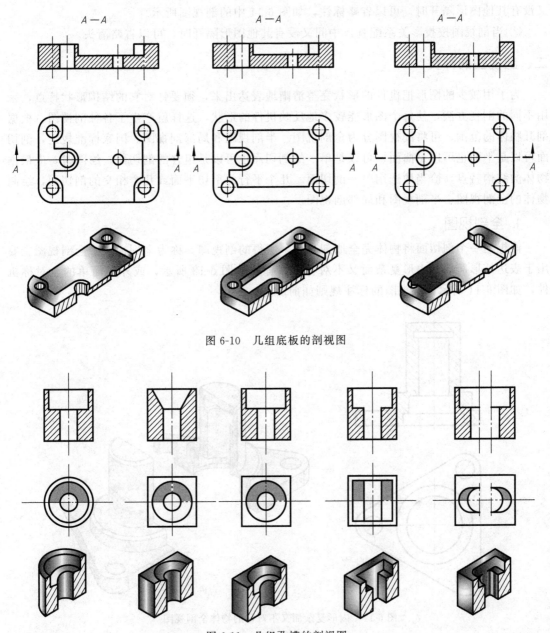

图 6-10　几组底板的剖视图

图 6-11　几组孔槽的剖视图

对应关系。

根据国家标准规定，剖视图标注包括下列各项。

① 剖切位置线。剖切位置线即剖切平面与投影面的交线。在相应的视图上，用粗短画线表示剖切面的起、迄和转折处位置，但不要与图形的轮廓线相交。

② 投射方向。在剖切符号的两端外侧，用箭头指明剖切后的投射方向。

③ 剖视图名称。在剖视图的上方用大写拉丁字母标注剖视图的名称"×—×"，并在剖切符号的一侧注上同样的字母，如图 6-10 所示。

但是在有些情况下，剖视图的标注可省略或简化。

① 当单一剖切平面通过物体的对称面或基本对称线，且剖视图按投影关系配置，中间

又没有其他图形隔开时，可以省略标注，如图 6-11 中的剖视图所示。

② 当剖视图按投影关系配置，中间又没有其他图形隔开时，可以省略箭头。

二、剖视图的种类

为了用较少的图形把机件的形状完整清晰地表达出来，须要针对它的结构形状特点，采用不同的剖视方法，使每个图形能较多地反映机件的形状，这样就产生了各种剖视图。根据剖开物体的范围，可将剖视图分为全剖视图、半剖视图和局部剖视图。国家标准规定，剖切面可以是平面也可以是曲面、可以是单一的剖切面也可以是组合的剖切面。绘图时，应根据物体的结构特点，恰当地选用单一剖切面、几个平行的剖切平面或几个相交的剖切面，绘制物体的全剖视图、半剖视图和局部剖视图。

1. 全剖视图

假想用一个剖切面将物体完全地剖开后，所得的剖视图，称为全剖视图。全剖视图主要用于表达外形简单、内形复杂而又不对称的物体，如图 6-12 所示，或外形简单的全对称机件，如图 6-11 所示。剖视图的标注规则如前所述。

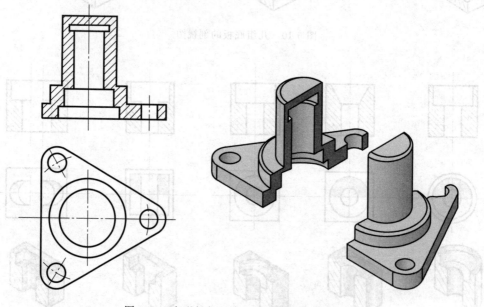

图 6-12　内形复杂而又不对称的物体全剖视图

2. 半剖视图

当机件具有对称平面时，在垂直于对称平面的投影面上的投影，可以以对称中心线为界，一半画成剖视图，另一半画成视图，这样的图形称为半剖视图，如图 6-13 所示。半剖视图主要用于内、外形状都需要表示的对称形体。

半剖视图的标注规则与全剖视图相同。在图 6-13 中，因为主视图的剖切平面与零件的对称平面重合，所以在图上可以不必标注。而对于俯视图，因为剖切平面不与对称平面重合，所以需要标出剖切位置和剖视名称，但是箭头可以省略。

当机件的形状接近于对称，且其不对称部分已另有视图表达清楚时，也允许画成半剖视，如图 6-14 所示。

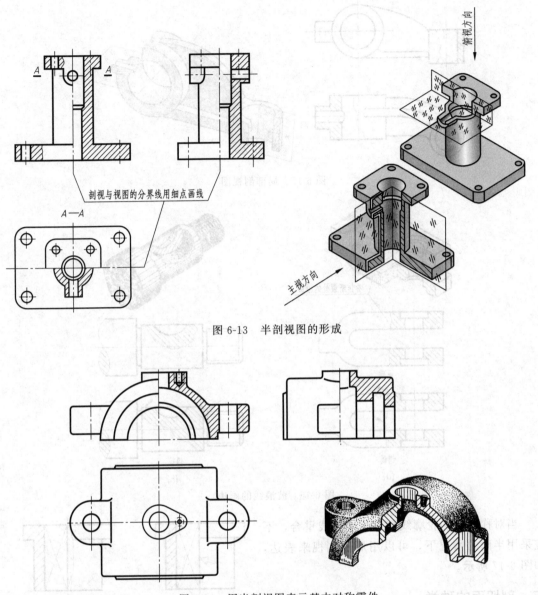

剖视与视图的分界线用细点画线

图 6-13　半剖视图的形成

图 6-14　用半剖视图表示基本对称零件

3. 局部剖视图

　　用剖切平面剖开机件的一部分，以显示这部分的内部形状，并用波浪线表示剖切范围，这样的图形叫作局部剖视图，如图 6-15 所示。局部剖视是一种比较灵活的表达方法，剖切范围根据实际需要而定。但使用时要照顾到看图的方便，剖切不要过于零碎。标注的原则和全剖视图相同。

　　画局部剖视图时要特别注意波浪线的画法，波浪线可以看成机件断裂处的投影。画时要注意：当断裂处通过机件看得见的孔洞时，波浪线应终止在孔洞的轮廓线，不应进入孔洞轮廓线之内，也不能超出图形轮廓线之外，而应在轮廓线处截止，如图 6-16（a）所示；波浪线也不应与图形上的其他图线重合，以免引起误解，如图 6-16（b）所示。

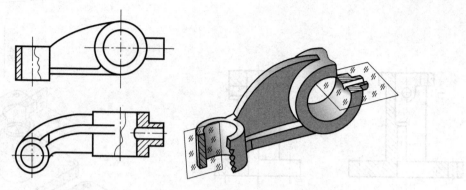

图 6-15　局部剖视图

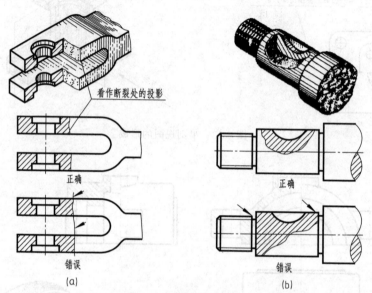

图 6-16　波浪线的画法

当对称机构的轮廓线与对称中心线重合，不宜采用半剖的情况下，可以用局部剖视来表达，如图 6-17 所示。

三、剖切面的种类

由于物体的形状结构不同，则根据物体的结构特点采用不同形式的剖切面。根据国家标准规定，常用的剖切面有三种形式：单一剖切面、几个平行的剖切面和几个相交的剖切面。

1. 单一剖切面

仅用一剖切面剖开机件称为单一剖切面。上面已经介绍了采用平行于基本投影面的单一剖切面剖

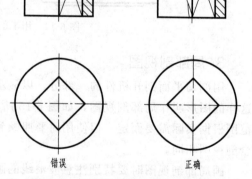

图 6-17　用局部剖视图代替半剖视图

开机件的方法，如全剖视图、半剖视图等，下面介绍采用倾斜于基本投影面剖切机件的方法。

当机件上倾斜部分的内形，在基本视图上不能反映实形时，可以用与基本投影面倾斜的平

面剖切，再投射到与剖切平面平行的投影面上，得到的图形叫作斜剖视图，如图 6-18 所示。

画斜剖视图时，应注意以下几点。

① 斜剖视图最好与基本视图保持直接的投影关系，如图 6-19 中的 $A—A$。必要时，可以将斜剖视图画到图纸的其他地方而保持原来的倾斜程度，或转平来画，如图 6-19 中的 $A—A$ 旋转，这时必须加注旋转符号"⌒"。

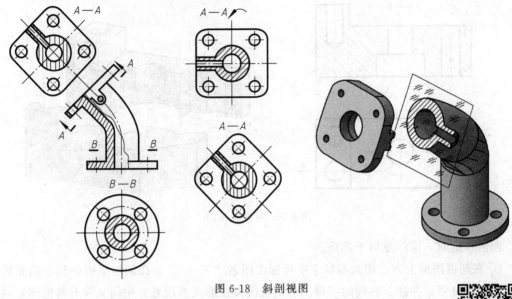

图 6-18 斜剖视图

② 斜剖视图主要用于表达倾斜的结构。机件上凡是与基本投影面平行的结构，在斜剖视图中不反映实形，一般避免表示。例如在图 6-19 中，按主视图箭头方向取剖视，就能避免三角底板失真投影。

③ 斜剖视图一般需要标注，标注的方法如图 6-19 所示。

斜、阶梯、旋转剖视图

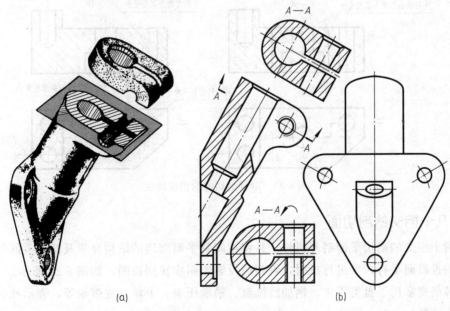

(a)   (b)

图 6-19 斜剖视图标注

2. 几个平行的剖切面

有些机件的内形层次较多，用一个剖切平面不能全部显示出来，在这种情况下，可用一组相互平行的剖切平面依次地把它们切开，所得的剖视图叫作阶梯剖视图，如图 6-20 所示。

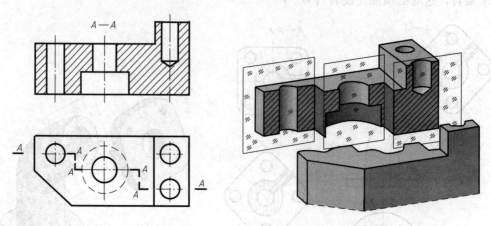

图 6-20　阶梯剖视图

画阶梯剖时，应注意以下几点。

① 在剖视图的上方，用大写拉丁字母标注图名"×—×"，在剖切平面的起、迄和转折处画出剖切符号，并注上相同的字母。若剖视图按投影关系配置，中间又没有其他图形隔开时，允许省略箭头，如图 6-20 所示。

② 在剖视图中一般不应出现不完整的结构要素。在剖视图中不应画出剖切平面转折处的界线，且剖切平面的转折处也不应与图中的轮廓线重合，如图 6-21 所示。

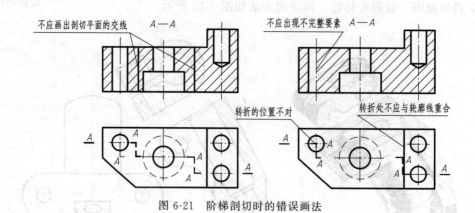

图 6-21　阶梯剖切时的错误画法

3. 几个相交的剖切面

用两个相交的剖切平面剖开机件，并将被倾斜平面剖切的结构要素及其有关部分旋转到与选定的投影面平行，再进行投射，得到的投影图叫旋转剖视图，如图 6-22 所示。

旋转剖视常用于盘类零件，例如凸缘盘、轴承压盖、手轮、皮带轮等，表示孔、槽的形状和分布情形。

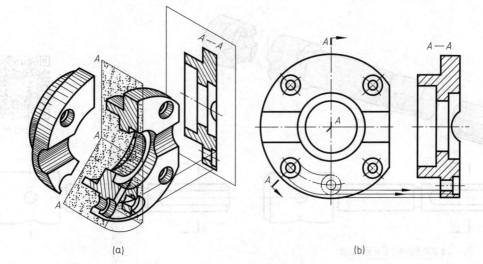

(a)　　　　　　　　　　　(b)

图 6-22　旋转剖视图

第三节　断　面　图

如图 6-23(a) 所示吊钩，它的剖面形状随部位不同而异，图 6-23(b) 画了一个主视图，并用几个剖切平面剖切吊钩，画出不同位置的剖面形状，吊钩的结构就一目了然了。这种假想切断吊钩，只画切口断面形状投影的图形，叫断面图，断面图的画法要遵循 GB/T 17452—1998、GB/T 4458.6—2002 的规定。

断面图按配置位置不同，分别称移出断面图和重合断面图两种。

一、移出断面图

画在视图轮廓线之外的断面图叫移出断面图，它的画法要点如下。

① 移出断面的轮廓线用粗实线，并尽可能画在剖切位置的延长线上，如图 6-24(a) 所示。必要时也可画在图纸的适当位置，如图 6-24(b) 所示。

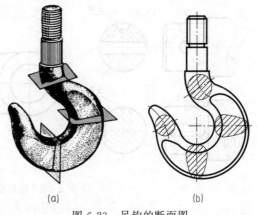

(a)　　　　　　　(b)

图 6-23　吊钩的断面图

② 剖切平面应与被剖切部分的主要轮廓垂直。

③ 当剖切平面通过由回转面形成的圆孔、圆锥坑等结构的轴线时，这些结构应按剖视画出，如图 6-25(a) 所示。

④ 对称的移出断面也可画在视图的中断处，如图 6-25(b) 所示。

⑤ 由两个或多个相交平面剖切得到的移出断面，中间应该断开，如图 6-25(c) 所示。

二、重合断面图

在不影响图形清晰的条件下，断面图也可以画在视图的里面，称为重合断面图，如图 6-26 所示。

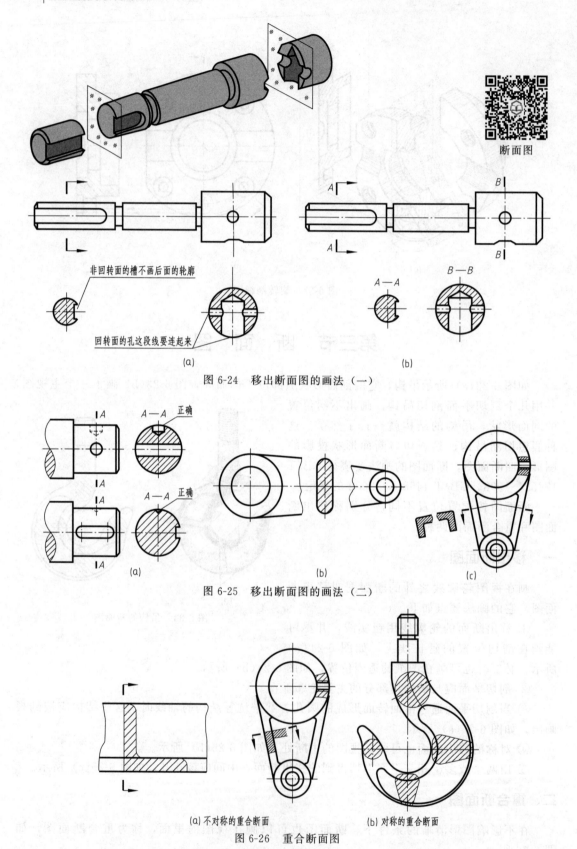

断面图

图 6-24　移出断面图的画法（一）

图 6-25　移出断面图的画法（二）

(a) 不对称的重合断面　　(b) 对称的重合断面

图 6-26　重合断面图

重合断面图的轮廓线用细实线绘制。当视图的轮廓线与重合断面图的图形重叠时，视图的轮廓线仍须完整画出，不可间断。不对称的重合断面须标注剖切符号和箭头，如图 6-26 (a) 所示，对称的重合断面不必标注，如图 6-26(b) 所示。

第四节　局部放大图和简化画法

一、局部放大图

将机件的部分结构用大于原图形所采用的比例画出的图形称为局部放大图，局部放大图的画法要遵循 GB/T 4458.1—2002 的规定。局部放大图可以画成视图、剖视图和断面图，与被放大部分的原表达方式无关。画局部放大图时，要用细实线在视图上圈出放大的部位，并尽量将局部放大图配置在被放大部位附近，在局部放大图上方标出使用的比例。当图形中有几处被放大时，应按图 6-27 所示的方法，用罗马数字依次标明被放大的部位和所采用的比例。

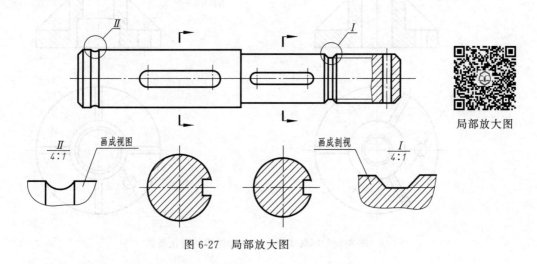

局部放大图

图 6-27　局部放大图

二、简化画法（GB/T 16675.1—2012，GB/T 4458.1—2002）

(1) 机件上的肋、轮辐、均匀孔等结构的画法

① 画剖视图时，对于物体上的肋板、轮辐及薄壁等，若按纵向剖切，这些结构都不画剖面符号，而用粗实线将它们与邻接部分分开。

如图 6-28 中的左视图，当采用全剖视时，剖切平面通过中间肋板的纵向对称平面，在肋板的范围内不画剖面符号，肋板与其他部分的分界处均用粗实线绘出。

② 当回转类零件上均匀分布的肋、轮辐、孔等结构不处于剖切面上时，可将这些结构旋转到剖切面上画出，如图 6-29 所示。

(2) 相同结构要素的简化画法

机件上相同的结构，如孔、槽、齿等，它们都按一定的规律进行分布，绘图时，只需画出几个完整的结构，其余用点画线画出中心位置，注明数量即可，如图 6-30 所示。

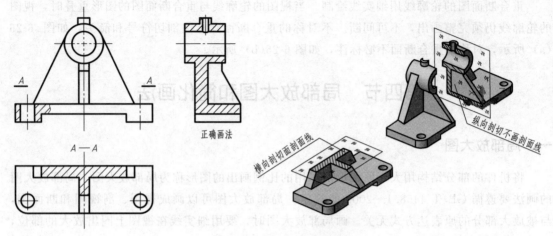

图 6-28　剖视中肋板的画法

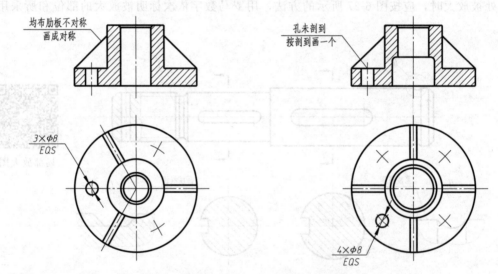

图 6-29　回转类物体上均布结构的简化画法

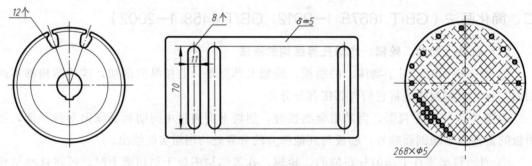

图 6-30　相同结构要素的简化画法

(3) 对称机件的简化画法

对称机件的视图可只画一半或四分之一，在对称线的两端画两条与其垂直的平行细实线，如图 6-31 所示。

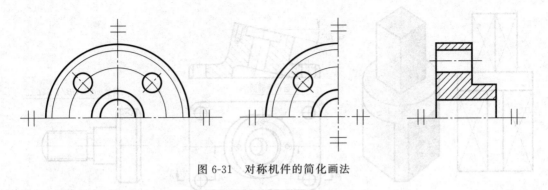

图 6-31　对称机件的简化画法

（4）较长机件的简化画法

较长的机件且沿长度方向的形状一致，或按一定规律变化，例如轴、杆件、型材、连杆等允许断开绘制，但必须按照原来的实际长度注出尺寸，如图 6-32 所示。

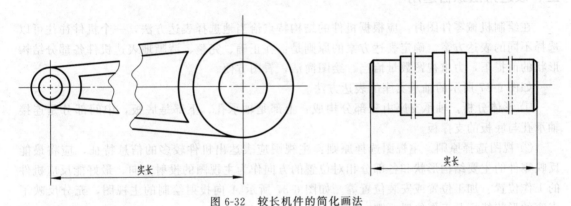

图 6-32　较长机件的简化画法

（5）型材的断裂画法

为了表示断裂结构，实心的圆钢或圆管可采用图 6-33 所示的断裂画法。

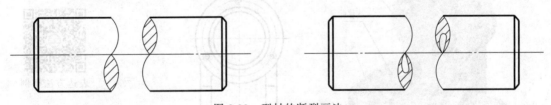

图 6-33　型材的断裂画法

（6）平面的表示法

在需要用符号表示平面的地方，用相交的细实线表示，如图 6-34 所示。

（7）小于或等于 30°圆的简化画法

与投影面倾斜角度小于或等于 30°的圆或圆弧，其投影可用圆或圆弧代替，如图 6-35 所示。

（8）滚花的简化画法

零件上的滚花、槽沟等网状结构，应用细实线完全或部分地表示出来，并在图中按规定标注，如图 6-36 所示。

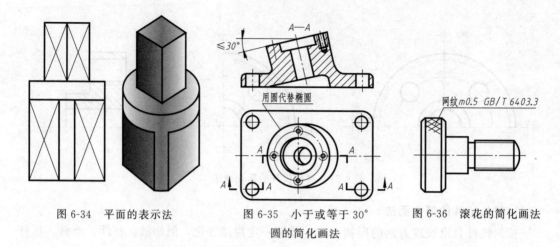

图 6-34　平面的表示法　　图 6-35　小于或等于 30° 圆的简化画法　　图 6-36　滚花的简化画法

三、表达方法综合运用

在绘制机械零件图时，应根据机件的结构特点恰当地选择表达方法，一个机件往往可以选择不同的表达方案。确定表达方案的原则是：在正确、完整、清晰地表达机件各部分结构形状的前提下，力求视图数量恰当、绘图简洁，看图方便。

如图 6-37 所示的轴承支座的表达方法。

① 形体分析。轴承支座由三部分构成：上部是轴承孔，下部是底板，中间部分是连接轴承孔与底板的支撑板。

② 视图选择原则。主视图选择原则：主视图应表达出机件较多的信息特征，应将最能反映零件的主要结构形状和各部分相对位置的方向作为主视图的投射方向，最好能反应机件的工作位置、加工位置或安装位置等。如图 6-37 所示 A 向投射绘制的主视图，充分反映了支座的形状特征及工作位置原则。

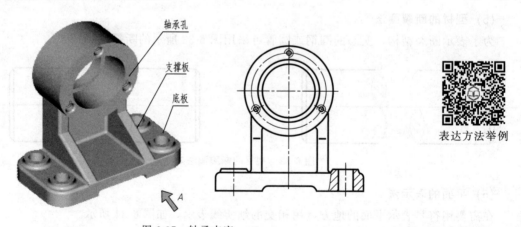

表达方法举例

图 6-37　轴承支座

③ 其他视图的选择原则。在配合主视图完整而清晰地表达出零件结构形状和便于看图的前提下，力求视图数目尽可能少。采用的视图数目不宜过多，以免烦琐、重复，导致主次不分，应尽量避免使用虚线表达机件的轮廓。

④ 表达方案综合比较。视图表达方案往往不是唯一的，需按选择原则考虑多种方案，比较后择优选用。

图 6-38 为轴承支座表达方案。

方案一：采用了两个基本视图、一个局部视图和一个移出断面图。由于轴承支座的外形较简单，所以主视图只采用局部剖视图，表达了支座底板孔的内部结构。支座左右对称，所以左视图采用全剖视图，表达螺孔及支座内部结构。B 向局部视图表达了底板底面的结构形状。A—A 向移出断面图表达了支撑板断面形状。

方案二：采用了三个基本视图，主视图与左视图与方案一一致，不同在于运用一个 B—B 剖切位置的俯视图，既表达底板底面的结构形状，又表达了支撑板断面形状。

根据视图选择原则，采用尽可能少的视图表达最清晰最完整的形状结构，则表达方案二是最优化的。

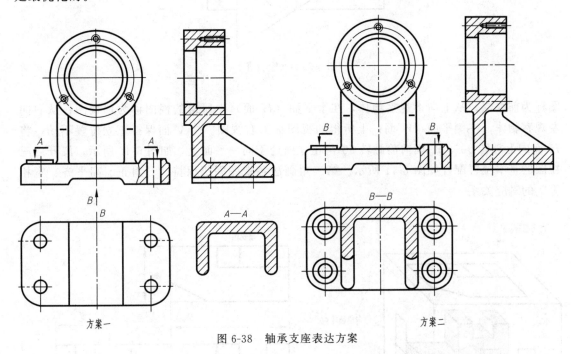

图 6-38　轴承支座表达方案

第五节　第三角画法简介

根据国家标准 GB/T 17451—1998《技术制图　图样画法　视图》规定："技术图样应采用正投影法绘制，并优先采用第一角画法。"虽然世界上大多数国家采用第一角画法，但美国、日本、加拿大等则采用第三角画法。而我们国家标准 GB/T 14692—1993 中规定："必要时（如按合同规定等）允许使用第三角画法"，即第一角画法与第三角画法等效使用。为了便于国际科学技术的交流与协作，有必要对第三角画法作简单介绍。

一、第三角投影原理（GB/T 13361—2012）

三个互相垂直的投影面 V、H、W，将空间划分为八个区域，按顺序分别称为第 Ⅰ～Ⅷ分角，如图 6-39 所示。

将物体置于第三分角，使投影面处于观察者和物体之间（即保持人、面、物的位置关系）进行投射（把投影面看为透明的）。从前向后观察物体，在正平面（V 面）上所得的视

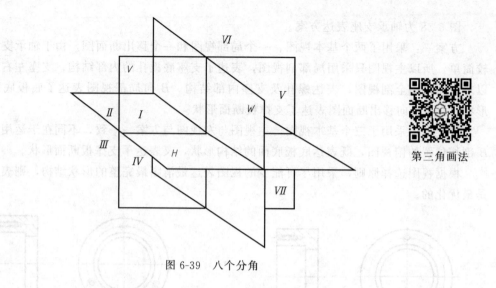

图 6-39 八个分角

第三角画法

图称为前视图；从上向下观察物体，在水平面（H 面）上所得的视图称为顶视图；从右向左观察物体，在侧平面（W 面）上所得的视图称为右视图。令 V 面保持正立位置不动，将 H 面向上翻转 90°、W 面向前翻转 90° 与正立面处于同一平面上，如图 6-40 所示。展开后三视图的基本位置配置如图 6-41 所示。第三角画法各视图间仍保持"长对正、高平齐、宽相等"的对应关系。

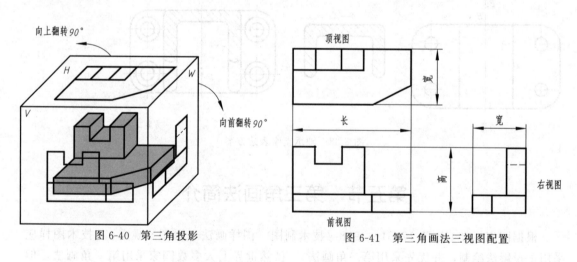

图 6-40 第三角投影

图 6-41 第三角画法三视图配置

二、第三角画法与第一角画法的区别

第三角画法中除了在 V、H、W 三个基本投影面画视图外，即前视图、顶视图和右视图，还可再增加与它们相平行的三个基本投影面进行投影，从后向前投射得到后视图，从下向上投射得到仰视图，从左向右投射得到左视图，然后按图 6-42 所示的方法展开与 V 面成同一平面。展开后的六个基本视图配置如图 6-43（a）所示。

由于第三角画法与第一角画法在各自的投影面体系中"人、物、面"三者的相对位置不同，因而它们在六个基本视图中的配置关系也不同，如图 6-43（b）所示为第一角画法基本视图，由图 6-43 两图中可以较清楚地对比两种投影法的异同。

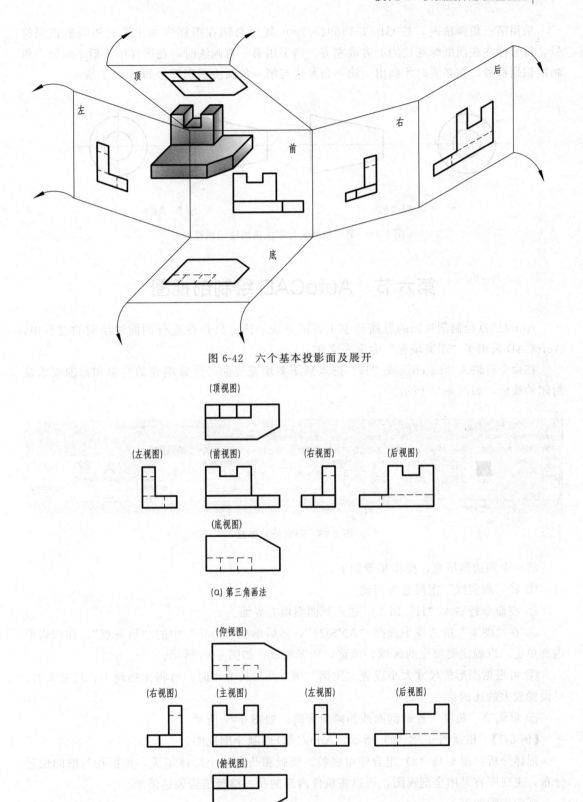

图 6-42 六个基本投影面及展开

(顶视图)

(左视图)　(前视图)　　(右视图)　　(后视图)

(底视图)

(a) 第三角画法

(仰视图)

(右视图)　(主视图)　　(左视图)　　(后视图)

(俯视图)

(b) 第一角画法

图 6-43 第三角画法与第一角画法六个基本视图对比

采用第三角画法时，按 GB/T 14692—2008 规定必须在图样中画出第三角画法识别符号，符号标注在图纸标题栏的上方或左方。当采用第一角画法时，在图样中一般不画第一角画法识别符号，在必要时才画出。第三角画法与第一角画法识别符号如图 6-44 所示。

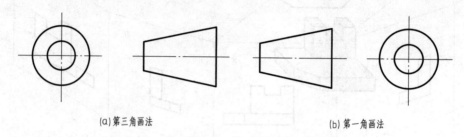

(a)第三角画法　　　　　　　　　(b)第一角画法

图 6-44　第三角画法与第一角画法识别符号

第六节　AutoCAD 绘制剖视图

AutoCAD 绘制剖视图的思路和手工制图方法一样，只是在进行剖面线绘制的过程中，AutoCAD 采用了"图案填充"命令来完成。

在命令行输入"hatch"或"H"进入到图案填充界面。通常填充的对象和范围要求是封闭的线框，如图 6-45 所示。

图 6-45　图案填充界面

将一个四边形填充，操作步骤如下：

① 将"细实线"图层置为当前。

② 在命令行输入"H"回车，进入到图案填充界面。

③ 在"图案"的选择中选择"ANSI31"，然后单击"边界"中的"拾取点"，在四边形内部单击，以确定要填充的区域，预览，回车完成，如图 6-46 所示。

④ 可根据图形的尺寸大小设置"比例"项。图形尺寸小时，可将比例调小，尺寸大时，可设置较大的比例。

⑤ 可调节"角度"控制剖面线的倾斜方向，如图 6-47 所示。

【例 6-1】　根据图 6-48（a）所示，AutoCAD 绘制全剖视图。

形体分析：图 6-48（a）组合体由底板、竖版和凸台三个形体组成，根据孔与槽的位置分布，主视图宜采用全剖视图，可以将机件内部的孔、槽等结构表达清楚。

画图步骤如下：

（1）新建图形文件：单击"新建"图标按钮，选择 acad.dwt 图形样板新建一个图形文件。

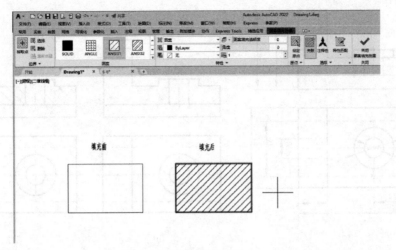

图 6-46　图案填充

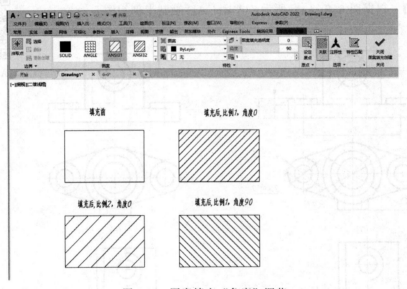

图 6-47　图案填充"角度"调节

（2）设置绘图环境：创建 A4 图幅，设置图层，状态栏的"对象捕捉"和"对象捕捉追踪"打开，设置好绘图环境。

（3）绘制视图。

① 绘制俯视图。分别将图层"粗实线"、"虚线"和"中心线"设为当前层，用"直线"和"偏移"命令绘制基准线，再用"直线"、"圆"等命令完成俯视图的绘制。

② 绘制主视图。分别将图层"粗实线"和"中心线"设为当前层，用"直线"、"偏移"和"修剪"命令绘制外轮廓线，要保证与俯视图长对正，再用粗实线绘制内部轮廓线，如图 6-48（b）所示。

③ 绘制剖面线：单击"绘图"工具栏中的"图案填充"按钮，激活功能区"图案填充创建"选项卡，单击"图案"面板中的 ANSI31 作为填充图案，单击"边界"面板中的"拾取点"按钮，依次在图 6-48（b）所示的三处填充边界内拾取点，单击面板中的"关闭"按钮，完成剖面区域的图案填充，如图 6-48（c）所示。

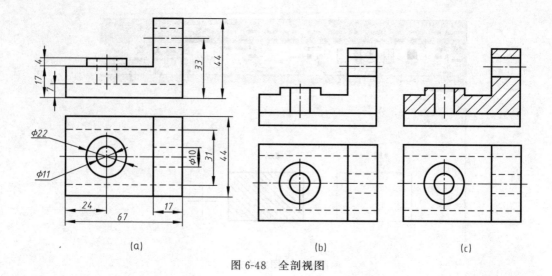

图 6-48　全剖视图

【例 6-2】　根据图 6-49（a）所示，AutoCAD 绘制半剖视图。

CAD 全、半剖

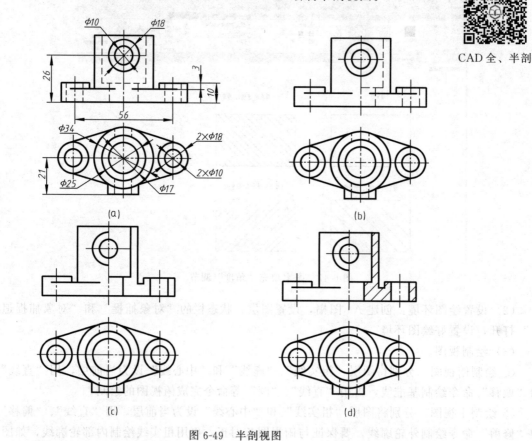

图 6-49　半剖视图

在 AutoCAD 绘制好组合体主、俯视图后，根据半剖对称的特点，以中心线为界，将反映视图一侧的所有虚线都删掉，保留所有的粗实线与中心线，另一侧则按全剖的要求，删掉剖切面前面的粗实线，保留所有外形轮廓和剖开后露出的粗实线，再将所有的虚线转成粗实线，最后在实体部分进行图案填充。作图过程如图 6-49（b）、（c）、（d），命令使用与例 6-1

的全剖视图类似。

【例6-3】 根据图6-50（a）所示，AutoCAD绘制旋转剖视图。

此组合体有公共的旋转中心，主视图宜采用旋转剖，画旋转剖视图的思路可以与手工制图的思路进行逆向操作，这样能加快作图速度。

① 根据尺寸采用绘图和编辑命令绘制组合体的两个视图，然后对俯视图的倾斜部分，用"旋转"命令，指定大圆圆心为基点，再输入"C"选项复制一个倾斜部分，将其旋转到正平面的位置后，再向主视图进行投射。主视图则按旋转后的长对正来对齐剖视，最后再删除俯视图旋转的部分，如图6-50（b）所示。此方法与手工作图的思路一致。

② 根据尺寸采用绘图和编辑命令绘制组合体的两个视图时，先画俯视图，左边两圆的中心距为30，在俯视图左边绘制出水平方向的图形，再向主视图投射，绘制好剖视图，如图6-50（c）所示。最后在俯视图用"旋转"命令把左边的部分逆时针旋转30°到位，如图6-50（d）所示。此方法即与手工做图的思路进行逆向操作。

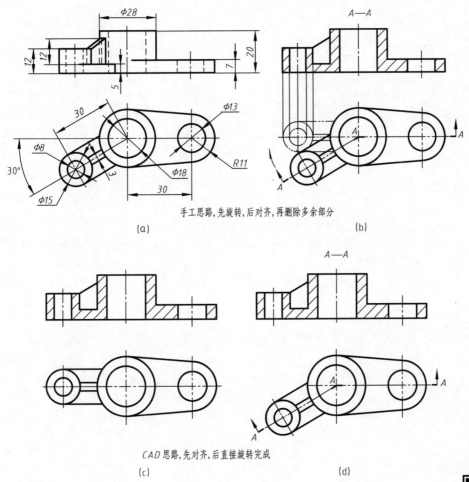

图6-50　旋转剖视图

CAD旋转剖

思政拓展

中国大飞机 C919 是中国首款按照国际通行适航标准自行研制的喷气式中程干线客机，具有自主知识产权。C919 于 2007 年立项，2017 年首飞，2022 年 9 月完成全部适航审定工作后获中国民用航空局颁发的型号合格证，它承载着中国人对"空中梦"的向往，象征着中国航空工业的崛起与腾飞。国产大飞机 C919 设计中，工程师通过多层剖视揭示复杂内部结构，优化零件布局。采用先进气动设计、先进推进系统和复合材料、先进的航电系统以及数字化设计和制造等，碳排放更低、燃油效率更高，并配备了新一代发动机 LEAP-1C，这些技术的成功应用不仅提升了中国在其他领域的创新和发展能力，也证明了我国在航空领域的自主创新能力已经达到了新的高度，也预示着中国在航空领域的竞争力和国际地位将不断提升，将激励中国在未来的航空领域中继续发挥创新精神，实现更多的技术突破和自主创新。

模块七　标准件和常用件

【知识目标】

① 理解螺纹及螺纹紧固件的规定画法、代号和标注方法。

② 熟悉直齿圆柱齿轮的计算及规定画法。

③ 了解普通平键联结、销联结、圆柱螺旋压缩弹簧、滚动轴承的标记、规定画法和简化画法。

【技能目标】

① 掌握国家标准对于螺纹及螺纹紧固件的规定画法及标注。

② 掌握国家标准对于直齿圆柱齿轮及其啮合的规定画法。

③ 具有查阅手册与选型的能力，能通过机械设计手册或标准数据库，根据工况选择合适的标准件型号。

【素质目标】

① 具备贯彻执行制图国家标准和规范基本的工程素养。

② 养成严谨细致的工作态度，追求精益求精的精神。

③ 培养"以标准驱动设计、以规范保障质量"的工程师思维。

图 7-1 所示为一个齿轮油泵的装配图，图中显示了所有零件的分解情况。在这些零件中，泵体、泵盖等是一般零件，螺钉、螺栓、螺母、垫圈、键、销、齿轮等零件是标准件和常用件。它们被广泛应用于各种部件或机器中。

标准件和常用件通用性很强，为了便于专业化批量生产，提高产品质量，降低生产成本，对这些零件的结构、尺寸实行了标准化，故称它们为标准件。另有一些零件，虽然常用到，但国家标准只对其部分结构、尺寸和参数作了规定，如齿轮、弹簧等，称这类零件为常用件。

绘制标准件和常用件的图样时，对这些零件的形状和结构不必按真实投影画出，只要按国家标准规定的画法、代号和标记，进行绘图和标注即可，其具体尺寸可从有关标准中查阅。

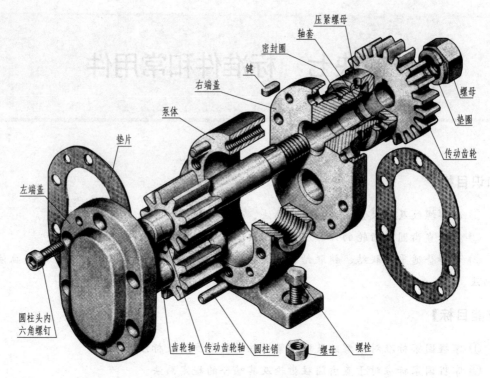

压紧螺母
轴套
密封圈
键
右端盖
泵体
螺母
垫圈
传动齿轮
垫片
左端盖
圆柱头内
六角螺钉
齿轮轴　传动齿轮轴　圆柱销　螺母　螺栓

图 7-1　齿轮油泵的零件分解图

第一节　螺纹和螺纹紧固件

一、螺纹的形成

螺纹是零件上常见的一种结构。螺纹分外螺纹和内螺纹两种，成对使用。在圆柱或圆锥外表面上所形成的螺纹称为外螺纹；在圆柱或圆锥内表面上所形成的螺纹称为内螺纹。图 7-2 所示为制造螺纹的一种方法，即用螺纹车刀在车床上车削螺纹。图 7-3 所示为加工螺纹孔的方法。

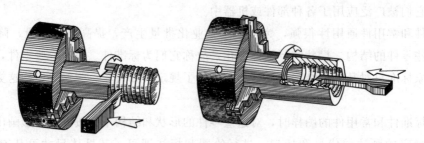

图 7-2　用螺纹车刀在车床上车削螺纹

二、螺纹的基本要素

螺纹的基本要素包括牙型、螺距、导程、公称直径、旋向、线数等。

(1) 牙型

在通过螺纹轴线的断面上，螺纹的轮廓形状称为牙型，如图 7-4 所示。标准牙型有三角形、梯形和锯齿形，非标准螺纹有矩形螺纹。

(2) 公称直径

螺纹直径有大径、中径和小径之分，如图 7-4 所示。

① 大径是指与外螺纹牙顶或内螺纹牙底相切的、假想圆柱或圆锥的直径。外螺纹用 d 表示，内螺纹用 D 表示，螺纹的大径为公称直径。

② 小径是指与外螺纹牙底或内螺纹牙顶相切的、假想圆柱或圆锥的直径。外螺纹用 d_1 表示，内螺纹用 D_1 表示。

③ 中径是指一个假想圆柱或圆锥的直径，该圆柱或圆锥的母线通过牙型上沟槽和凸起宽度相等的地方。外螺纹用 d_2 表示，内螺纹用 D_2 表示。

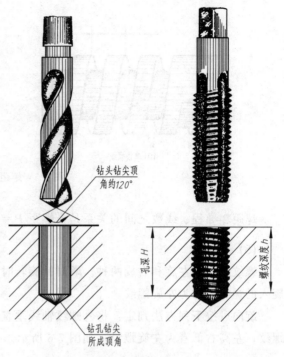

图 7-3 用钻孔和攻丝的方法加工内螺纹

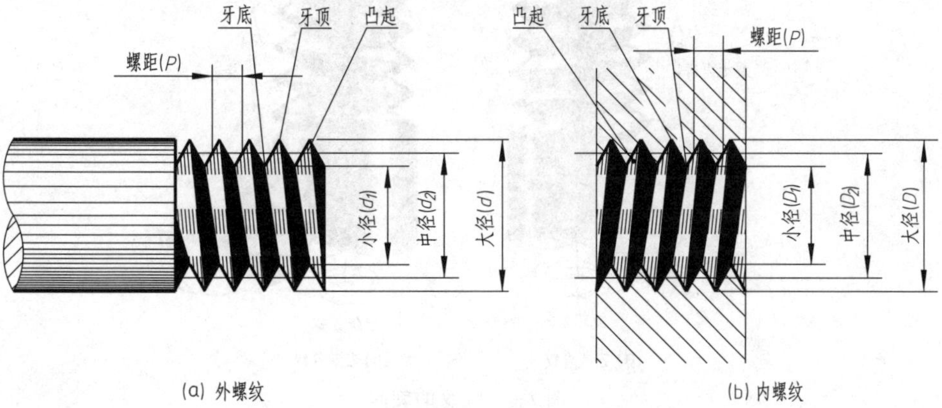

图 7-4 螺纹的各部分名称及代号

(3) 线数 (n)

形成螺纹的螺旋线条数称为线数。螺纹有单线与多线之分。沿一条螺旋线所形成的螺纹称为单线螺纹；沿两条或两条以上在轴向等距分布的螺旋线所形成的螺纹称为多线螺纹。图 7-5(a) 所示为单线螺纹，图 7-5(b) 所示为双线螺纹。

(4) 螺距 (P) 和导程 (S)

螺距是指相邻两牙在中径线上对应两点间的轴向距离；导程是指同一条螺旋线上的相邻两牙在中径线上对应两点间的轴向距离。螺距和导程是两个不同的概念，如图 7-5 所示。

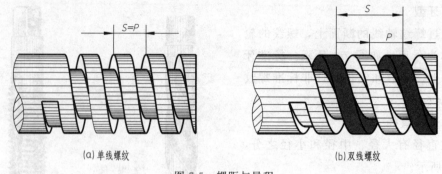

(a)单线螺纹   (b)双线螺纹

图 7-5　螺距与导程

螺距、导程、线数之间的关系是：螺距 $P = \dfrac{\text{导程}\,S}{\text{线数}\,n}$；对于单线螺纹：螺距 $P = $ 导程 S。

(5) 旋向

螺纹旋向有左旋和右旋两种。顺时针旋转时旋入的螺纹，称为右旋螺纹；逆时针旋转时旋入的螺纹，称为左旋螺纹。

旋向可按下列方法判定：将外螺纹轴线垂直放置，螺纹的可见部分是右高左低者为右旋螺纹；左高右低者为左旋螺纹，如图 7-6 所示。

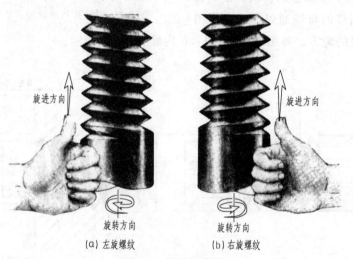

(a) 左旋螺纹   (b) 右旋螺纹

图 7-6　螺纹的旋向

对于螺纹来说，只有牙型、大径、螺距、线数和旋向等诸要素都相同，内、外螺纹才能旋合在一起。

在螺纹的诸要素中，牙型、大径和螺距是决定螺纹结构规格的最基本的要素，称为螺纹三要素。凡螺纹三要素符合国家标准的称为标准螺纹，牙型不符合国家标准的称为非标准螺纹。

三、螺纹的规定画法

1. 外螺纹的规定画法（见图 7-7）

螺纹的真实投影难以画出，国家标准（GB/T 4459.1—1995）规定了螺纹的简化画法，作图时注意以下几点。

① 牙顶圆的投影用粗实线表示，牙底圆的投影用细实线表示（牙底圆的直径通常按牙顶圆直径的 0.85 倍绘制），在螺杆的倒角或倒圆部分也应画出，在垂直于螺纹轴线的投影面的视图中，表示牙底圆的细实线只画约 3/4 圈。此时，螺杆或螺孔上倒角圆的投影，省略不画，如图 7-7(a) 所示。

② 螺纹长度终止线用粗实线表示。

③ 在对螺纹进行剖视时，螺纹的牙顶线要用粗实线画出，垂直螺纹轴线的投影剖视图要画剖面符号，如图 7-7(b) 所示。

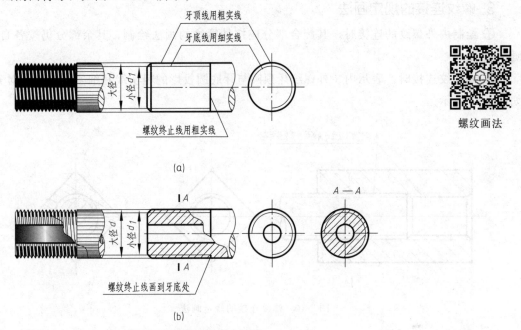

图 7-7　外螺纹的规定画法

2. 内螺纹的规定画法

作图注意以下几点。

① 在剖视或断面中，内螺纹牙顶圆的投影和螺纹长度终止线用粗实线表示，牙底圆的投影用细实线表示，剖面线必须画到粗实线。在垂直于螺纹轴线的投影面的视图中，表示牙底圆的细实线仍画 3/4 圈，倒角圆的投影仍省略不画，如图 7-8 所示。

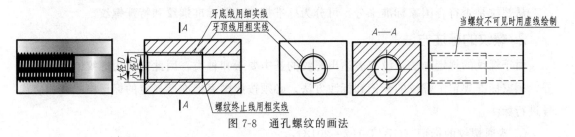

图 7-8　通孔螺纹的画法

② 不可见螺纹的所有图线（轴线除外），均用细虚线绘制。

③ 绘制不穿通的螺孔时，一般应将钻孔深度与螺孔深度分别画出，底部的锥顶角画成

120°，如图 7-9 所示。

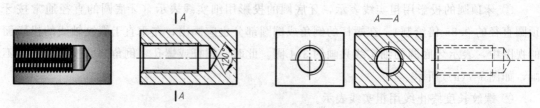

图 7-9　不通孔螺纹的画法

3. 螺纹连接的规定画法

① 绘制内外螺纹的连接时，其旋合部分应按外螺纹的画法绘制，其余部分仍按各自的画法表示。

② 画螺纹连接时，表示内、外螺纹牙顶圆与牙底圆投影的粗实线和细实线应分别对齐，如图 7-10 所示。

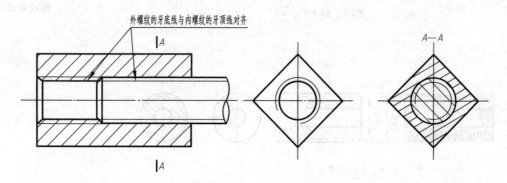

外螺纹的牙底线与内螺纹的牙顶线对齐

图 7-10　螺纹连接的规定画法

四、螺纹的分类和标注

1. 螺纹的分类

从螺纹的结构要素来分：按牙型分有三角形螺纹、梯形螺纹、锯齿形螺纹和矩形螺纹；按线数分有单线和多线螺纹；按旋向分有左旋螺纹和右旋螺纹。

从螺纹的使用功能来分：可分为连接螺纹和传动螺纹。

从螺纹是否符合国家标准来分：可分为标准螺纹、非标准螺纹和特殊螺纹。

2. 螺纹的标注方法

由于螺纹的规定画法，没有表达出螺纹的基本要素和种类，因此需要用螺纹的标记来区分，国家标准规定了螺纹的标记和标注方法，必须按照国家标准所规定的标记格式和相应代号进行标注。

① 普通螺纹的标记（GB/T 197—2018）：

螺纹特征代号　　公称直径×螺距 － 中径公差带　　顶径公差带 － 螺纹旋合长度 － 旋向
　　　　　　└─螺纹代号　　　公差带代号─┘　　　旋合长度代号─┘ 旋向代号─┘

螺纹特征代号为 M。粗牙普通螺纹不标注螺距。左旋螺纹以"LH"表示，右旋螺纹不标注旋向。公差带代号由中径公差带和顶径公差带两组公差带组成。大写字母代表内螺纹，小写字母代表外螺纹。若两组公差带相同，则只写一组。在标注螺纹规格尺寸时，螺纹公差带不允许省略。旋合长度分为短（S）、中等（N）、长（L）三种。一般采用中等旋合长度时可省略不注。详见附表 1。

② 用螺纹密封的管螺纹标记（GB/T 7306.1～7306.2—2000）：

螺纹特征代号 尺寸代号 公差等级代号-旋向代号

螺纹特征代号：Rc 表示圆锥内螺纹，Rp 表示圆柱内螺纹，R 表示圆锥外螺纹。尺寸代号用½，¾，1，1½，…表示，详见附表 2。

③ 非螺纹密封的管螺纹标记（GB/T 7307—2001）：

螺纹特征代号 尺寸代号 公差等级代号-旋向代号

螺纹特征代号用 G 表示。尺寸代号用½，¾，1，1½，…表示，详见附表 2。螺纹公差等级代号：对外螺纹分 A、B 两级标记；因为内螺纹公差带只有一种，所以不加标记。

常用的标准螺纹及标注见表 7-1。

表 7-1 常用标准螺纹标注示例

螺纹类别	特征代号	牙型图示	标注示例	说　明
粗牙普通螺纹	M	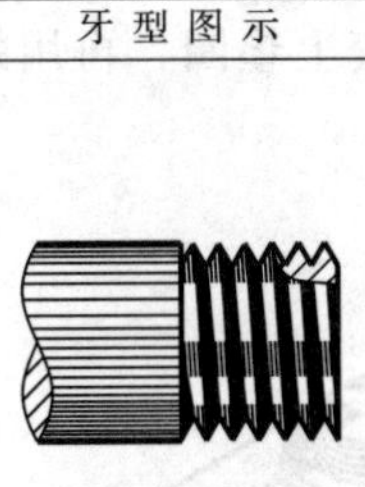	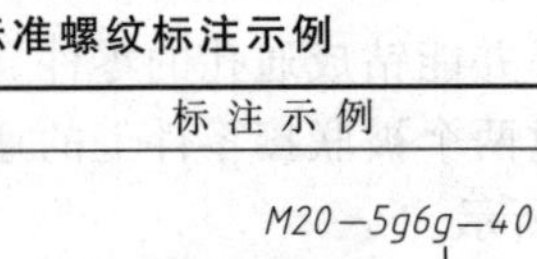 M20—5g6g—40	普通螺纹，公称直径 20mm，粗牙，螺距 2.5mm，右旋；螺纹中径公差带代号 5g，顶径公差带代号 6g；旋合长度为 40mm
细牙普通螺纹		60°	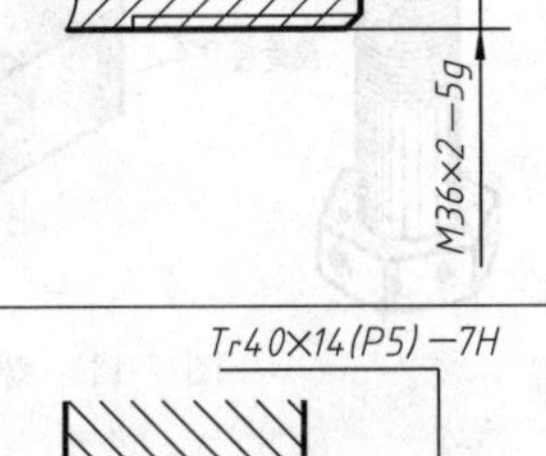 M36×2—5g	普通螺纹，公称直径 36mm，细牙，螺距 2mm，右旋；螺纹中径和顶径公差带代号同为 5g，中等旋合长度
梯形螺纹	Tr	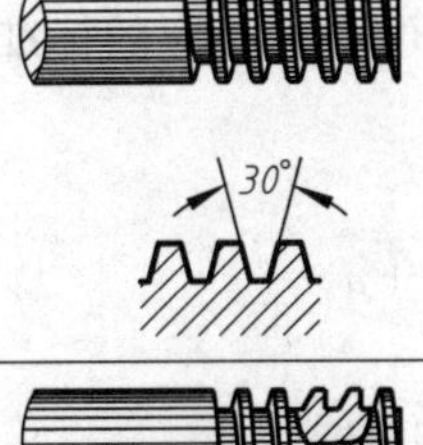 30°	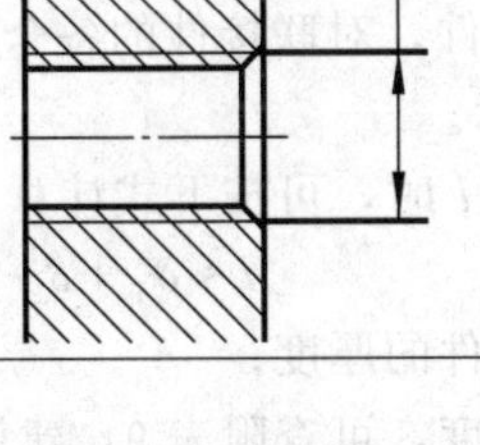 Tr40×14(P5)—7H	梯形螺纹，公称直径 40mm，双线螺纹，导程 14mm，螺距 5mm，右旋，中径公差带代号为 7H，中等旋合长度
锯齿形螺纹	B	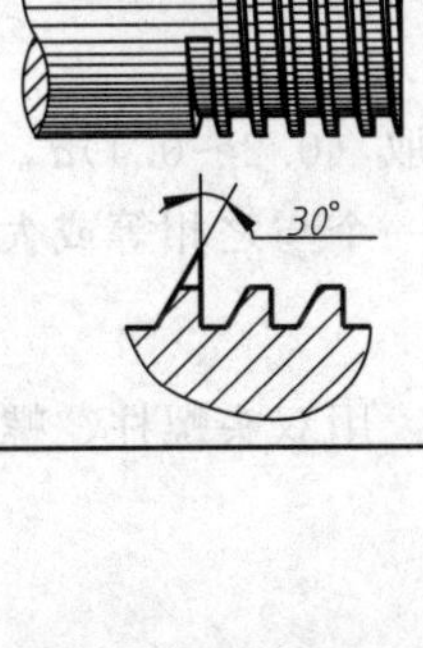 30°	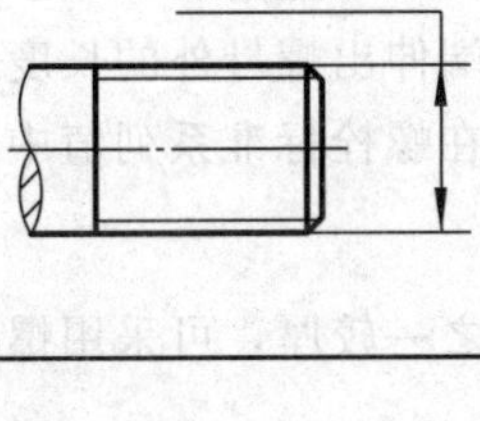 B32×5LH—7e	锯形螺纹，公称直径 32mm，单线，螺距 5mm，左旋，中径公差带代号 7e，中等旋合长度

续表

螺纹类别	特征代号	牙型图示	标注示例	说　明
非螺纹密封的管螺纹	G			非螺纹密封的管螺纹，尺寸代号1，外螺纹公差等级为A级，右旋
用螺纹密封的管螺纹	R Rc Rp	55°	Rc3/4　　　　R3/4	用螺纹密封的管螺纹，尺寸代号3/4，右旋 R 表示圆锥外螺纹 Rc 表示圆锥内螺纹 Rp 表示圆柱内螺纹

五、螺纹紧固件的画法和标注

1. 螺栓联接的画法

螺栓用来联接不太厚并能钻成通孔的零件。螺栓联接通常由被联接件、螺栓、螺母和垫圈组成，螺栓的杆身穿过两个被联接零件上的通孔，套上垫圈，再用螺母拧紧，使两个零件联接在一起，如图7-11所示。

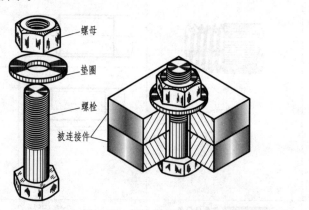

螺纹联接件画法

图 7-11　螺栓联接

由于螺栓联接是标准件，对联接件的各个尺寸，可不按相应的标准数值画出，而是采用近似画法，如图7-12所示。

确定螺栓的公称长度 l 时，可按下式计算：

$$l \approx \delta_1 + \delta_2 + h + m + a$$

式中　　δ_1、δ_2——被联接件的厚度；

h——垫圈厚度，可查附表9，建议取 $0.15d$；

m——螺母高度，可查附表8，建议取 $(0.8 \sim 1)d$；

a——螺栓末端伸出螺母外的长度，一般取 $(0.2 \sim 0.4)d$。

确定螺栓初始值后，在螺栓标准系列值中，选取一个与之相等或大的标准值。

2. 螺柱联接画法

当被联接的两个零件之一较厚，可采用螺柱联接：用双头螺柱、螺母和垫圈将两个零件联接在一起，其联接画法如图 7-13 所示。

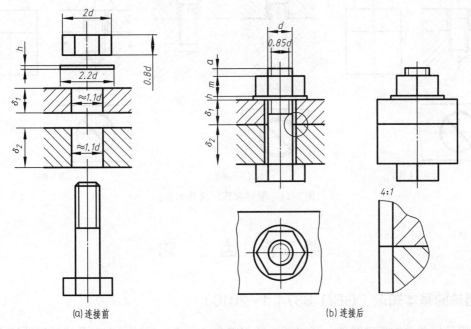

(a) 连接前   (b) 连接后

图 7-12 螺栓联接的近似画法

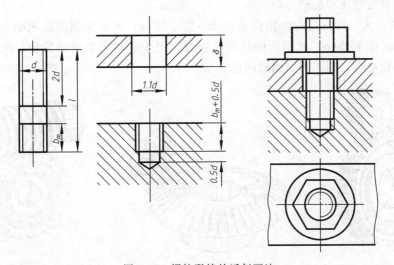

图 7-13 螺柱联接的近似画法

螺柱的有效长度 l 的计算与螺栓有效长度的计算类似，旋入端螺纹长度 b_m，由被联接零件的材料决定：钢 $b_m = d$；铸铁或铜 $b_m = 1.25d \sim 1.5d$；铝 $b_m = 2d$。

3. 螺钉联接

螺钉联接多用在受力不大的零件之间的联接。被联接的零件中一个为通孔，另一个一般为不通的螺纹孔。

螺钉联接的画法，其旋入端与螺栓相同，被联接板孔口画法与螺栓相同，螺钉头部的一字槽可画成一条粗线，俯视图中画成与水平线成 45°、自左下向右上的斜线；螺孔可不画出钻孔深度，仅按螺纹深度画出。其简化画法如图 7-14 所示。

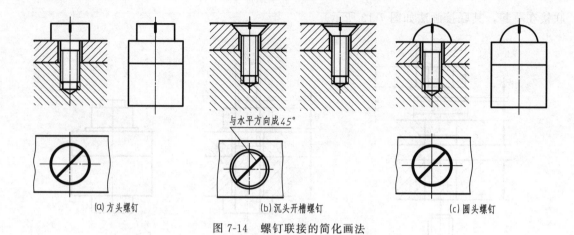

与水平方向成45°

(a)方头螺钉　　　　　　(b)沉头开槽螺钉　　　　　(c)圆头螺钉

图 7-14　螺钉联接的简化画法

第二节　齿　　轮

一、齿轮的基本知识（GB/T 3374.1—2010）

齿轮是机器中的传动零件，通过两齿轮的啮合，可将一根轴的动力及旋转运动传递给另一根轴，也可改变转速和旋转方向。

图 7-15 所示为三种常见的齿轮传动形式。图 7-15（a）所示为圆柱齿轮啮合，用于两平行轴间的传动；图 7-15（b）所示为圆锥齿轮啮合，用于两相交轴间的传动；图 7-15（c）所示为蜗杆与蜗轮啮合，用于两交错轴间的传动。

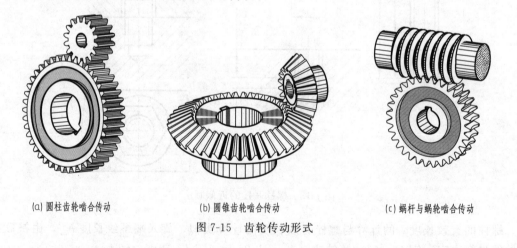

(a)圆柱齿轮啮合传动　　　　　(b)圆锥齿轮啮合传动　　　　　(c)蜗杆与蜗轮啮合传动

图 7-15　齿轮传动形式

二、圆柱齿轮的画法

圆柱齿轮的轮齿有直齿、斜齿、人字齿等，其中最常用的是直齿圆柱齿轮，简称直齿轮。

1. 直齿轮的各部分名称及几何要素代号

如图 7-16 所示，齿轮的各部分名称及代号如下。

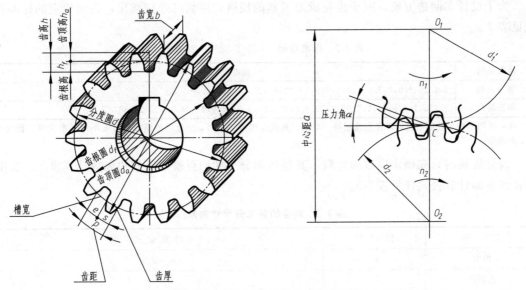

图 7-16　齿轮的各部分名称及代号

① 齿顶圆（d_a）：通过轮齿顶部圆周直径。

② 齿根圆（d_f）：通过轮齿根部圆周直径。

③ 分度圆（d）：圆柱齿轮的分度曲面与端平面的交线，在齿顶圆和齿根圆之间，使齿厚（s）和槽宽（e）相等的圆的直径。

④ 齿顶高（h_a）：齿顶圆与分度圆之间的径向距离。标准齿轮的 $h_a = m$（m 为模数）。

⑤ 齿根高（h_f）：齿根圆与分度圆之间的径向距离。标准齿轮的 $h_f = 1.25m$。

⑥ 齿高（h）：齿顶圆与齿根圆之间的径向距离。

⑦ 齿距（p）：两个相邻而同侧的端面齿廓之间的分度圆弧长。

⑧ 槽宽（e）：齿轮上两相邻轮齿之间的空间称为齿槽。在端平面上，一个齿槽的两侧齿廓之间的分度圆弧长。

⑨ 齿厚（s）：在圆柱齿轮的端平面上，一个齿的两侧端面齿廓之间的分度圆弧长。在标准齿轮中，槽宽与齿厚各为齿距的一半，即 $s = e = p/2$，$p = s + e$。

⑩ 齿宽（b）：齿轮的有齿部位沿分度圆柱面的直母线方向量度的宽度。

⑪ 啮合角和压力角（α）：在一般情况下，两相啮轮齿的端面齿廓在接触点处的公法线，与两节圆的内公切线所夹的锐角，称为啮合角。对于渐开线齿轮，指的是两相啮轮齿在节点上的端面压力角。标准齿轮的啮合角 $\alpha = 20°$。

⑫ 齿数（z）：一个齿轮的轮齿总数。

⑬ 中心距（a）：平行轴或交错轴齿轮副的两轴线之间的最短距离。

⑭ 模数（m）：设齿轮的齿数为 z，由于分度圆的周长 $= \pi d = zp$，所以 $d = (p/\pi)z$。令比值 $p/\pi = m$，则 $d = mz$，m 就是齿轮的模数。

相互啮合的两齿轮，其齿距 p 应相等；由于 $p = m\pi$，因此它们的模数亦应相等。当模数 m 发生变化时，齿高 h 和齿距 p 也随之变化，即：模数 m 愈大，轮齿就愈大；模数 m 愈小，轮齿就愈小。由此可以看出，模数是表征齿轮轮齿大小的一个重要参数，是计算齿轮主要尺寸的一个基本依据。

为了设计和制造方便，减少齿轮成形刀具的规格，模数已经标准化，我国规定的标准模数见表 7-2。

表 7-2 标准模数 （GB/T 1357—2008）

模数系列	标准模数 m
第一系列	1,1.25,1.5,2,2.5,3,4,5,6,8,10,12,16,20,25,32,40.50
第二系列	1.125,1.375,1.75,2.25,2.75,3.5,4.5,5,(6.5),7,9,11,14,18,22,28,36,45

注：选用圆柱齿轮模数时，应优先选用第一系列，其次选用第二系列，括号内的模数尽可能不用。本表没有摘录小于 1 的模数。

设计齿轮时，先确定模数和齿数，其他各部分尺寸均可根据模数和齿数计算求出。标准圆柱齿轮的计算公式详见表 7-3。

表 7-3 轮齿的各部分尺寸关系

名 称	代 号	计 算 公 式
模数	m	$m=d/z$
齿顶高	h_a	$h_a=m$
齿根高	h_f	$h_f=1.25m$
齿高	h	$h=h_a+h_f=2.25m$
分度圆直径	d	$d=mz$
齿顶圆直径	d_a	$d_a=d+2h_a=m(z+2)$
齿根圆直径	d_f	$d_f=d-2h_f=m(z-2.5)$
中心距	a	$a=\dfrac{d_1+d_2}{2}=\dfrac{m(z_1+z_2)}{2}$

2. 直齿轮的规定画法（GB/T 4459.2—2003）

（1）单个齿轮的规定画法

根据国家标准（GB/T 4459.2—2003）规定的齿轮画法，齿顶圆和齿顶线用粗实线绘制；分度圆和分度线用细点画线绘制；齿根圆或齿根线用细实线绘制或省略不画。在剖视中，当剖切平面通过齿轮的轴线时，轮齿一律按不剖处理，齿根线用粗实线绘制，如图 7-17 所示，分别为斜齿、人字齿和直齿的画法。

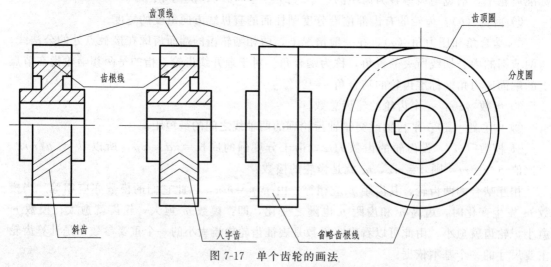

图 7-17 单个齿轮的画法

　　直齿圆柱齿轮零件图如图 7-18 所示，在齿轮零件图中，应包括足够的视图及制造时所需的尺寸及技术要求，如齿顶圆直径、分度圆直径及有关齿轮的基本尺寸必须标注，齿根圆直径规定不标注，并在图样右上角的参数中注写模数、齿数、压力角等基本参数。

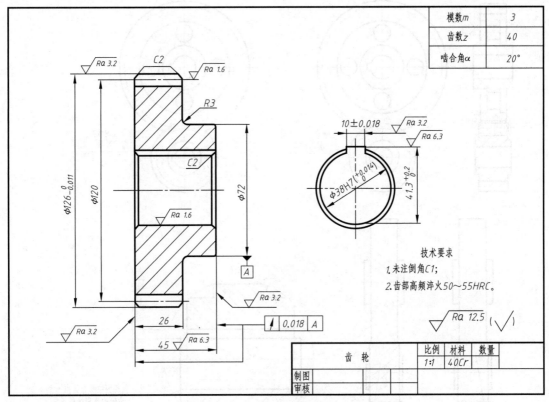

模数m	3
齿数z	40
啮合角α	20°

图 7-18　直齿圆柱齿轮零件图

（2）齿轮啮合时的规定画法

　　在垂直于圆柱齿轮轴线的投影面上的视图中，啮合区内齿顶圆均用粗实线绘制，如图 7-19（a）所示，也可以省略不画，如图 7-19（b）所示。在剖视中，两轮齿啮合部分的分度线重合，用细点画线绘制；在啮合区内，主动轮轮齿的齿顶圆用粗实线绘制，从动轮轮齿的齿顶圆被遮挡的部分用细虚线绘制（也可省略不画），其余部分仍按单个齿轮的规定画法绘制，如图 7-19（a）所示。在非圆投影的外形视图中，啮合区的齿顶线和齿根线不必画出，节线画成粗实线，如图 7-19（c）所示。图 7-19（d）中的放大图形显示啮合区的画法，由于齿根高与齿顶高相差 $0.25m$（模数），因此，一个齿轮的齿顶线与另一个齿轮的齿根线之间应有规定的间隙。

三、锥齿轮简介

　　传递两相交轴（一般两轴交成直角）间的回转运动或动力可用成对的锥齿轮。锥齿轮分为直齿、人字齿和螺旋齿等，如图 7-20 所示。

1. 直齿锥齿轮

　　直齿锥齿轮通常用于垂直相交两轴之间的传动，由于锥齿轮的轮齿是在圆锥面上制出的，因而轮齿一端大，一端小。锥齿轮的轮齿往锥顶逐渐变小，因此锥齿轮的齿高和齿厚以及模数是随其至锥顶的距离而变的，规定大端端面的模数 m 为标准模数来计算轮齿的有关尺寸。锥齿轮各部分几何要素的名称如图 7-21 所示。

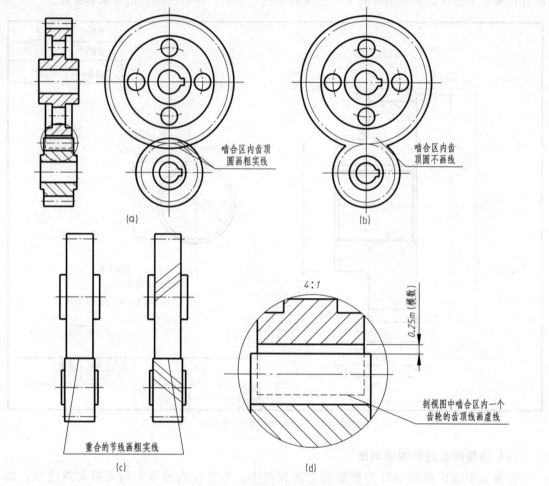

图 7-19　齿轮啮合时的规定画法

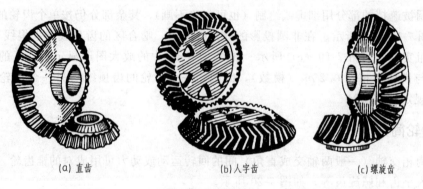

图 7-20　锥齿轮

直齿锥齿轮的主要几何要素的尺寸都与模数 m、齿数 z 及分度圆锥角 δ 有关，锥齿轮各部分尺寸计算如表 7-4 所示。

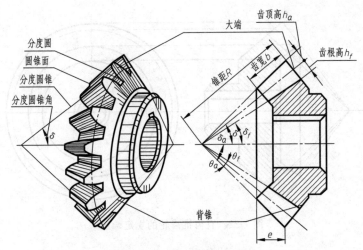

图 7-21　锥齿轮各部分几何要素的名称及代号

表 7-4　直齿锥齿轮各部分尺寸计算

名　称	代号	计　算　公　式
分度圆直径	d	$d=mz$
分度圆锥角	δ	$\delta_1=\arctan z_1/z_2$　　$\delta_2=\arctan z_2/z_1$
齿顶圆直径	d_a	$d_a=m(z+2\cos\delta)$
齿根圆直径	d_f	$d_f=m(z-2.4\cos\delta)$
齿顶高	h_a	$h_a=m$
齿根高	h_f	$h_f=1.2m$
齿高	h	$h=h_a+h_f=2.2m$
外锥距	R	$R=mz/2\sin\delta$
齿顶角	θ_a	$\theta_a=\arctan(2\sin\delta/z)$
齿根角	θ_f	$\theta_f=\arctan(2.4\sin\delta/z)$
齿宽	b	$b\leqslant R/3$

2. 直齿锥齿轮的规定画法（GB/T 4459.2—2003）

① 单个锥齿轮的规定画法：与圆柱齿轮的画法基本相同，如图 7-22 所示。一般用主、左视图表示，主视图为剖视图，左视图中，轮齿的大端和小端的顶圆用粗实线表示，大端的分度圆用点画线表示，不画齿根圆。

② 直齿锥齿轮的啮合画法：啮合部分的画法与圆柱齿轮相同，如图 7-23 所示。主视图为剖视图，左视图不剖，对于标准齿轮，节圆锥面和分度圆锥面、节圆和分度圆是一致的。

四、蜗轮和蜗杆简介

蜗轮蜗杆机构常用来传递两交错轴之间的运动和动力。蜗轮与蜗杆在其中间平面内相当于齿轮与齿条，蜗杆一般为圆柱形，类似梯形螺杆，蜗轮类似斜齿圆柱齿轮。通常蜗杆主动，蜗轮从动，用于减速，可获得较大的转动比，但效率低。蜗杆上只有一条螺旋线的称为

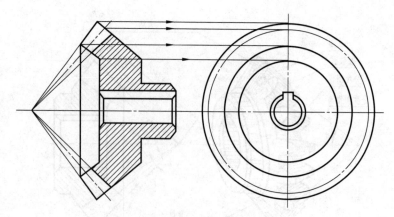

图 7-22 直齿锥齿轮的规定画法

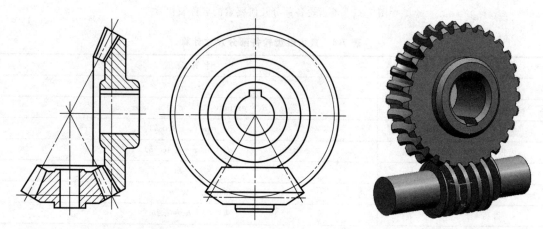

图 7-23 直齿锥齿轮的啮合画法   图 7-24 蜗轮

单头蜗杆，即蜗杆转一周，涡轮转过一齿，若蜗杆上有两条螺旋线，就称为双头蜗杆，即蜗杆转一周，涡轮转过两个齿。为了改善传动时蜗轮与蜗杆的接触情况，通常将蜗轮加工成凹形环面，如图 7-24 所示。

1. 蜗轮、蜗杆的规定画法（GB/T 4459.2—2003）

蜗轮和蜗杆各部分几何要素的代号与规定画法，如图 7-25 所示。蜗轮在剖视图中的画法与圆柱齿轮基本相同，在蜗轮投影为圆的视图中，只画出分度圆与最外圆，不画齿顶圆与齿根圆。蜗杆一般用两个视图表达，蜗杆的齿根圆和齿根线用细实线绘制或省略不画，一般用局剖视图或局剖放大图表达蜗杆的牙型。

2. 蜗轮、蜗杆啮合画法

一对相啮合的蜗轮和蜗杆必须有相等的模数和齿形角，国标规定，在通过蜗杆轴线并垂直于蜗轮轴线的主平面内，蜗杆和蜗轮的模数、齿形角为标准值，其啮合关系相当于齿条与齿轮啮合。其画法如图 7-26 所示，在主视图中，啮合区只画蜗杆，蜗轮被蜗杆遮住的部分不必画出；在左视图，蜗轮的分度圆和蜗杆的分度线相切，蜗轮外圆与蜗杆顶线相交。若采用剖视，蜗杆齿顶线与蜗轮外圆、齿顶圆相交的部分均不画出。

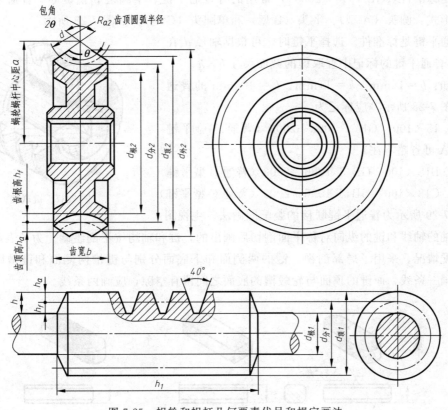

图 7-25 蜗轮和蜗杆几何要素代号和规定画法

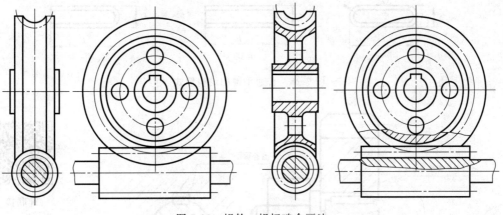

图 7-26 蜗轮、蜗杆啮合画法

第三节 键和销联接

一、键联接

键通常用来联接轴和装在轴上的传动件（如齿轮、皮带轮等），起传递扭矩的作用，如图 7-27 所示。

键是标准件（GB 1096—2003），常用的有普通平键、半圆键和楔键等。普通平键有三种结构形式：圆头（A型）、平头（B型）和单圆头（C型）。如图7-28所示。

普通平键是标准件。选择平键时，可根据轴径 d 在附表10普通平键的标记中查取键的截面尺寸 $b \times h$。

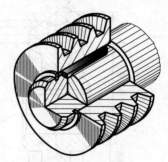

例如：$b = 18mm$、$h = 11mm$、$L = 100mm$ 的普通平键如图7-28所示，应标记为：

键　18×100　GB/T 1096—2003（普通A型平键的型号A可省略不注）

键　B18×100　GB/T 1096—2003（普通B型平键）

键　C18×100　GB/T 1096—2003（普通C型平键）

图7-27　键联接

图7-29所示为普通平键联接的装配图画法，主视图为通过轴的轴线和键的纵向对称平面剖切后画出的，键和轴均按不剖绘制。为了表示键在轴上的装配情况，采用了局部剖视。键的两侧面和下底面分别与键槽两侧面和键槽底面相接触，应画一条线，而键的顶面与轮毂槽的底面之间留有空隙，应画两条线。

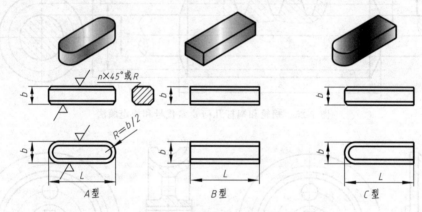

图7-28　普通平键的结构形式

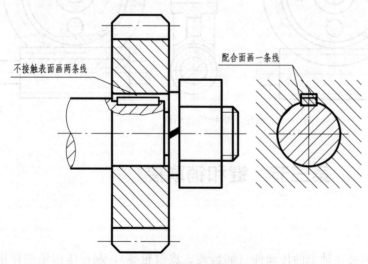

不接触表面画两条线　　配合面画一条线

键联接

图7-29　普通平键联接的装配图画法

二、销联接

销是标准件，通常用于零件之间的联接或定位，见附表 11、12。常用的销有圆锥销、圆柱销、开口销等。开口销是在用带孔螺栓和槽形螺母时，将其插入槽形螺母的槽口和带孔螺栓的孔，并将销的尾部叉开，防止螺母与螺栓松脱。

圆柱销、圆锥销、开口销的主要尺寸、标记和连接画法见表 7-5。

表 7-5 销的种类、尺寸、标记和连接画法

名　　称	形状及尺寸	标　记	连接画法举例
圆柱销		销 GB/T 119.1—2000 Ad×l	
圆锥销		销 GB/T 117—2000 Ad×l	
开口销		销 GB/T 91—2000 d×l	

第四节　弹簧和滚动轴承

一、弹簧

弹簧是一种储能元件，广泛用于减振、夹紧、测力等。弹簧的种类很多，有螺旋弹簧、蜗卷弹簧、板弹簧等，其中圆柱螺旋弹簧用途较广。

圆柱螺旋弹簧是由金属丝绕制而成的。根据用途不同可分为三种型式：拉伸弹簧、压缩弹簧和扭转弹簧。如图 7-30 所示。

1. 圆柱螺旋弹簧的主要参数

具体参数如下，如图 7-31 所示。

① 簧丝直径 d：制造弹簧所用钢丝的直径。

② 弹簧外径 D：弹簧的最大直径。

③ 弹簧的内径 D_1：弹簧的最小直径。

④ 弹簧的中径 D_2：过簧丝中心假想圆柱面的直径，$D_2 = D - d$。

⑤ 节距 t：相邻两有效圈上对应点间的轴向距离。

⑥ 圈数：弹簧中间节距相同的部分圈数称为有效圈数（n）；弹簧两端磨平并紧部分的圈数称为支承圈数（n_2），有 1.5 圈、2 圈和 2.5 圈三种。弹簧的总圈数 $n_1 = n + n_2$。

⑦ 自由高度 H_0：在弹簧不受力时，弹簧的高度，$H_0 = nt + (n_2 - 0.5)d$。

⑧ 弹簧展开长度 L：制造弹簧用的簧丝长度，$L \approx n_1 \sqrt{(\pi D_2)^2 + t^2}$。

⑨ 旋向：分为左旋和右旋。

图 7-30   圆柱螺旋弹簧

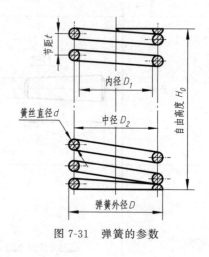

图 7-31   弹簧的参数

2. 圆柱螺旋弹簧的规定画法

国家标准 GB/T 4459.4—2003 规定了弹簧的画法，圆柱螺旋弹簧可画示意图、视图或剖视图如图 7-32 所示。

画图时，应注意以下几点：

① 当簧丝直径在图上小于或等于 2mm 时，可采用示意画法，如图 7-32(a) 所示。

② 圆柱螺旋弹簧在平行于轴线的投影面上的视图中，各圈的投影转向线轮廓应画成直线，如图 7-32(b)、(c) 所示。

③ 有效圈数在四圈以上的螺旋弹簧，中间各圈可省略不画，当中间部分省略后，可适当缩短图形的长度，如图 7-33(a)、(b) 所示。

④ 右旋弹簧或旋向不作规定的螺旋弹簧，在图上画成右旋。左旋弹簧允许画成右旋，但左旋弹簧不论画成左旋或右旋，一律要加注"LH"。

⑤ 在装配图中，弹簧被挡住的结构一般不画出，可见部分应从弹簧的外轮廓线或从弹簧钢丝剖面的中心线画起，如图 7-33(a) 所示。弹簧被剖切时，如弹簧钢丝剖面的直径，在

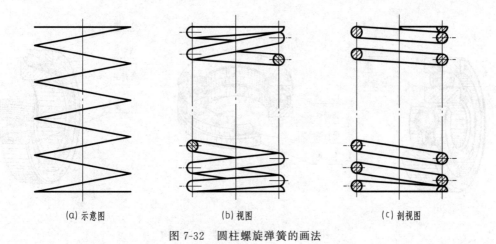

(a) 示意图　　　　　　(b) 视图　　　　　　(c) 剖视图

图 7-32　圆柱螺旋弹簧的画法

图形上等于或小于 2mm 时，剖面可以涂黑表示，如图 7-33(b) 所示。当弹簧直径过小时，或是装配中只表达弹簧的位置，可按示意图画出，如图 7-33(c) 所示。

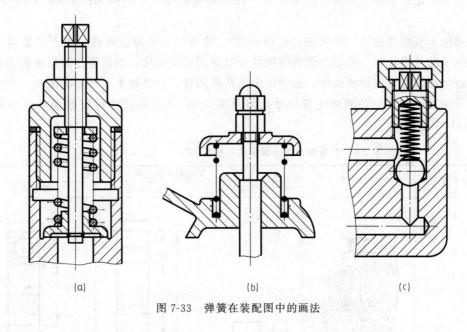

(a)　　　　　　　　　(b)　　　　　　　　　(c)

图 7-33　弹簧在装配图中的画法

二、滚动轴承

滚动轴承是支承转运轴的标准部件。由于滚动轴承可以极大地减少轴与孔相对旋转时的摩擦力，具有结构紧凑、机械效率高等优点，所以得到广泛使用。

1. 滚动轴承的类型和结构

滚动轴承一般由内圈、滚动体、保持架、外圈四部分组成。滚动轴承的类型按承受载荷的方向可分为三类。

① 向心轴承：如图 7-34(a) 所示，它主要承受径向载荷，如深沟球轴承。

② 推力轴承：如图 7-34(b) 所示，只承受轴向载荷，如推力球轴承。

③ 向心推力轴承：如图 7-34(c) 所示，同时承受径向和轴向载荷，如圆锥滚子轴承。

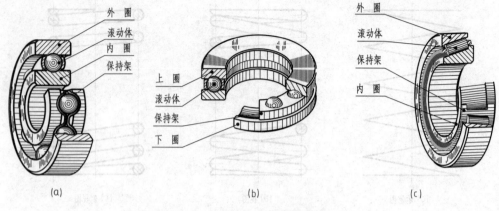

图 7-34 滚动轴承的类型和结构

2. 滚动轴承表示法

滚动轴承是标准件,不需要画零件图。在绘制装配图时,可按 GB/T 4459.7—2017 规定来画。

滚动轴承表示法包括三种画法:通用画法 、特征画法和规定画法。当不需要确切地表示滚动轴承的外形轮廓、承载特性和结构特征时采用通用画法;当需要比较形象地表示滚动轴承的结构特征时采用特征画法;滚动轴承的产品图样、产品样本、产品标准和产品使用说明书中采用规定画法。各种画法及尺寸比例见表 7-6。其各部尺寸可根据轴承代号由标准(附表 13)中查得。

表 7-6 常用滚动轴承表示法(摘自 GB/T 4459.7—2017)

轴承类型	结构型式	滚动轴承在所属装配图中的画法		
		通用画法	特征画法	规定画法
深沟球轴承 (GB/T 276—2013)				
推力球轴承 (GB/T 301—2015)				

续表

轴承类型	结构型式	滚动轴承在所属装配图中的画法		
		通用画法	特征画法	规定画法
圆锥滚子轴承 (GB/T 297—2015)	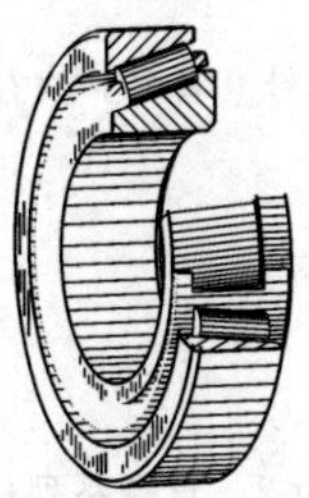	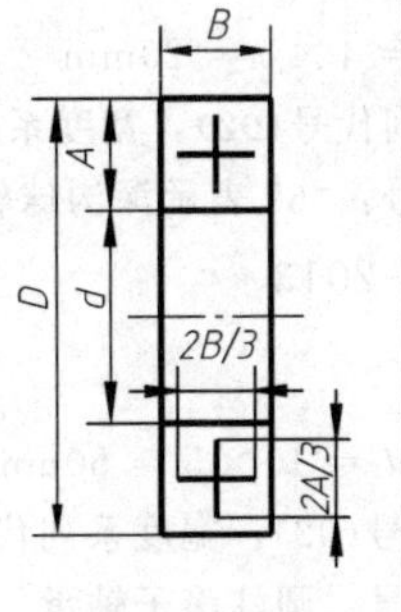	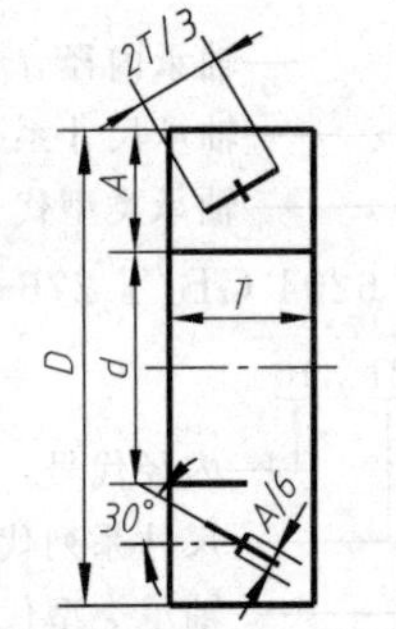	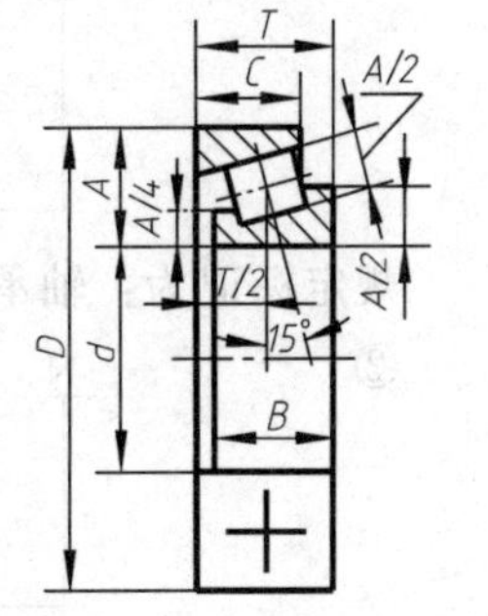

三、滚动轴承的基本代号（GB/T 272—2017）

滚动轴承的基本代号由前置代号、基本代号和后置代号构成。前置、后置代号是在轴承结构形状、尺寸和技术要求等有改变时，在其基本代号前后添加的补充代号。补充代号的规定可在国标中查得。滚动轴承基本代号表示轴承的基本类型、结构和尺寸。

① 轴承类型代号：轴承类型代号用数字或字母来表示，见表 7-7。

表 7-7　滚动轴承类型代号

代号	轴承类型	代号	轴承类型
0	双列角接触球轴承	6	深沟球轴承
1	调心球轴承	7	角接触球轴承
2	调心滚子轴承和推力调心滚子轴承	8	推力圆柱滚子轴承
3	圆锥滚子轴承	N	圆柱滚子轴承
4	双列深沟球轴承	U	外球面球轴承
5	推力球轴承	QJ	四点接触球轴承

② 尺寸系列代号：尺寸系列代号由轴承的宽（高）度系列代号和直径系列代号组合而成，可查附表 13。

③ 内径代号：内径代号表示轴承的公称直径，一般用两位阿拉伯数字表示。其表示方法见表 7-8。

表 7-8　滚动轴承内径代号

轴承公称内径/mm		内　径　代　号
0.6~10（非整数）		用公称直径毫米数直接表示，与尺寸系列代号之间用"/"分开
1~9（整数）		用公称内径毫米数直接表示，对深沟及角接触球轴承 7、8、9 直径系列，内径与尺寸系列代号之间用"/"分开
10~17	10	00
	12	01
	15	02
	17	03
20~480（22、28、32 除外）		用公称内径除以 5 的商数表示，商数为个位数时，需在商数左边加"0"，如 08
≥500 以及 22、28、32		用公称内径毫米数直接表示，在尺寸系列代号之间用"/"分开

例如：

① 滚动轴承 6204。

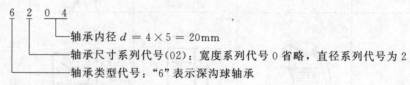

规定标记为：轴承 6204 GB/T 276—2013

②

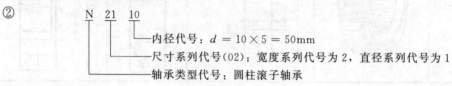

规定标记为：轴承 N2110　GB/T 283—2015

 思政拓展

　　螺纹联接件在机器中无处不在，螺钉虽小，作用不可估量。从二十世纪七十年代的上海牌手表、永久牌凤凰牌自行车、蝴蝶牌缝纫机等曾经是"中国制造"品质的代名词，到现代的神舟飞船载人上天、天宫空间站这些大国重器，机器的组装与运行都离不开小小的螺钉。如何提升产品质量、打造制造强国，须有勇于探索和精益求精等为精神内核的大国工匠精神。

模块八 零件图

【知识目标】

① 了解零件图的内容和作用，熟悉零件图的尺寸标注及技术要求的基本概念和注写。

② 熟悉典型零件的结构特点和表达方法，了解零件上常见工艺结构的用途。

③ 了解零部件测绘的要求、内容和步骤。

【技能目标】

① 能正确绘制零件图，并能标注零件图中的尺寸公差、形位公差和表面结构，能识读中等复杂程度的零件图。

② 能熟练应用 AutoCAD 绘制零件图，能通过三维模型关联生成二维工程图，并实现尺寸驱动更新（参数化设计）。

③ 具有读图与逆向建模能力，能通过零件图还原物体的三维实体结构。

【素质目标】

① 具备工程规范与责任意识，塑造"以规范保障质量、以细节成就专业"的工程师素养。

② 培养设计-制造一体化思维。

任何一台机器或部件，都是由许多零件按一定要求装配而成的。在制造机器时，必须先根据每个零件的形状、尺寸和技术要求，制造出全部零件，然后再进行组装成型。表示零件结构、大小和技术要求的图样称为零件图。根据零件形状和结构的特点，通常可分为轴类零件、盘盖类零件、叉架类零件、箱体类零件等。

第一节 识读零件图及视图选择

一、零件图的内容

零件图必须包括制造和检验零件时所需的全部资料。如图 8-1 所示齿轮轴的零件图，从中可以看出，一张零件图应具备以下内容。

① 一组视图：用一定数量的视图、剖视、断面、局部放大图等，完整、清晰地表达出零件的结构形状。图 8-1 用一个符合加工位置的主视图和一个反映键槽位置和大小的断面图将齿轮轴的形状完全表达清楚。

② 足够的尺寸：正确、完整、清晰、合理地标注出零件在制造、检验时所需的全部尺寸。通过直径尺寸的标注，既能确定尺寸大小，又能决定几何形状。

③ 必要的技术要求：用规定的代号和文字，注出零件在制造和检验中应达到的各项质量要求。如表面结构要求、极限偏差、形状和位置公差、热处理要求等。

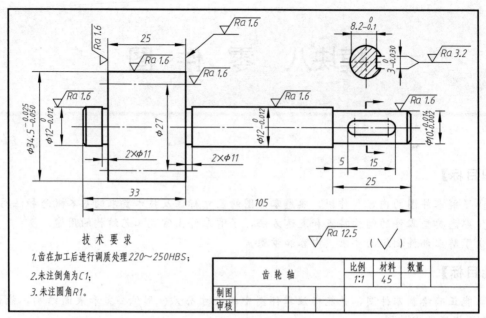

图 8-1 齿轮轴零件图

④ 标题栏：填写零件的名称、材料、数量、比例及责任人签字等。

二、零件图的视图选择

把零件的内外结构形状正确、完整、清晰地表达出来，使之便于看图、画图和加工。表达方案的好坏，关键在于能否针对零件的结构特点，恰当地选用视图、剖视图、断面图等各种表达方法，即合理选择主视图及其他视图。

1. 主视图的选择

零件的主视图是最重要的一个视图，选择是否恰当，直接关系到看图和绘图是否方便、关系到能否简便地把零件的结构表达清楚。选择主视图应遵循以下原则：

(1) 形状特征原则

所选择的主视图应最能反映零件的结构形状特征，即合理选择其投影方向。应将最能反映零件的主要结构形状和各部分相对位置的方向，作为主视图的投射方向。如图 8-2 中的汽车刹车分泵泵体的主视图的投射方向，最能反映形体特征及结构位置特征，由此画出的主视图能将该零件的形状特征充分地显示出来。

(2) 加工位置原则

加工位置是指零件在加工时所处的位置。在确定零件的安放位置时，应使主视图尽量与其主要加工工序的位置一致，以便于加工时看图。如图 8-3 所示，轴类零件主要是在车床上加工，故这类零件的主视图应将其主要轴线水平放置，其他结构可以用断面图和局部剖视图等辅助视图将轴类清晰、完整、正确地表达出来。

(3) 工作位置原则

根据零件平时的工作位置，所选择的主视图尽量符合零件在工作中所处的位置。零件主视图的位置，应尽量与零件在机器中所处的位置一致，以便于读图时将零件和整台机器联系起来，想象零件在工作中的位置和作用，如图 8-4 中的吊钩和汽车前拖钩。

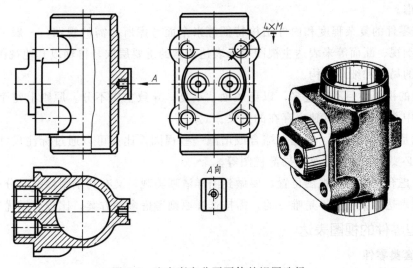

图 8-2　汽车刹车分泵泵体的视图选择

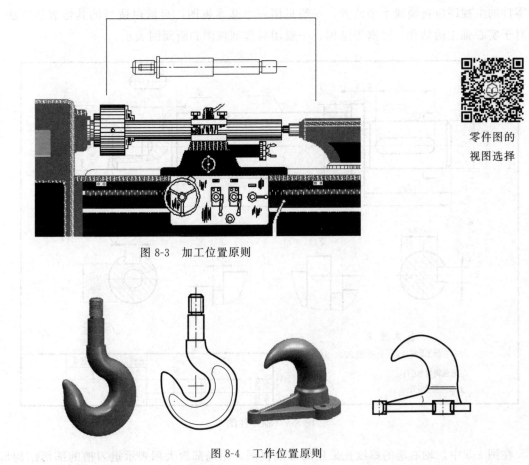

零件图的
视图选择

图 8-3　加工位置原则

图 8-4　工作位置原则

2. 其他视图的选择

　　其他视图的选择原则是在配合主视图完整而清晰地表达出零件结构形状和便于看图的前提下，力求视图数目尽可能少。因此，在主视图确定后，对其他视图的选择应着重从以下几个方面来考虑。

① 根据零件的复杂程度和内外结构特征等来全面考虑所必需的视图。一般采用其他视图，并结合剖视、断面等来表达主视图中未表达清楚的重要层次，再辅以其他视图表达一些未表达清楚的局部和细小结构。

② 采用的视图数目不宜过多，以免烦琐、重复，导致主次不分。原则上每个视图都有各自的表达中心，使之具有独立存在的意义。

③ 考虑是否可以省略、简化、综合或增减一些视图，比如可以通过标注尺寸来减少视图或把没有必要的基本视图改为局部视图等。

④ 要考虑合理地布置视图位置，要做到图样清晰美观，又有利于图幅的充分利用。

⑤ 视图表达方案往往不是唯一的，需按选择原则考虑多种方案，比较后择优选用。

3. 典型零件的视图表达

(1) 轴套类零件

如图 8-5 所示的轴的零件图，轴类零件是回转类零件，主要在车床上加工。因此，轴套类零件的主视图应将轴线水平放置，一般只用一个基本视图，再辅以适当的其他表达方法。而对于实心轴上的钻孔、键槽等结构，一般用局部剖视图和断面图表示。

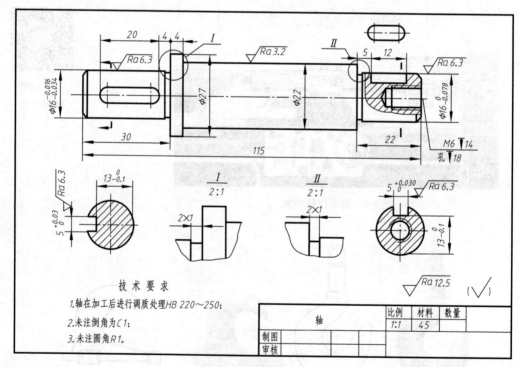

图 8-5 轴零件图

在图 8-5 中，轴右端的螺纹孔采用局部剖视图，用局部放大图表示退刀槽的细部结构形状，断面图表示轴上键槽深。

(2) 盘盖类零件

盘盖类零件主要有齿轮、带轮、手轮、法兰盘及端盖等。此类零件的基本形状多为扁平的盘（板）状，并常带有肋、孔、槽、轮辐等结构。盘盖类零件主要在车床上加工。

如图 8-6 所示为法兰盘零件图，主视图按加工位置将其以轴线水平放置画出，由于外形简单，因此采用相交剖切平面剖切的全剖视反映其内部结构。此外采用左视图表达零件沿圆周均匀分布的孔以及外形等结构。

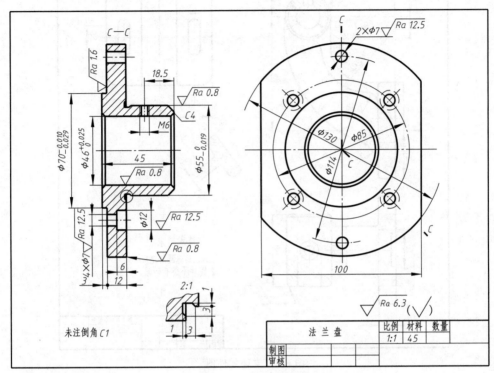

图 8-6　法兰盘零件图

(3) 叉架类零件

叉架类零件主要有拨叉、连杆、拉杆、支架等，其结构形状比较复杂，常带有倾斜部分或弯曲部分。此类零件的毛坯为铸件或锻件，需经多种机械加工才能得到最终成品。叉架类零件的主视图主要按工作位置或安放时平稳的位置放置，并选择最能反映形状特征的方向作为主视图的投射方向。除主视图外，还需用斜视图、局部视图、局部剖视图、断面图等表达方法才能将零件表达清楚。

图 8-7 所示为支架的零件图，采用了主、俯两个基本视图，另外还采用了一个局部视图和一个移出断面图。主视图按形状特征及工作位置画出，清楚地反映了组成该零件的轴承孔、底板、肋板三部分的形状及相对位置。为了表示支架这三个部分的宽度及前后方向的位置关系，可选用俯视图或左视图，图中采用了俯视图；用 A 向局部视图表达安装板左端面的形状；为表达肋板的断面形状采用了移出断面图；为表达轴承上孔的内部形状，在主、俯视图中均作了局部剖视。

(4) 箱体类零件

箱体类零件主要有泵体、阀体、机座等，在机器或部件中用于容纳和支承其他零件，是机器或部件的主体。此类零件的结构形状比较复杂，毛坯多为铸造而成，需经多道工序加工。箱体类零件的主视图主要应根据形状特征及工作位置考虑，一般需用几个基本视图再配以其他辅助视图，才能将零件表达清楚。图 8-8 所示为齿轮油泵泵体零件图。

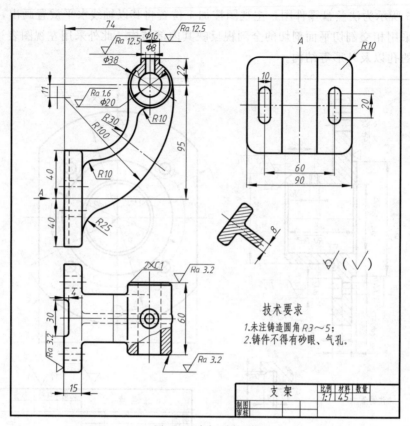

图 8-7　支架零件图

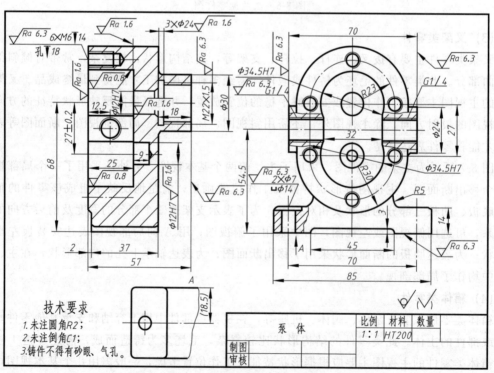

图 8-8　齿轮油泵泵体零件图

第二节 零件图的尺寸标注

一、零件图上尺寸标注的要求

零件图上的尺寸标注是零件图的主要内容之一，是加工和检验零件的重要依据。因此，在零件图上标注尺寸应做到正确、完整、清晰和合理。

所谓合理标注尺寸是指标注尺寸时应符合设计要求和生产工艺要求。合理标注零件尺寸，需要生产实践经验和有关机械设计、加工等方面的知识。

二、正确地选择尺寸基准

要合理标注尺寸，必须恰当地选择尺寸基准，即尺寸基准的选择应符合零件的设计要求并便于加工和测量。尺寸基准即标注尺寸的起始点，零件的底面、端面、对称面、主要的轴线、中心线等都可作为基准。

1. 设计基准

根据零件的结构和设计要求而确定的基准为设计基准。

图 8-9 所示为轴承座。尺寸 40 ± 0.02 以底面 A 为高度方向的基准，以保证轴承孔到底面的高度。其他高度方向的尺寸，如 58、10、12 均以 A 面为基准。

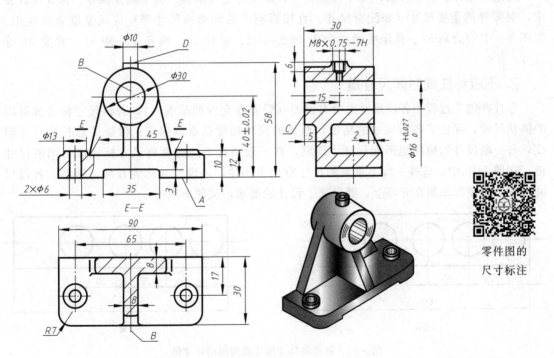

图 8-9 轴承座的尺寸基准

在标注底板上两孔的定位尺寸时，长度方向应以底板的对称面 B 为基准，以保证底板上两孔的对称关系，如图中尺寸 65。

底面 A 和对称面 B 都是满足设计要求的基准，是设计基准。

2. 工艺基准

根据零件在加工和测量等方面的要求所确定的基准为工艺基准。轴承座上方螺孔的深度尺寸，若以轴承底板的底面 A 为基准标注，就不易测量。应以凸台端面 D 为基准标注尺寸 6，这样，测量就较方便，故平面 D 是工艺基准。

标注尺寸时，应尽量使设计基准与工艺基准重合，使尺寸既能满足设计要求，又能满足工艺要求。如图 8-9 中基准 A 是设计基准，加工时又是工艺基准。二者不能重合时，主要尺寸应从设计基准出发标注。

3. 主要基准与辅助基准

每个零件都有长、宽、高三个方向的尺寸，每个方向至少有一个尺寸基准，且都有一个主要基准，即决定零件主要尺寸的基准。如图 8-9 中底面 A 为高度方向的主要基准，对称面 B 为长度方向的主要基准，端面 C 为宽度方向的主要基准。

为了便于加工和测量，通常还附加一些尺寸基准，这些除主要基准外另选的基准为辅助基准。辅助基准必须有尺寸与主要基准相联系。如图 8-9 中高度方向的主要基准是 A，而 D 为辅助基准（工艺基准），辅助基准与主要基准之间联系尺寸为 58。

三、标注尺寸的注意事项

1. 零件的重要尺寸应从基准直接注出

无论采用什么加工方法，都不可能把零件加工得绝对准确。为了减少误差，保证设计要求，对零件的重要尺寸（如配合尺寸、直接影响产品性能的尺寸等）应从基准直接注出。如图 8-9 中的总高 58、孔距底面的距离 40 ± 0.02、总长 90、两孔中心距 65、总宽 30 等尺寸。

2. 不应标注成封闭尺寸链

零件在加工过程中各段尺寸总会有误差（误差在允许的范围内），若将尺寸标注成封闭的链状尺寸，保证了各段尺寸的精度，总长的尺寸精度就难以保证；保证了总长的尺寸精度，每一段尺寸的精度也不能保证。因此，在一般情况下应避免将尺寸标注成封闭的尺寸链。在图 8-10 中，选择一段不重要的尺寸空出来不注，该段尺寸称为开环，这样，各段尺寸的加工误差都积累在开环上，既保证了设计的要求，又便于加工。

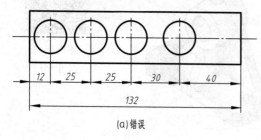
(a)错误

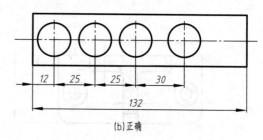
(b)正确

图 8-10　避免将尺寸标注成封闭的尺寸链

3. 加工方法符合加工顺序

如图 8-11 所示的轴的尺寸标注完全符合轴的加工顺序，这样，从下料到每一步加工工序，都可以从图中的尺寸直接看出。

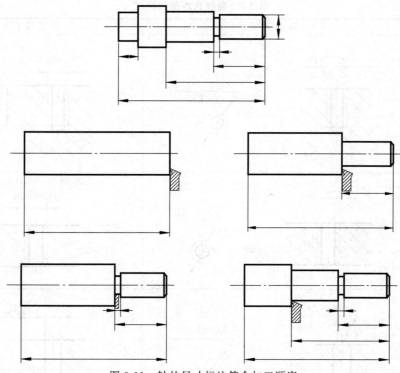

图 8-11　轴的尺寸标注符合加工顺序

4. 测量方便

如图 8-12 所示，图（a）、（c）断面内键槽便于直接测量和加工。图（b）便于测量，也便于调整刀具的进给量。

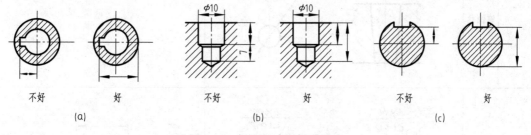

不好　　　好　　　　　　不好　　　　好　　　　　　不好　　　　好

（a）　　　　　　　　　（b）　　　　　　　　　（c）

图 8-12　标注尺寸应便于测量

四、零件上常见结构的尺寸标注

国家标准《技术制图简化表示法》中要求标注尺寸时，应尽可能使用符号和缩写词。常用的符号和缩写词见表 8-1。零件上常见的光孔、锪平孔、沉孔、螺孔等结构，可参照表 8-2 标注尺寸。

表 8-1　常用的符号和缩写词

名称	直径	半径	球直径	球半径	厚度	正方形	45°倒角	深度	沉孔或锪平	埋头孔	均布
符号或缩写词	ϕ	R	$S\phi$	SR	t	□	C	▽	⊔	∨	EQS

表 8-2　各种孔的简化标注

结构类型		简 化 注 法	普 通 注 法
螺孔	不通孔	3×M6-7H▽18 孔▽20 ; 3×M6-7H▽18 孔▽20	3×M6-7H
	通孔	3×M6-7H ; 3×M6-7H	3×M6-7H
光孔	圆柱孔	3×φ6▽20 ; 3×φ6▽20	3×φ6
	锥销孔	锥销孔φ6 配作 ; 锥销孔φ6 配作	
	锪平孔	6×φ6 ⊔φ12 ; 6×φ6 ⊔φ12	φ12 6×φ6
沉孔	锥形沉孔	4×φ6 ∨φ12×90° ; 4×φ6 ∨φ12×90°	90° φ12 4×φ6

续表

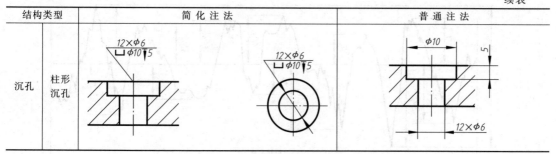

结构类型		简化注法	普通注法
沉孔	柱形沉孔		

第三节 零件图的技术要求

零件图上的技术要求主要是指零件几何精度方面的要求，在零件图上除标注几何形状尺寸外，还应该标注出零件在制造和检验中应达到的技术要求。它们有的用代（符）号标注在图中，有的则用文字加以说明，如表面结构、极限与配合标注方法。

一、表面结构表示法（GB/T 131—2006）

1. 表面结构的基本术语

在机械图样上，为保证零件装配后的使用要求，除了对零件各部分结构的尺寸、形状和位置给出公差要求，还要根据功能需要对零件的表面质量、表面结构给出要求。

GB/T 131—2006《产品几何技术规范（GPS）技术产品文件中表面结构的表示法》中规定，表面结构是表面粗糙度、表面波纹度、表面缺陷、表面纹理和表面几何形状的总称。标准规定用轮廓法确定表面结构的术语、定义和参数。本书主要介绍常用的表面粗糙度的表示法。

2. 评定表面粗糙度常用的轮廓参数

机械图样中零件表面粗糙度常用的评定参数是轮廓参数，本节主要介绍轮廓参数中的两个高度参数 Ra 和 Rz。

① 轮廓算术平均偏差 Ra：在一个取样长度内纵坐标绝对值，即峰谷绝对值的平均值为评定轮廓的算术平均偏差，如图 8-13 所示。

Ra 值比较直观，容易理解，测量简便，是应用普遍的评定指标。

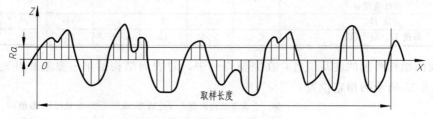

图 8-13 轮廓算术平均偏差

② 轮廓最大高度 Rz：在一个取样长度内最大轮廓峰高之和和峰谷之和的高度为轮廓的最大高度，如图 8-14 所示。

Rz 值不如 Ra 值能较准确反映轮廓表面特征，但如果和 Ra 联合使用，可以控制防止出现较大的加工痕迹。

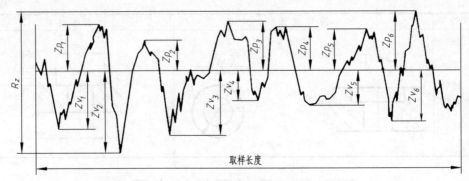

图 8-14　轮廓最大高度

3. 表面结构的图形符号

① 表面结构的图形符号：表 8-3 和表 8-4 给出了表面结构图形符号的种类、名称、尺寸及含义。

表 8-3　表面结构图形符号的意义和画法

符　号	意义及说明	符 号 画 法
 √	基本图形符号，表示未指定工艺方法的表面，当标有注释解释时可单独使用	
 √	扩展图形符号，表示表面是用去除材料的方法获得，例如车、铣、刨、磨、钻、剪切、抛光、气割等	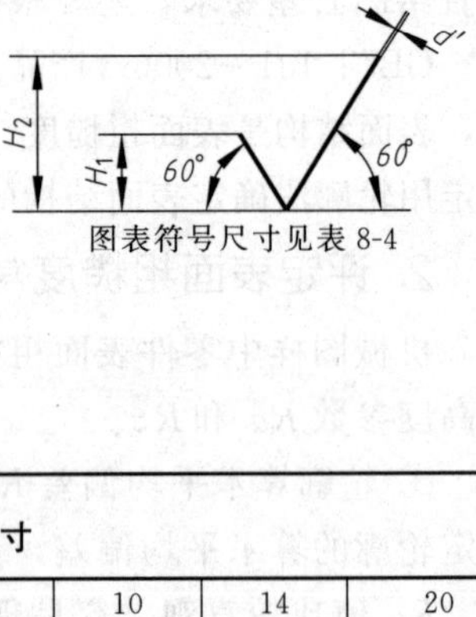 图表符号尺寸见表 8-4
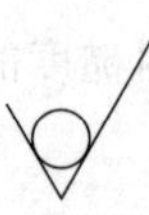 √	扩展图形符号，表示表面是用不去除材料的方法获得，例如铸、锻、轧等。也可用于表示保持上道工序形成的表面	
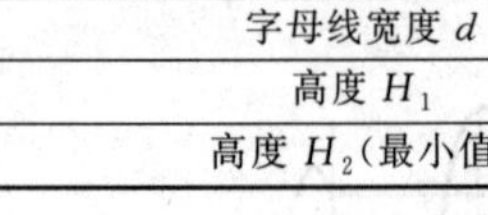 √ √ √	完整图形符号，在上述三种符号的长边上均可加一横线，用于标注有关参数和说明	

表 8-4　表面结构图形符号和附加标注的尺寸

数字和字母高度 h（见 GB/T 14690）	2.5	3.5	5	7	10	14	20
符号线宽度 d' 字母线宽度 d	0.25	0.35	0.5	0.7	1	1.4	2
高度 H_1	3.5	5	7	10	14	20	28
高度 H_2（最小值）	7.5	10.5	15	21	30	42	60

② 表面结构要求的注写位置：在完整符号中，对表面结构的单一要求和补充要求应注写在如图 8-15 所示的指定位置。

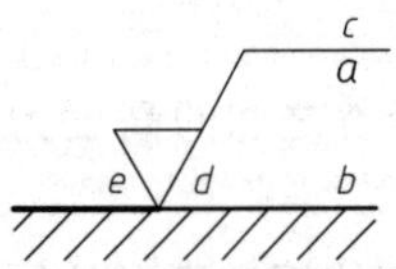

a——第一个表面结构的要求（传输带/取样长度/参数代号/数值）

b——第二个表面结构的要求（传输带/取样长度/参数代号/数值）

补充要求：

c——加工方法（车、铣、磨、涂镀等）

d——表面纹理和方向

e——加工余量

图 8-15　表面结构参数标注位置

③ 表面结构代号的含义：表面结构符号中注写了具体参数代号及数值等要求后即称为表面结构代号。部分表面结构代号及示例见表 8-5。

表 8-5 部分表面结构代号及示例

序号	符号	意义及说明
1	$Rz\ 0.4$	表示不允许去除材料，单向上限值，默认传输带，R 轮廓，粗糙度的最大高度 $0.4\mu m$，评定长度为 5 个取样长度（默认），"16%规则"（默认）
2	$Rz_{max}\ 0.2$	表示去除材料，单向上限值，默认传输带，R 轮廓，粗糙度最大高度的最大值 $0.2\mu m$，评定长度为 5 个取样长度（默认），"最大规则"
3	$0.008-0.8/Ra\ 3.2$	表示去除材料，单向上限值，传输带 $0.008\sim0.8mm$，R 轮廓，算术平均偏差 $3.2\mu m$，评定长度为 5 个取样长度（默认），"16%规则"（默认）
4	$-0.8/Ra3\ 3.2$	表示去除材料，单向上限值，传输带：根据 GB/T 6062，取样长度 $0.8\mu m$（λ_s 默认 $0.0025mm$），R 轮廓，算术平均偏差 $3.2\mu m$，评定长度包含 3 个取样长度，"16%规则"（默认）
5	$U\ Ra_{max}\ 3.2$ $L\ Ra\ 0.8$	表示不允许去除材料，双向极限值，两极限值均使用默认传输带，R 轮廓，上限值：算术平均偏差 $3.2\mu m$，评定长度为 5 个取样长度（默认），"最大规则"，下限值：算术平均偏差 $0.8\mu m$，评定长度为 5 个取样长度（默认），"16%规则"（默认）

4. 表面结构的标注

表面结构要求对每一表面一般只标注一次，并尽可能注在相应的尺寸及其公差的同一视图上。除非另有说明，所标注的表面结构要求是对完工零件表面的要求。

① 当在图样某个视图上构成封闭轮廓的各个表面有相同的表面结构要求时，应在图 8-16(a) 所示的完整图形符号上加一圆圈，标注在图样中工件的封闭轮廓线上，如图 8-16(b) 所示，如果标注会引起歧义时，各表面要分别标注。图 8-16 所示的表面结构符号是指对图形中封闭轮廓的六个面的共同要求（不包括前后面）。

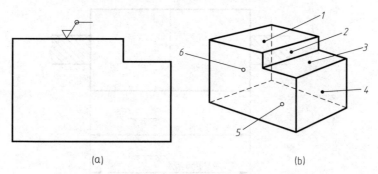

图 8-16 对周边各面有相同的表面结构要求的注法

② 表面结构的注写和读取方向与尺寸的注写和读取方向一致，如图 8-17 所示。

③ 表面结构要求可标注在轮廓线上，其符号应从材料外指向并接触表面。必要时，表面结构符号也可以用带箭头或黑点的指引线引出标注，如图 8-18、图 8-19 所示。

④ 在不致引起误会时，表面结构要求可以标注在给定的尺寸线上，如图 8-20 所示。

⑤ 表面结构要求可标注在形位公差框格的上方，如图 8-21 所示。

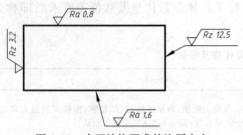

图 8-17　表面结构要求的注写方向

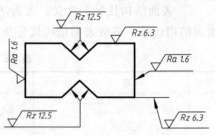

图 8-18　表面结构要求在轮廓线上标注

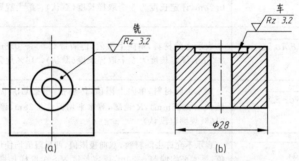

图 8-19　用指引线引出标注表面结构要求

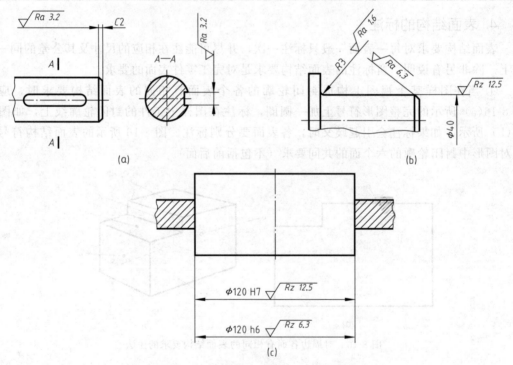

图 8-20　表面结构要求标注在尺寸线上

⑥ 表面结构要求直接标注在轮廓线的延长线上，或用带箭头的指引线引出标注，如图 8-22 所示。

⑦ 圆柱和棱柱的表面结构要求只能标注一次，如果每个表面有不同的表面结构要求，则应分别单独标出，如图 8-23 所示。

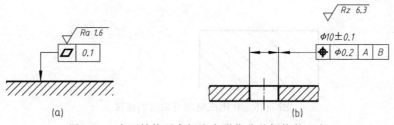

图 8-21 表面结构要求标注在形位公差框格的上方

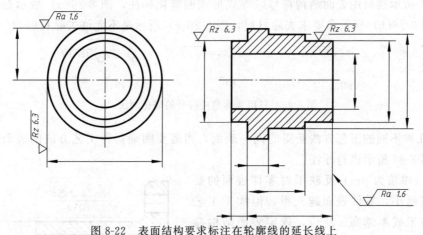

图 8-22 表面结构要求标注在轮廓线的延长线上

⑧ 如果在工件的多数（包括全部）表面有相同的表面结构要求，则其表面结构要求应直接标注在图样的标题栏附近，不同的表面结构要求应直接标注在图中。此时（除全部表面有相同要求的情况外），表面结构要求的符号后面应有：在圆括号内给出无任何其他标注的基本符号，如图 8-24（a）所示；在圆括号内给出不同的表面结构要求，如图 8-24（b）所示。

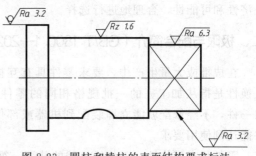

图 8-23 圆柱和棱柱的表面结构要求标法

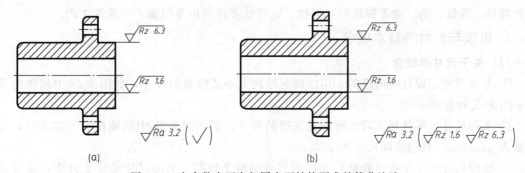

图 8-24 大多数表面有相同表面结构要求的简化注法

⑨ 当多个表面具有相同的表面结构要求或图纸空间有限时，可采用简化画法，用带字母的完整符号，以等式的形式，在图形或标题栏附近，对有相同表面结构要求的表面进行简化标注，如图 8-25 所示。

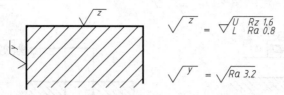

图 8-25　在图纸空间有限时的注法

图 8-26 所示是只用表面结构符号以等式形式的简化标注，图 8-26（a）所示是未指定加工方法，图 8-26（b）所示是要求去除材料，图 8-26（c）所示是不允许去除材料。

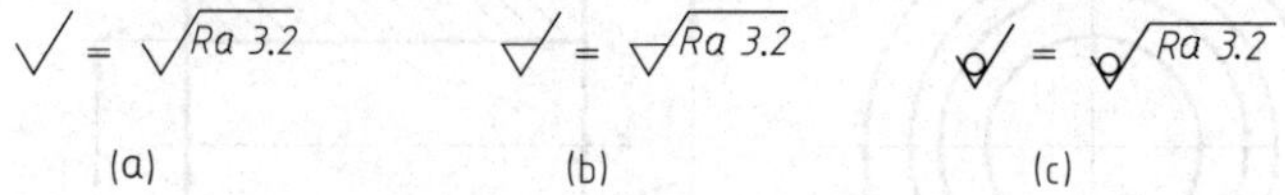

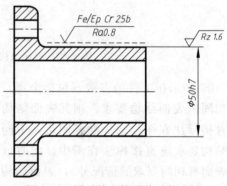

图 8-26　只用表面结构符号的简化画法

⑩ 由几种不同的工艺方法获得的同一表面，当需要明确每种工艺方法的表面结构要求时，可按图 8-27 所示进行标注。

Ra 值（单位为 μm）反映了对零件表面的要求，其数值越小，零件表面越光滑，但加工工艺越复杂，加工成本越高。所以，确定表面结构参数时，应根据零件不同的作用，考虑加工工艺的经济性和可能性，合理地进行选择。

二、极限与配合简介（GB/T 1800.1—2020）

在成批或大量生产中，要求零件具有互换性，互换性是指从加工完的一批规格相同的零件中任取一件，不经修配就能立即装配到机器或部件上，并能达到使用要求。

图 8-27　同时给出镀覆前后的表面
结构要求的注法

零件具有互换性，不仅给机器的装配、维修带来方便，而且满足生产各部门广泛的协作要求，为大批量生产、流水作业提供条件，从而缩短生产周期，提高劳动效率和经济效益。例如螺栓、螺母、销、键等都具有互换性，这样的零件可由专门加工厂成批生产。

1. 极限与配合的基本概念

（1）关于尺寸的概念

① 基本尺寸：设计时给定的、用以确定结构大小或位置的尺寸，如图 8-28 中销轴的直径 φ30 和孔的直径 φ50。

② 实际尺寸：零件加工后实际测量获得的尺寸，例如图 8-28 中的轴在实际加工时，经测量为 φ30.020，孔的实际尺寸为 φ50.019。

③ 极限尺寸：一个孔（或轴）允许的尺寸的两个极端。实际尺寸应位于其中，也可达到极限尺寸，例如图 8-28 中的轴在实际加工时，最大尺寸为 φ30.050，最小尺寸为 φ30.011，孔最大尺寸为 φ50.021，最小尺寸为 φ50.012。

（2）公差与偏差的概念

① 偏差：某一尺寸减其基本尺寸所得的代数差。

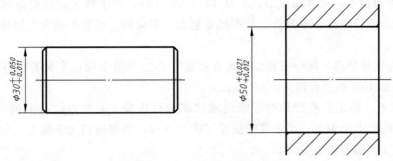

图 8-28 基本尺寸图例

② 极限偏差：极限尺寸减其基本尺寸所得的代数差。其中最大极限尺寸减其基本尺寸之差为上偏差；最小极限尺寸减其基本尺寸之差为下偏差。

如销轴直径的上偏差为：$\phi 30.050 - \phi 30 = +0.050$；下偏差为：$\phi 30.011 - \phi 30 = +0.011$。

孔的直径上偏差为：$\phi 50.021 - \phi 50 = +0.021$；下偏差为：$\phi 50.012 - \phi 50 = +0.012$。

轴的上、下偏差代号分别用小写字母 es、ei 表示，孔的上、下偏差代号用大写字母 ES、EI 表示。

③ 公差：最大极限尺寸减最小极限尺寸，或上偏差减下偏差之差称为尺寸公差（简称公差），它是允许尺寸的变动量。如销轴直径的尺寸公差为：$\phi 30.050 - \phi 30.011 = 0.039$；孔直径的尺寸公差为：$\phi 50.021 - \phi 50.012 = 0.009$。

偏差可能为正、负或零，但上偏差必大于下偏差。因此，公差必为正值。

极限尺寸、极限偏差与公差的概念参见图 8-29。

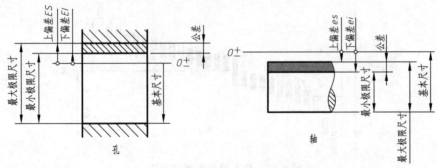

图 8-29 极限尺寸、极限偏差和公差

④ 公差带：为了简化起见，在实用中常不画出孔（或轴），只画出表示基本尺寸的零线和上下偏差，称为公差带图，如图 8-30 所示。在公差带图中，由代表上、下偏差的两条直线所限定的一个区域称为公差带。

(3) 极限制

经标准化的公差和偏差制度称为极限制。在极限制中，国家标准规定了标准公差和基本偏差来分别确定公差大小和相对零线的位置。

① 标准公差：国家标准规定的确定公差带大小的任一公差称为标准公差。标准公差按基本尺寸范围和公差等级确定。标准公差分 20 个等级，从 IT01、IT0、IT1 至 IT18。

图 8-30 公差带图

其中 IT01 公差值最小，尺寸精度最高；从 IT01 到 IT18，数字越大，公差值越大，尺寸精度越低。同一公差等级的公差数值，基本尺寸越大，对应的公差数值越大，但被认为具有同等的精确程度。

附表 14 为标准公差，从中可查出某尺寸在某一公差等级下的标准公差值。如基本尺寸为 20，公差等级 IT7 的公差值为 0.021mm。

② 基本偏差：确定公差带相对零线位置的那个极限偏差，它可以是上偏差或下偏差。一般为靠近零线的那个偏差。当公差带位于零线上方时，基本偏差为下偏差；当公差带位于零线下方时，基本偏差为上偏差。

国家标准规定了孔、轴基本偏差代号各有 28 个，形成了基本偏差系列，如图 8-31 所示。图中上方为孔的基本偏差系列，代号用大写字母表示；下方为轴的基本偏差系列，代号用小写字母表示。图中各公差带只表示了公差带的位置，不表示公差带的大小，因而只画出了公差带属于基本偏差的一端，而另一端是开口的，另一端应由相应的标准公差确定。

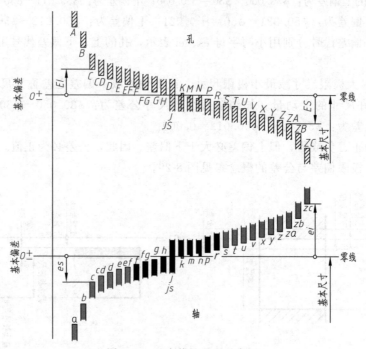

图 8-31　基本偏差系列示意图

基本偏差系列中，代号为 H 和 h 时，它们的基本偏差均为零。

轴和孔的基本偏差数值可查阅有关标准，见附表 15 及附表 16。

③ 公差带代号及查表确定极限偏差：公差带代号由其基本偏差代号（字母）和标准公差等级（数字）组成。

如 H8 表示基本偏差代号为 H，公差等级为 IT8 级的孔公差带代号。f7 表示基本偏差代号为 f，公差等级为 IT7 级的轴公差带代号。

当基本尺寸和公差带代号确定时，可查表确定其基本偏差和标准公差。例如 $\phi20H8$，查附表 16 得基本偏差（下偏差）为 0，查附表 14 标准公差为 0.033，则：

下偏差　EI=0

上偏差　ES=0+0.033=0.033

又如 $\phi20f7$，查附表 15 得基本偏差（上偏差）为 -0.020，查附表 14 标准公差为 0.021，则：

上偏差 es=-0.020

下偏差 ei=$-0.020-0.021=-0.041$

为避免计算，国家标准还规定了常用轴、孔公差带的极限偏差（见附表 17 及附表 18），可直接查出上、下偏差。例如 $\phi20H8$，查孔的极限偏差查附表 18 可得其上偏差为 $+0.033$，下偏差为 0；由 $\phi20f7$ 查轴的极限偏差附表 17，其上偏差为 -0.020，下偏差为 -0.041。

(4) 配合

在制造相互配合的零件时，使其中一种零件作为基准件，它的基本偏差固定，通过改变另一种非基准的基本偏差来获得各种不同的配合制度称为配合制。

① 配合种类。孔和轴装配之后的松紧程度有所不同，有的具有间隙，有的具有过盈。孔的尺寸减去相配合轴的尺寸之差，为正称为间隙，为负称为过盈。国标将配合分为三类。

a. 间隙配合：具有间隙（包括最小间隙等于零）的配合。间隙配合中孔的最小极限尺寸大于或等于轴的最大极限尺寸，孔的公差带完全在轴公差带之上，如图 8-32(a) 所示。

b. 过盈配合：具有过盈（包括最小过盈等于零）的配合。过盈配合中孔的最大极限尺寸小于或等于轴的最小极限尺寸，孔的公差带完全在轴公差带之下，如图 8-32(b) 所示。

c. 过渡配合：可能具有间隙或过盈的配合。过渡配合中，孔的公差带与轴的公差带相互交叠，如图 8-32(c) 所示。

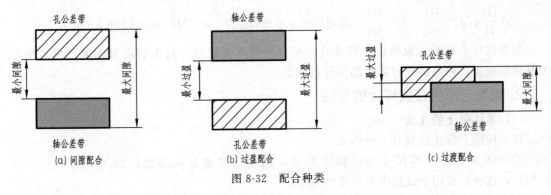

图 8-32 配合种类

② 配合的基准制。国家标准规定了两种配合标准制，即基孔制和基轴制。

a. 基孔制配合。基本偏差为一定的孔的公差带，与不同基本偏差的轴的公差带形成的各种配合，称为基孔制配合，如图 8-33 所示。

基孔制中的孔称为基准孔，用基本偏差代号 H 表示，其下偏差为 0。

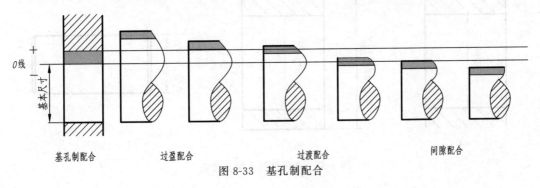

图 8-33 基孔制配合

b. 基轴制配合。基本偏差为一定的轴的公差带，与不同基本偏差的孔的公差带形成的各种配合，称为基轴制配合，如图 8-34 所示。

基轴制中的轴称为基准轴，用基本偏差代号 h 表示，其上偏差为 0。

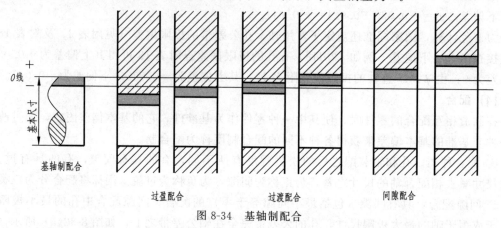

图 8-34　基轴制配合

在基孔制（基轴制）配合中，基本偏差 A～H（a～h）用于间隙配合，J～ZC（j～zc）用于过渡配合和过盈配合。

③ 配合代号及其识读。配合代号用孔、轴公差带代号组成的分数式表示。分子表示孔的公差带代号，分母表示轴的公差带代号。标注时，将配合代号注在基本尺寸之后，如：

$\phi 20\dfrac{H8}{f7}$，$\phi 20\dfrac{H7}{s6}$，$\phi 20\dfrac{K7}{h6}$，也可写成：$\phi 20H8/f7$，$\phi 20H7/s6$，$\phi 20K7/h6$。

配合代号中有 H，说明孔为基准孔，配合为基孔制配合；有 h 说明轴为基准轴，配合为基轴制配合；两者都有时需经结构分析确定。

2. 极限与配合在图样上的标注

(1) 零件图上的注法

在零件图上标注公差有三种形式。

① 在孔或轴的基本尺寸后面标注出基本偏差代号和公差等级，如图 8-35（a）中的 $\phi 30H8$，这种形式用于成批生产的零件图上。

② 在孔或轴的基本尺寸后面，注出偏差数值，如图 8-35（b）所示，这种形式用于单件或小批量生产的零件图上。

③ 在孔或轴的基本尺寸后面，既注出基本偏差代号和公差等级，又同时注出偏差数值，如图 8-35（c）所示，这种形式用于生产批量不定的零件图上。

图 8-35　在零件图上标注公差

（2）**装配图上的标注形式**

在装配图上标注配合代号，采用组合式注法，如图 8-36 所示。

（3）**查表方法**

互相配合的轴和孔，按基本尺寸和公差带代号可通过查表获得极限偏差数值。查表的步骤一般是先查出轴和孔的标准公差（附表 14），然后查出轴和孔的基本偏差（配合件只列出一个偏差），最后由配合件的标准公差和基本偏差的关系，算出另一个偏差。为了简化计算，对轴和孔常用的极限偏差值，也可直接从附表 17 和附表 18 中查出。

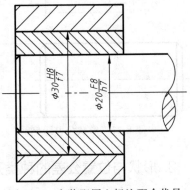

图 8-36　在装配图上标注配合代号

【例 8-1】　查表写出 $\phi20H8/f7$ 的极限偏差值。

对照配合代号可知，H8/f7 是基孔制配合，其中 H8 是基准孔的公差带代号，f7 是配合轴的公差带代号。

① $\phi20H8$：基准孔的极限偏差，由附表 18 中查得。在表中由基本尺寸从大于 18 至 24 的行和公差带 H8 的列相交处查得 +33 和 0，这就是基准孔的上下偏差，所以 $\phi20H8$ 可写成 $\phi20^{+0.033}_{0}$。

② $\phi20f7$：配合轴的极限偏差，由附表 17 中查得。在表中由基本尺寸从大于 18 至 24 的行和代号 f7 的列相交处查得 −20 和 −41，就是配合轴的上偏差（es）和下偏差（ei），所以 $\phi20f7$ 可写成 $\phi20^{-0.020}_{-0.041}$。

【例 8-2】　查表写出 $\phi80G7/h6$ 的极限偏差值。

对照偏差代号可知，$\phi80G7/h6$ 是基轴制配合。

① $\phi80h6$：基准轴的极限偏差，可由附表 17 中查得。在表中由基本尺寸大于 65 至 80 的行与公差等级 IT6 的列相交处查得 $\phi80h6$ 的标准公差 0 和 −19。因为基准轴的上偏差为零，所以 $\phi80h6$ 写成 $\phi80^{0}_{-0.019}$。

② $\phi80G7$：配合孔的极限偏差，由附表 18 中基本尺寸大于 65 至 80 的行与公差等级 IT7 的列相交处查得 $\phi80G7$ 的标准公差是 +40 和 +10，所以 $\phi80G7$ 写成 $\phi80^{+0.040}_{+0.010}$。

三、形状与位置公差

零件在加工过程中，除了满足尺寸精度和表面结构之外，还会产生形状和相对位置的误差。在机器中对于一般零件来说，它的形状和位置公差，可由尺寸公差、加工机床的精度等加以保证，但对于某些精度要求较高的零件，则不仅要保证其尺寸公差，而且还应该根据设计要求，在零件图中注出有关的形状和位置公差。

1. 形状和位置公差概念

形状公差指零件的实际形状对理想形状的允许变动量，见附表 19。如图 8-37 所示的销轴，除了标注直径的公差外，还注出圆柱轴线的形状公差——直线度，表示圆柱实际轴线应限定在 $\phi0.05$ 的圆柱体内。

位置公差指零件的实际位置对理想位置的允许变动量，见附表 19。如图 8-38 所示的箱体，箱体上的两个安装孔为了保证安装精度，标注出位置公差，垂直度表示 $\phi26$ 孔的轴线必须位于距离 0.05mm 且垂直于 $\phi28$ 孔的轴线的两平行平面内。

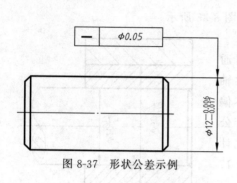

图 8-37 形状公差示例

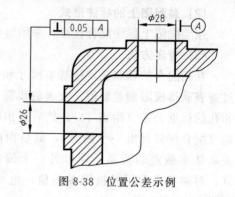

图 8-38 位置公差示例

2. 形状与位置公差的种类及符号（见表 8-6）

表 8-6 形位公差的种类及符号

分类	名称	符号	分类	名称	符号
形状	直线度	——	位置	平行度	//
	平面度	▱	定向	垂直度	⊥
	圆度	○		倾斜度	∠
	圆柱度	⌀	定位	同轴度	◎
				对称度	=
形状或位置	线轮廓度	⌒		位置度	⊕
	面轮廓度	⌓	跳动	圆跳动	↗
				全跳动	⌁

3. 形位公差代号

形位公差代号由形位公差符号、形位公差框格及指引线、形位公差数值、基准代号等组成，如图 8-39（a）所示，基准代号如图 8-39（b）所示，基准代号内的字母一律水平书写，h 为字高，b 为粗实线线宽。

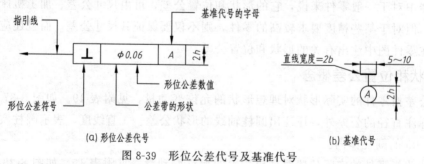

(a) 形位公差代号   (b) 基准代号

图 8-39 形位公差代号及基准代号

4. 形位公差的标注

① 当被测要素或基准要素为线或表面时，箭头须指向对应被测要素的轮廓线或延长线

上，并应明显与尺寸线错开，基准符号则应靠近相应的基准要素，如图 8-40 所示。

② 当被测要素或基准要素为轴线、中心平面或球心等中心要素时，箭头、基准符号应与对应要素的尺寸线对齐，如图 8-41 所示。

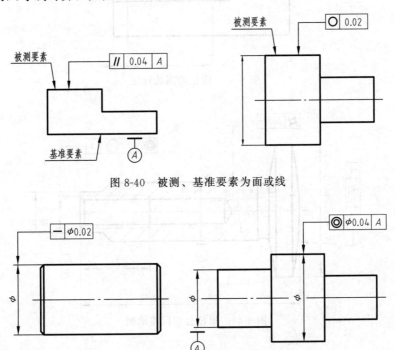

图 8-40　被测、基准要素为面或线

图 8-41　被测、基准要素为轴线或中心平面

③ 当多处被测要素有相同的形位公差要求或同一要素有多项形位公差要求时，可按图 8-42 所示标注。

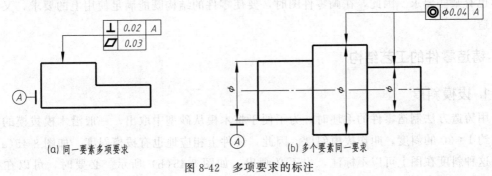

(a) 同一要素多项要求　　　　　　　　(b) 多个要素同一要求

图 8-42　多项要求的标注

④ 当被测范围仅为局部表面时，则用尺寸和尺寸线将此局部长度与其他部分区分出来，如图 8-43 所示标注。

5. 形位公差标注示例

如图 8-44 所示形位公差在图样上的标注，图中所注形位公差的含义如下：

① $SR750$ 的球面对于 $\phi16$ 轴线的圆跳动公差是 0.03mm；

② 杆身 $\phi16$ 的圆柱度公差是 0.006mm；

③ M8×1 的螺纹孔轴线对于 $\phi16$ 的轴线的同轴度公差是 $\phi0.1$。

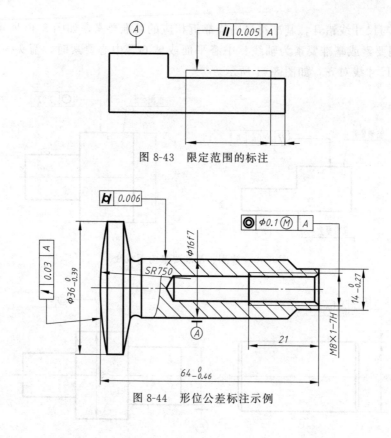

图 8-43 限定范围的标注

图 8-44 形位公差标注示例

第四节　零件上常见的工艺结构简介

零件的结构形状主要是根据它在部件（或机器）中的作用决定的。制造工艺对零件结构，也有某些要求。因此，在画零件图时，要使零件的结构既能满足使用上的要求，又要方便制造。

一、铸造零件的工艺结构

1. 拔模斜度

用铸造方法制造零件的毛坯时，为了便于将木模从砂型中取出，一般沿木模拔模的方向作成约 1∶20 的斜度，叫作拔模斜度。因此，铸件上相应地也有拔模斜度，如图 8-45(a) 所示。这种斜度在图上可以不标注，也不必画出，如图 8-45(b) 所示。必要时，可以在技术要求中，用文字加以说明。

2. 铸造圆角

在铸件毛坯各表面的相交处，都有铸造圆角，如图 8-46 所示。这样既便于起模，又能防止在浇铸时铁水将砂型转角处冲坏，还可以避免铸件在冷却时产生裂纹或缩孔。铸造圆角半径在视图上一般不注出，而集中注写在技术要求中。

图 8-46 所示的铸件毛坯的底面（作为安装底面），常常需经切削加工。此时，铸造圆角被削平。

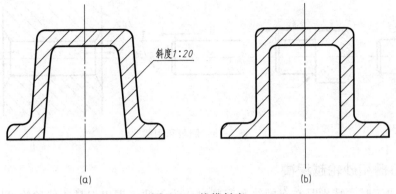

图 8-45　拔模斜度

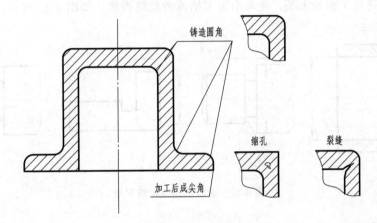

图 8-46　铸造圆角

3. 铸造壁厚

在浇铸零件时，为了避免各部分因冷却速度的不同而产生缩孔或裂纹，铸件的壁厚应保持大致相等或逐渐变化，如图 8-47 所示。

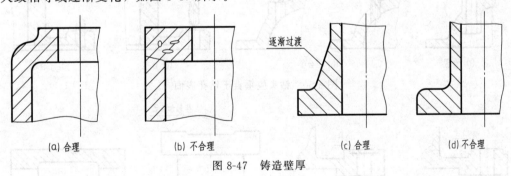

图 8-47　铸造壁厚

二、零件加工面的工艺结构

1. 倒角和倒圆

为了便于零件的装配和去除毛刺、锐边，在轴和孔的端部，一般都加工成倒角，如图 8-48 所示。为了避免因应力集中而产生裂纹，在轴肩处往往加工成圆角过渡的形式，称为倒角。

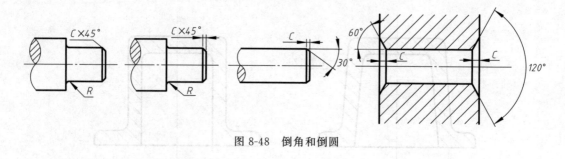

图 8-48　倒角和倒圆

2. 退刀槽和砂轮越程槽

在切削加工时，特别是在车螺纹和磨削时，为了便于退出刀具或使砂轮可以稍稍越过加工面，常常在待加工面的末端，先车出退刀槽或砂轮越程槽，如图 8-49 所示。

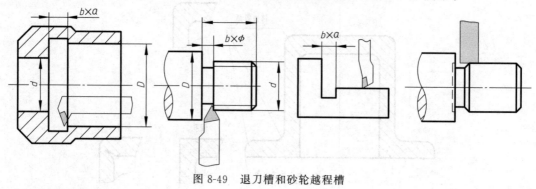

图 8-49　退刀槽和砂轮越程槽

3. 钻孔结构

用钻头钻孔时，要求钻头轴线尽量垂直于被钻孔的端面，以保证钻孔准确和避免钻头折断，如图 8-50(a) 所示。钻头单边受力容易折断，做成凸台使钻孔完整，如图 8-50(c) 所示。

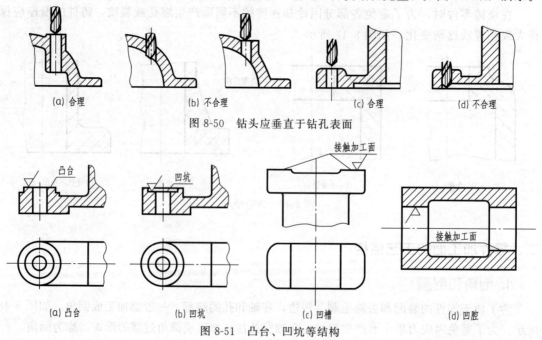

图 8-50　钻头应垂直于钻孔表面

图 8-51　凸台、凹坑等结构

4. 凸台和凹坑

零件与其他零件的接触面，一般都要进行加工。为了减少加工面积，并保证零件表面之间有良好的接触，常常在铸件上设计出凸台、凹坑。图 8-51(a)、(b) 所示螺栓连接的支承面，做成凸台或凹坑的形式；图 8-51(c)、(d) 所示为了减少加工的面积，而做成凹槽和凹腔的结构。

第五节　零件测绘

零件测绘是根据现有零件进行分析、目测尺寸、徒手绘制草图，测量并标注尺寸及技术要求，经整理画出零件图的过程。在仿制和修配机器、设备及其部件时，常要对零件进行测绘。零件测绘一般是在现场进行的，不便使用绘图仪器，但在绘制时不能因其是草图就马虎草率，必须认真绘制。零件草图必须具备零件图的所有内容和要求，应图线清晰、比例均称、投影关系正确、字体工整。

一、零件测绘的步骤

① 分析测绘对象：为了能正确地绘制出零件草图，首先应了解测绘对象的用途、名称及材料等，然后根据其安装工作位置仔细地观察其各部分的形状结构，分析它都是由哪些基本体组成的，从而定出其最佳表达方案。

② 绘制零件草图：根据选择的表达方案，通过目测和选定适当的比例徒手绘出零件草图。

③ 测量标注所有尺寸：绘出草图后，通过测量工具测出所有尺寸并标注。同时还应考虑尺寸公差、形位公差、表面结构要求以及其他有关技术要求等。

④ 填写标题栏。

⑤ 由零件草图绘制零件工作图：在绘制零件工作图前，还需对草图进行全面仔细审核，若表达方案不完善，应及时改进补充。对所标注的尺寸要认真检查，不得遗漏重复，全面分析所拟定的技术要求是否全面、合理。确认无误后便开始绘制零件工作图。

二、零件测绘时的注意事项

① 零件的制造缺陷及使用中造成的磨损不应画出，如砂眼、气孔、刀痕、磨损等，都不应画出。

② 零件上因制造、装配需要而形成的工艺结构，如铸造圆角、倒角等必须画出。

③ 对螺纹、键槽、轮齿等标准结构的尺寸，应把测量的结果与标准值对照，一般均采用标准的结构尺寸，以便于制造。

④ 有配合关系的尺寸（如配合的孔与轴的直径），一般只需测出它的公称尺寸，其配合性质和相应的公差值应在分析考虑后查阅有关手册确定。

⑤ 没有配合关系的尺寸或不重要的尺寸，允许将测量所得尺寸作适当调整。

三、画零件草图的步骤

以图 8-52 所示填料压盖为例介绍零件草图的绘图步骤如下：

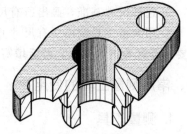

图 8-52　填料压盖

(1) 分析测绘对象

根据零件实物知该填料压盖是用来挤压填料函中填料，使填料在填料函中获得一定的压力。外形都是由圆和圆弧连接而成。

(2) 拟定表达方案

填料压盖属盘盖类零件，其主体结构为回转体，盘盖类零件一般采用主、左两个基本视图。由填料压盖的结构可知采用半剖的主视图和左视图便可将其表达清楚。

(3) 由选定的表达方案绘制草图

具体绘图步骤如图 8-53 所示。

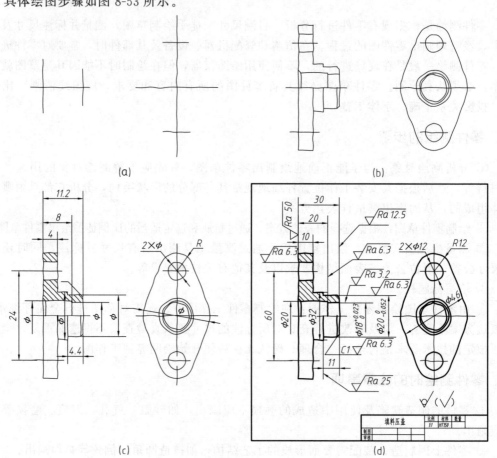

图 8-53 零件草图的画图步骤

① 首先确定视图位置，画出绘图基准线、中心线，如图 8-53(a) 所示；

② 徒手画出半剖的主视图和左视图，如图 8-53(b) 所示；

③ 选择尺寸基准，画出所有尺寸的尺寸线及其箭头、尺寸界线，如图 8-53(c) 所示；

④ 用测量工具测出所有尺寸并在图上填写尺寸数值，同时还要考虑尺寸公差、表面结构要求等有关技术要求，最后填写标题栏完成全图，如图 8-53(d) 所示。

四、常用测量工具的使用

1. 测量工具

测量零件尺寸常用的简单工具有直尺、内（外）卡钳，精密的尺寸常用游标卡尺、千分尺或其他工具，测量角度用游标量角器等。其中内（外）卡钳还需借助于直尺才能读取尺寸数值。

2. 常用的测量方法

① 测量直线尺寸：一般用直尺直接测得，但有时需用三角板或角尺配合进行，如图 8-54 所示。

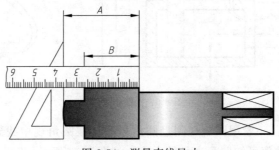

图 8-54 测量直线尺寸

② 测量回转体直径及孔深：一般用游标卡尺来测量孔与轴的直径和孔深，如图 8-55 所示。也可用内（外）卡钳测量孔与轴的直径，如图 8-56 所示。

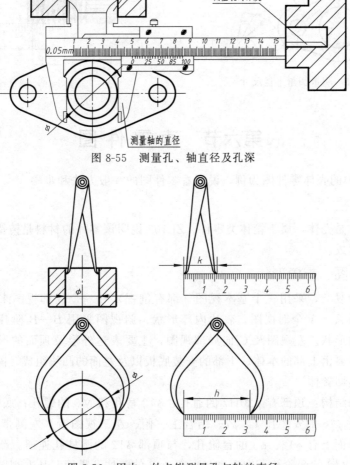

图 8-55 测量孔、轴直径及孔深

图 8-56 用内、外卡钳测量孔与轴的直径

③ 测量壁厚：如果直接测量壁厚有困难，可按图 8-57 的办法来测量并经计算而得。

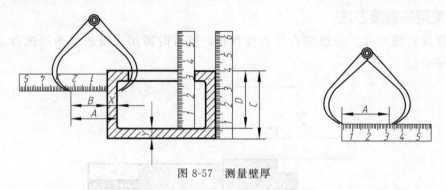

图 8-57　测量壁厚

④ 圆角半径尺寸：一般用圆角规测量圆角半径，在圆角规中找到与被测部分完全吻合的一片，从该片上的数值可知圆角半径的大小，如图 8-58 所示。

⑤ 螺纹：用游标卡尺测量大径，用螺纹规测得螺距，如图 8-59 所示。

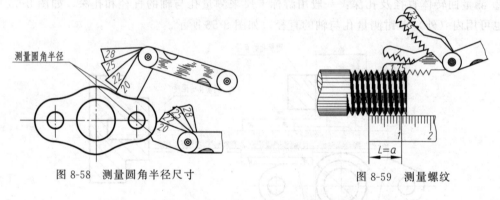

图 8-58　测量圆角半径尺寸

图 8-59　测量螺纹

第六节　读零件图

以图 8-60 中的壳体零件图为例，说明看零件图的一般方法和步骤。

1. 看标题栏

零件的名称是壳体，属于箱体类零件。ZL102 说明该零件的材料是铸铝合金，用木模翻砂经浇铸加工而成。

2. 分析视图、想象形状

该壳体较为复杂，采用三个基本视图（都有剖视）和一个局部视图来表达它的内外形状。主视图采用 A—A 全剖视图，表达内部形状。俯视图采用 B—B 阶梯剖视图，同时表达内部和底板的形状。左视图及 C 向局部视图，主要表达外形及顶面的形状。由形体分析可知：该壳体主要由上部的本体、下部的安装底板以及左面的凸块组成。除了凸块外，本体及底板基本上是回转体。

再看细部的结构：顶部有 $\phi 30H7$ 的通孔、$\phi 12$ 盲孔和 M6 的螺孔；底部有 $\phi 48H7$ 的台阶孔，并有锪平 $\phi 16$ 的安装孔 $4 \times \phi 7$。结合主、俯、左三视图看，左侧带有凹槽的 T 形凸块，在凹槽的端面上有 $\phi 12$、$\phi 8$ 的台阶孔，与顶部 $\phi 12$ 的圆柱孔连通。凸块前方的圆柱形凸缘上有 $\phi 20$、$\phi 12$ 的台阶孔，向后也与顶部 $\phi 12$ 的圆柱孔贯通。从左视图的局部剖视图和

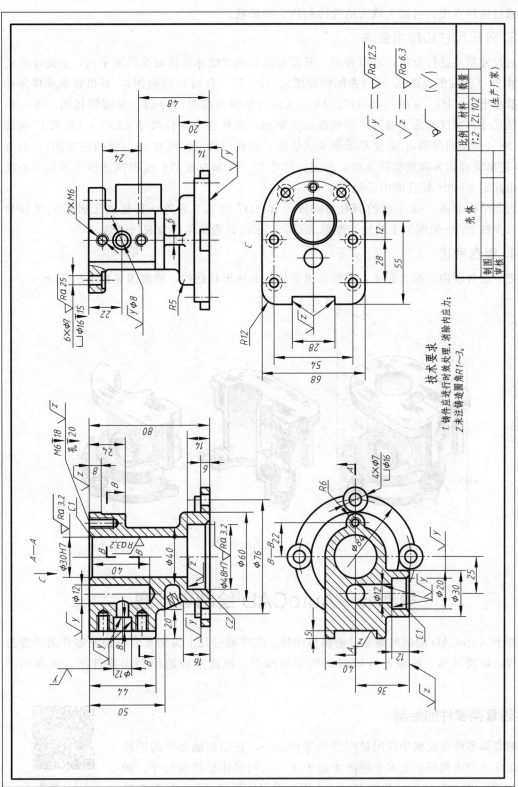

技术要求
1. 铸件应进行时效处理,消除内应力;
2. 未注铸造圆角R1~3。

图 8-60 壳体的零件图

C 向视图，可看到顶部有锪平成 $\phi16$ 的安装孔 $6\times\phi7$。

通过这样看图，可以大致看清壳体的内、外形状。

3. 分析尺寸和技术要求

对尺寸基准进行分析，可以看出：长度基准是通过壳体本体轴线的侧平面，由此注出定位尺寸 22（参阅俯视图）、25（参阅俯视图）、12、55（参阅 C 向视图），并以该轴线作为径向基准注出 $\phi30H7$、$\phi40$、$\phi48H7$、$\phi60$、$\phi76$（参阅主视图）、$\phi84$（参阅俯视图）等一系列直径尺寸；宽度基准是通过本体轴线的正平面，由此注出定位尺寸 28、54（参阅 C 向视图）、36（参阅俯视图）；高度基准是安装底面，由此注出定位尺寸 48（参阅左视图），由总高 80 定出顶面作为高度辅助基准，由定位尺寸 22（参阅左视图）定出圆柱形凸缘的中心高度，由此定 $2\times M6$ 螺孔的中心距 24。

表面结构要求，除主要的圆柱 $\phi30H7$、$\phi48H7$ 为 3.2 以外，其他加工表面大部分为 12.5（少数 25），说明加工的光洁度要求不高。未注铸造圆角均为 $R1\sim R3$。

4. 综合考虑

把上述各项内容综合起来，就能得出壳体的总体形状结构，轴测图见图 8-61 所示。

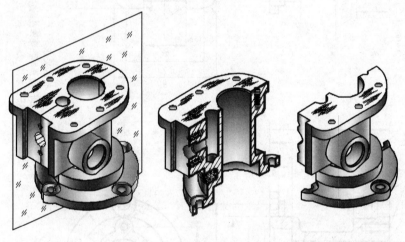

图 8-61　壳体的轴测图

第七节　AutoCAD 绘制零件图

对于 AutoCAD 绘制典型零件的机械图样，本节通过几个实例来介绍绘制零件图的方法及过程，以便灵活、熟练地运用前面所学的知识，快速准确地绘制出零件图，提高绘图效率。

一、轴套类零件的绘制

轴套类零件是机械中应用最广泛的零件之一，在绘制轴套类的图样时，通常一个主视图加上多个视图才能表达出它的具体形状与尺寸。如图 8-62 所示的是阶梯轴的视图表达、主视图采用局部剖视图，局部俯视图、局部放大图与断面图，介绍其创建过程如下。

CAD 轴类
零件图

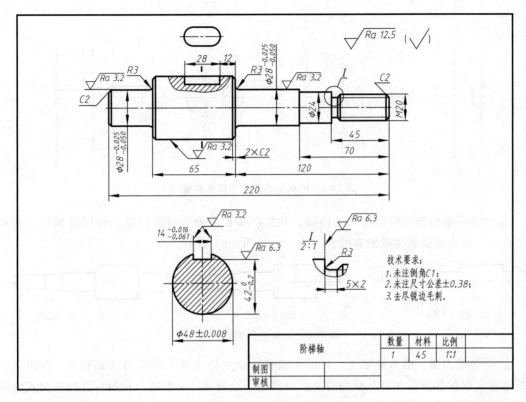

图 8-62 轴套类零件

（1）新建样板文件，选择自己创建好的样板文件

（2）绘制主视图及断面图

① 绘制主视图的基准线。利用"偏移"命令，将各段圆柱的长度定好，如图 8-63 所示。

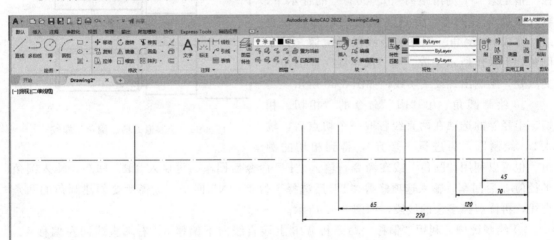

图 8-63 绘制基准线

② 根据各段圆柱的直径，分别绘制圆的实际大小。把"粗实线"图层置为当前，再根据上下对称的关系，利用"对象捕捉"、"对象捕捉追踪"先绘制出阶梯轴上半段的外轮廓线，如图 8-64 所示。

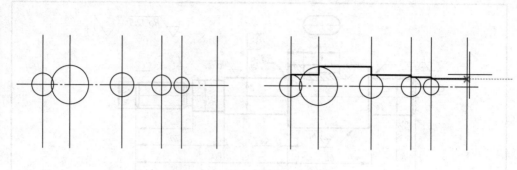

图 8-64　绘制阶梯轴上半段外轮廓

③ 删除多余的辅助线和各个辅助圆。利用"镜像"命令将阶梯轴的轮廓绘制好，再利用"合并"命令将镜像生成的直线合二为一，如图 8-65 所示。

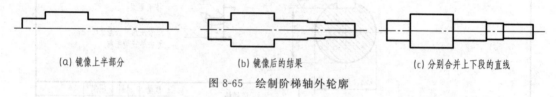

(a) 镜像上半部分　　　　　　(b) 镜像后的结果　　　　　　(c) 分别合并上下段的直线

图 8-65　绘制阶梯轴外轮廓

④ 绘制退刀槽、倒角和螺纹。利用"偏移"命令将 φ24 右端的直线偏移 2，得到退刀槽的宽度，取偏移直线和右上横线的交点为圆心，绘制半径 2 的圆，在圆与直线的交点绘制直线，得到退刀槽的深度。

选择"倒角"命令或在命令行输入"CHA"后回车，再输入距离"D"，在"指定第一个倒角距离＜0.000＞"的提示下，输入数值 2 后回车，在"指定第二个倒角距离＜0.000＞"的提示下，输入数值 2 后回车，分别选取要倒角的两条直线，完成 C2 倒角。删除多余线段后镜像，其余倒角如上操作所示完成。用"细实线"在倒角的交点处，绘制出螺纹细实线，如图 8-66 所示。

⑤ 绘制圆角。用"圆"命令的"相切、相切、半径"的选项在两直线各取一个切点后，输入 3，绘制圆，再进行"修剪"，得到相切的圆

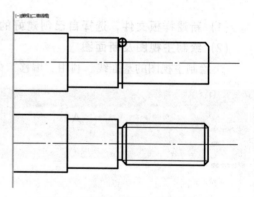

图 8-66　绘制退刀槽、倒角和螺纹

角。也可以利用"圆角"或在命令行输入"F"命令后回车，再输入"R"回车，输入圆角半径值 3 后回车，输入选项修剪"T"后选择不修剪"N"回车，选择所要创建圆角的两条直线，再修剪掉多余的线段，如图 8-67 所示。

⑥ 绘制键槽。利用"偏移"命令将 φ48 上端直线向下偏移 6，右端直线向左偏移 12，再将偏移的直线向左偏移 28，修剪多余的线段得到主视图的键槽，如图 8-68 所示。

在主视图外任意位置用中心线确定圆心，绘制出 φ14 的小圆，再以该圆心为基点利用极轴向右 14 复制另一个小圆，连接公切线，修剪多余的线段，调整好中心线距离，得到键槽局部视图，如图 8-69（a）所示。利用"移动"命令，基点取键槽最右点，利用"对象捕捉追踪"将键槽两个视图上下对齐，如图 8-69（b）所示。

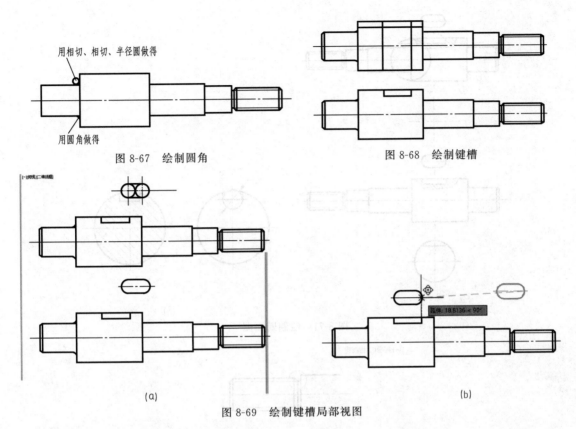

图 8-67 绘制圆角

图 8-68 绘制键槽

(a)　　　　　　　　　　　　(b)

图 8-69 绘制键槽局部视图

将图层转换到"细实线",绘制"样条曲线"作波浪线,注意拟合点的分布,以便让波浪线更加平滑,修剪多余线段后,进行图案填充,如图 8-70 所示。

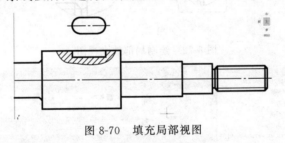

图 8-70 填充局部视图

⑦ 绘制断面图。在键槽中部用粗实线绘制出剖切面的位置,在剖切面的延长线下方用中心线绘制出断面圆心的位置。在主视图 ϕ48 圆柱段的右端直接根据圆心和端点绘制出圆,将键槽深度按高平齐绘制在圆上,然后通过"移动"命令将其移动到断面图的圆心,如图 8-71(a),根据键槽宽度 14 绘制出断面轮廓,图案填充即可,如图 8-71(b) 所示。

(3) 绘制局部放大视图

在主视图中圈出被放大的部位。用细实线圆绘制,半径自拟合适为止。

复制主视图右边两段圆柱到下方任意位置。用细实线绘制样条曲线断开,提取要局部放大的部分,如图 8-72 所示。

(4) 标注尺寸及文字

① 设置好标注样式,创建"线性标注"。将标注图层置为当前,单击在"自定义快速访问"的小三角的下拉菜单里选择"显示菜单栏",如图 8-73 所示。

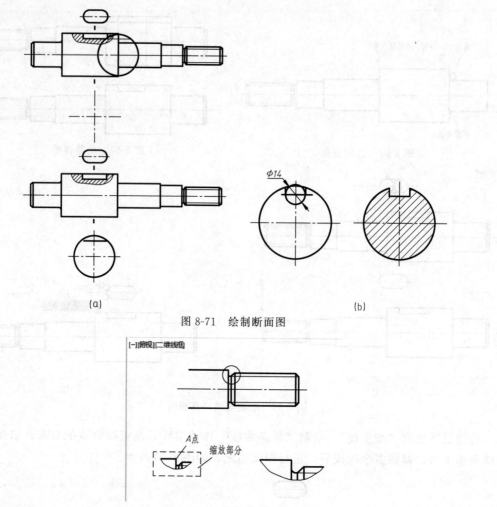

(a)　　　　　　　　　　　　　　　　　　　　(b)

图 8-71　绘制断面图

图 8-72　绘制局部放大视图

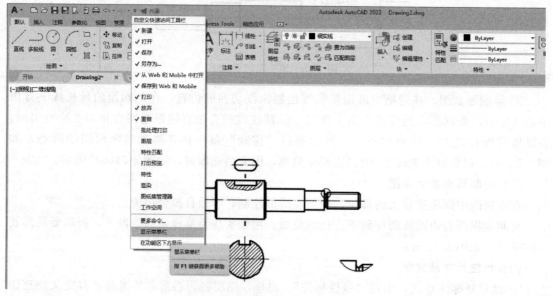

图 8-73　创建"线性标注"

在"标注"的下拉菜单选择"线性",在要标注的线段上,分别选取直线的两个端点,在绘图区的空白区域单击以确定尺寸放置位置,如图 8-74 所示。

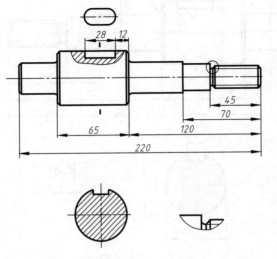

图 8-74　标注尺寸

② 创建螺纹标注、带直径 ϕ 的线性标注、带尺寸公差的线性标注。

在最右边的 M20 是外螺纹,用"线性"标注单击直线两端点后,在命令行中选择输入字母"M"回车,在默认 20 的数字前面输入 M,单击左键即可。

在用"线性"标注单击直线两端点后,在命令行中选择输入字母"M"回车,在默认的数字 5 后面输入 * 2,即可得到宽度 5,深度 2 的退刀槽标注 5×2。

在用"线性"标注单击直线两端点后,在命令行中选择输入字母"M"回车,在默认的数字前面输入"%%C"即可得到带直径 ϕ 的线性标注。

以断面键槽的尺寸为例,在用"线性"标注单击直线两端点后,在命令行中选择输入字母"M"回车,在默认的数字前将光标移动到数字 14 后面,再输入"−0.018^−0.061",然后用鼠标将"−0.018^−0.061"全选,再在"多行文字编辑器"中选择"b/a(堆叠)",即可得到带尺寸公差的线性标注。在用"线性"标注单击直径两端点,在命令行中选择输入字母"M"回车,在默认的数字 48 前输入"%%C",再将光标移动到数字 48 后面输入"%%P0.008",即可得到带尺寸公差的线性标注,如图 8-75 所示。

③ 创建倒角标注。在命令行输入引线设置命令"LE"回车,在"指定第一个引线点或〔设置(S)〕〔设置〕"的提示下,回车,弹出"引线设置"对话框,在"注释"选项上选"多行文字(M)",如图 8-76 所示。

在"引线与箭头"选项,箭头选"无",角度第一段"45°",第二段"水平",如图 8-77 所示。

在"附着"选项里勾选"最后一行加下划线",如图 8-78 所示。在图中单击倒角端点,引出箭头,在水平方向再点一点作出水平线,在命令行指定宽度 0 的提示下直接回车,再输入"C2"回车,再回车即可。其他倒角标注可参照此操作完成。图中 2×C2 的倒角,直接用"线性"标注命令进行标注,标注时选用多行文字(M)方式。如图 8-79 所示。

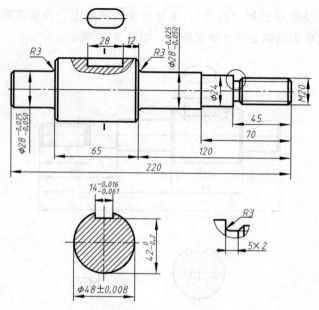

图 8-75　尺寸公差标注

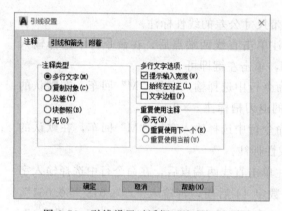

图 8-76　引线设置对话框"注释"选项

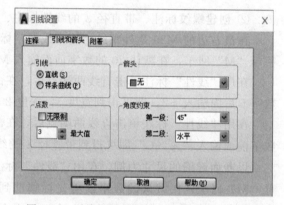

图 8-77　引线设置对话框"引线和箭头"选项

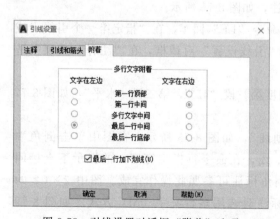

图 8-78　引线设置对话框"附着"选项

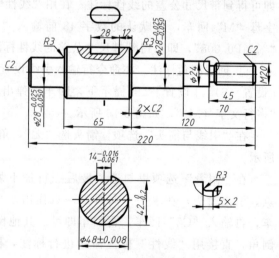

图 8-79　倒角标注

④ 用带属性的图块创建表面结构标注。将"0"图层置为当前，利用"正多边形"命令，以内接圆的方式，圆半径 7，作一个正六边形。用"直线"命令，分别在正六边形右上角，左下角，最左点和正六边形正中心四个点绘制三条直线，最后在右上角绘制一条直线，长度 15，做成表面结构符号。用单行文字书写 Ra，字高为 5，将 Ra 放在相应的位置，如图 8-80 所示。

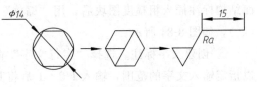

图 8-80 绘制表面结构符号

在命令行输入属性定义命令"ATT"，弹出图块"属性定义"对话框，如图 8-81(a)。在"属性"的标记 ccd，提示 ccd，默认 12.5，"文字设置"的对正选择"左对齐"，文字高度 5，如图 8-81（b）。点击确定，显示大写字母 CCD。将 CCD 放置在在 Ra 后面与之平齐，如图 8-82 所示。

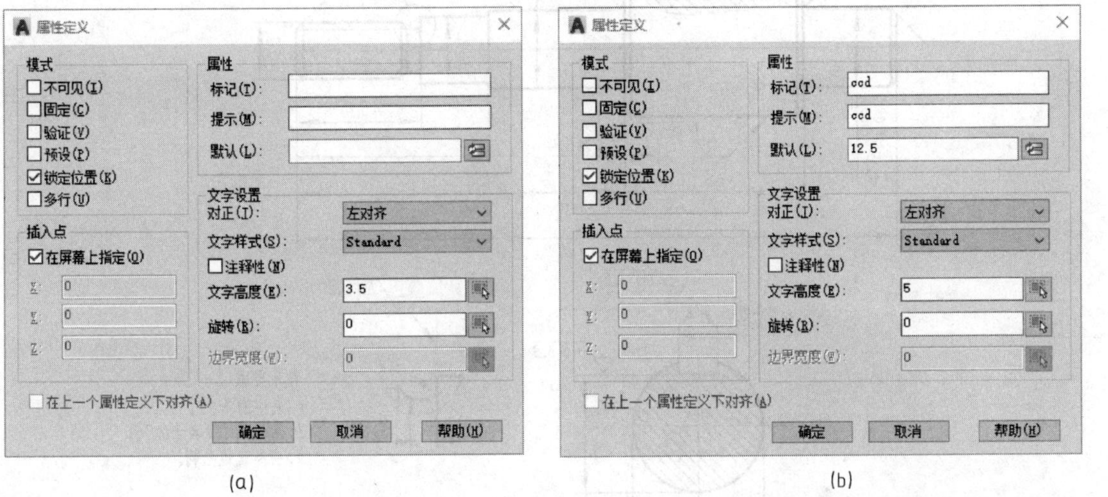

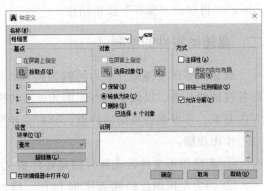

图 8-81 "属性定义"对话框

单击块工具栏的"创建图块" 创建 或在命令行输入"B"，弹出"块定义"对话框。在"名称"里输入"粗糙度"，基点在图中拾取选三角形最低点，对象在图中拾取全部组成表面结构对象，如图 8-83 所示。

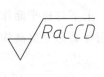

图 8-82 属性放置

图 8-83 创建块

确定后弹出"编辑属性"对话框，默认12.5，再次确定，图中的图形对象就变成了带属性的图块，通过插入图块，可以修改属性来标注不同等级的表面结构。在"其余"处的表面结构标注插入粗糙度图块后，用"缩放"命令放大1.4倍，用圆弧绘制括号，在里面绘制（√），如图8-84所示。

⑤ 创建文字标注。选择"多行文字"命令，在放大图左上侧的空白区域选取两点窗口以指定输入文字的范围，输入I/2：1后将其全部选中，单击鼠标右键，全选I/2：1后选择"b/堆叠"形成分数形式。选择"多行文字"命令，在图形右下的空白区域选取两点窗口以指定输入文字的范围，输入技术要求的内容，选择不同字高，如图8-84所示。

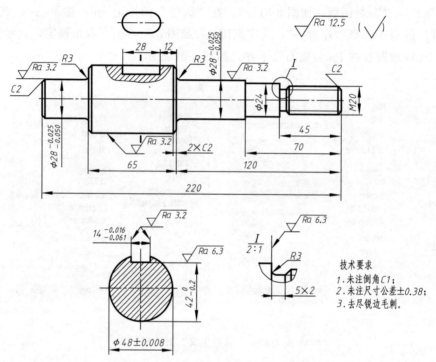

图8-84 绘制表面结构和输入技术要求

⑥ 填写标题栏并保存文件。按国标要求，绘制出图纸大小，绘制边框和标题栏，用"单行文字"命令填写标题栏。点击"保存"，选择好保存文件的位置，改名"阶梯轴.dwg"，再单击"保存"按钮结束。

二、盘盖类零件的绘制

盘盖类零件主体部分多为同轴回转体，如图8-85所示，此类零件的绘图思路，先确定好各视图的基准，以阀盖的右端面为长度方向基准，以前后、上下对称平面作为宽度和高度方向基准，再根据各视图的特点，分析先绘制哪个视图及采用什么命令提高作图速度。

作图步骤：

① 新建图形文件，选择自创建好样板文件A4.dwt。

② 因为左视图反映阀盖实形和孔、槽的分布位置，所以先绘制左视图。用"直线"、"圆"、"修剪"等命令在绘制好通孔和锥孔的位置后，根据环形槽的均布情况，用"环形阵

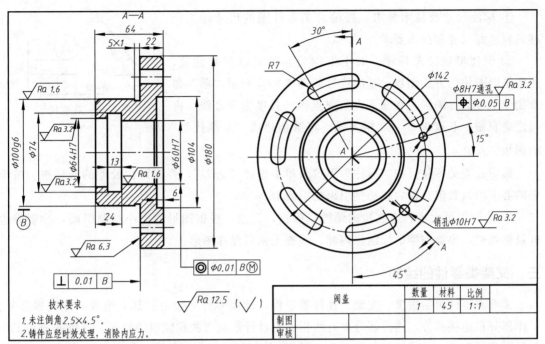

图 8-85 盘盖类零件

列"快速绘制，如图 8-86 所示。

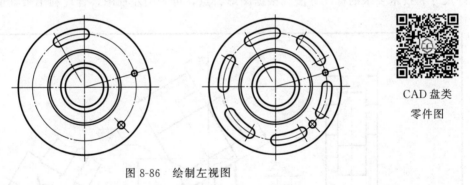

图 8-86 绘制左视图

CAD 盘类
零件图

③ 按主、左视图高平齐的关系，用"直线"、"圆"、"偏移"、"修剪"等命令绘制出一半主视轮廓，再"镜像"得到主视图轮廓。主视图是旋转剖，将左视图下方的锥孔旋转到正平面位置，再按高平齐投影到主视图，最后对主视图进行图案填充，如图 8-87 所示。

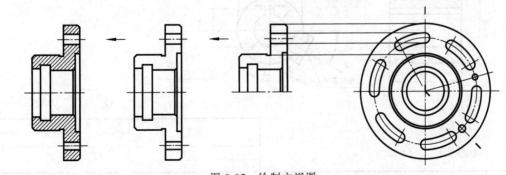

图 8-87 绘制主视图

④ 标注尺寸及技术要求，按轴套类零件图的尺寸标注标准，标注好尺寸和技术要求。

⑤ 创建形位公差标注。对于形位公差的基准代号创建，通常是以图块的方式创建。基准代号如图 8-88，利用"圆"命令创建半径为 3 的圆，在圆下方象限点做一长度为 5 直线，再与之垂直做一长度为 5～10 粗实线。将其创建成"基准代号"的图块。

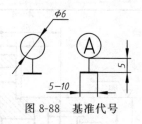

图 8-88　基准代号

形位公差的标注。在"标注"下拉菜单中选择"公差"，弹出形位公差的对话框。按给定的要求填写数值，最后移动到引出的引线上。

⑥ 绘制图纸大小、边框和标题栏，检查，存盘。根据图形的大小绘制图幅，绘制好边框及标题栏，书写完整的标题栏内容，检查无误后保存图形。

三、叉架类零件的绘制

叉架类零件包括拨叉、支架、连杆等零件，此类零件一般由三部分组成，即支撑部分、工作部分和连接部分，连接部分多有肋板、型材且形状弯曲和倾斜的较多。支持部分和工作部分通常都有孔、槽等结构。要用 AutoCAD 绘制好叉架类零件图，如图 8-89 所示，首先要了解该零件的结构特点和图形特点，选择合适的绘图与编辑命令完成图形的绘制，其次掌握好尺寸和技术要求的标注方法。根据图形特点，可先画左视图，合理利用极轴追踪有利于快速绘制。

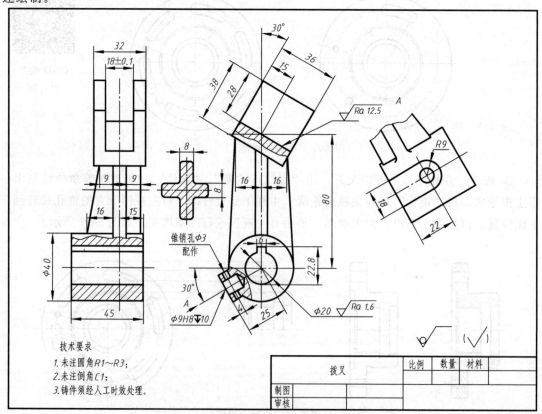

图 8-89　叉架类零件

作图步骤如图 8-90 所示：

① 新建图形文件，选择自己创建好的样板文件 A4.dwt。

② 因为左视图有倾斜部分，所以先绘制左视图。"直线"、"圆"、"偏移"、"修剪"等命令绘制圆筒。上下部倾斜部分，先在水平位置作好，再用"旋转"命令完成其倾斜的形状。

③ 用"直线"、"偏移"、"镜像"等命令，绘制拨叉主视图，利用对象捕捉追踪保证主左视图高平齐。

④ 用"直线"、"圆角"、"样条曲线"、"图案填充"等命令绘制断面图，并完成三处局部剖视图的波浪线绘制及图案填充。

⑤ 采用"直线"、"圆"、"偏移"、"修剪"、"旋转"等命令绘制斜视图。

⑥ 标注尺寸及技术要求。

⑦ 绘制图纸大小、边框和标题栏，检查，存盘。

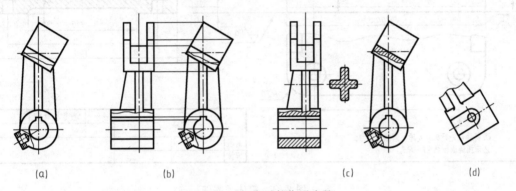

(a)　　　　　　　(b)　　　　　　　　　　(c)　　　　　　　(d)

图 8-90　叉架类零件作图步骤

四、箱体类零件的绘制

箱体类零件如泵体、机床机身、阀体、变速箱等零件的箱体，主要起包容、支承其他零件的作用，壁薄中空，内部以圆形或方形腔体为主要特征。箱体类零件通常以底面为高度基准，长度和宽度基准通常以重要端面或对称面作为基准。要用 AutoCAD 绘制好箱体类零件图，如图 8-91 所示，首先要了解该零件的结构特点和图形特点，选择合适的绘图与编辑命令完成图形的绘制，其次掌握好尺寸和技术要求的标注方法。

作图步骤如图 8-92 所示：

① 新建图形文件，选择自己创建好的样板文件 A2.dwt。

② 确定长、宽、高基准后，用"直线"、"圆"、"偏移"、"修剪"等命令将圆筒的主视、左视图对齐好。

③ 用"直线"、"圆"、"镜像"等命令将底板、肋板、连接板绘制，可先绘制左视图下半部分的一半图形，通过"镜像"得另一半，再通过高平齐对应主视图。

④ 用"圆"、"阵列"、"样条曲线"、"圆角"、"倒角"、"修剪"等命令，绘制 M8 螺纹孔、波浪线、添加圆角、倒角。

⑤ 用"直线"、"圆"、"图案填充"将局部视图画出，并绘制出剖面线。

⑥ 标注尺寸及技术要求。

⑦ 绘制图纸大小、边框和标题栏，检查，存盘。

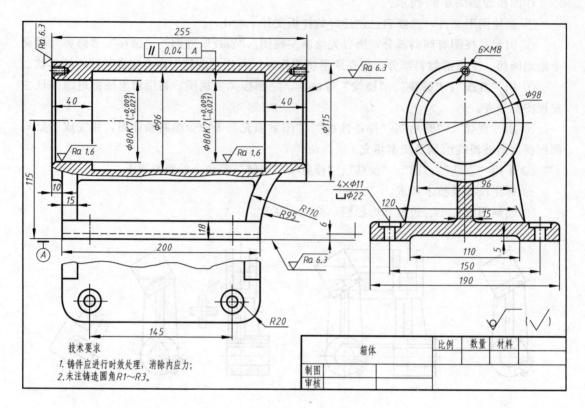

图 8-91 箱体类零件

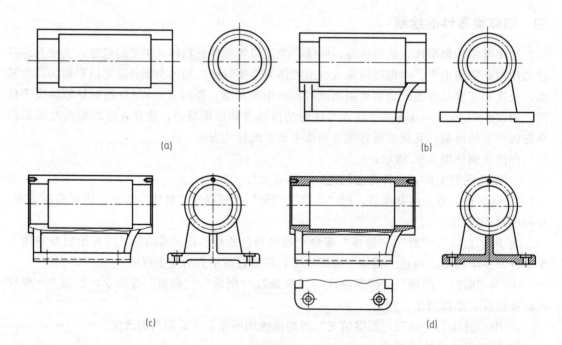

图 8-92 箱体类零件作图步骤

思政拓展

　　"工匠精神"就是把平凡的工作干到极致、干到无可挑剔。被称为"航空手艺人"的全国劳动模范、全国道德模范、中国商飞上海飞机制造有限公司零件加工中心技能大师胡双钱在中华职业教育上海论坛上谈到他对"工匠精神"的理解。胡双钱的匠心不仅体现在技艺上，更体现在他对工作的热爱和执着上。他说："每个零件都关系着乘客的生命安全，确保质量是我最大的职责。"这种对工作的敬畏和对生命的尊重，让胡双钱在平凡的工作岗位上创造出了不平凡的成绩。据零件图的技术要求，他的零件最细处仅0.01mm，"零差错"才能无可替代，从未出现过一个次品，这是对零件加工工艺的极致追求，更是对生命的最大尊重。在胡双钱这位"航空手艺人"的传奇故事中，我们看到了工匠精神的熠熠光辉。他的坚守与追求，不仅仅是对技艺的精湛掌握，更是对品质的极致追求和对工作的敬畏之心。这种精神，正是当代大学生所应该学习和传承的宝贵财富。

模块九　装　配　图

【知识目标】

① 了解装配图的内容和作用，掌握装配图的视图选择和常用表达方法。

② 了解装配图的尺寸标注和技术要求、明细栏注写。

③ 熟悉典型装配结构表达，如螺纹联接、键联接、轴承安装、密封装置等常见装配结构的合理表达方法。

【技能目标】

① 能正确绘制装配图，能识读中等复杂程度的装配图。

② 具有读图与拆画装配图能力，能通过装配图拆画指定零件图，还原零件结构并补充完整尺寸与技术要求并分析装配关系。

③ 能应用 AutoCAD 2024 的拼装法或外部参照功能绘制装配图。

【素质目标】

① 具备规范意识与协作精神，培养创新与优化意识。

② 培养"从单一零件到复杂系统"的全局思维，以及"以图纸驱动协作"的工程师素养。

　　一台机器或一个部件，都是由若干零件按一定的装配关系和技术要求装配起来的。表示机器或部件的图样称为装配图。表示一个部件的图样称为部件装配图。例如图 9-1 为球阀的部件装配图。表示一台完整的机器的图样称为总装配图。装配图是表达设计思想及技术交流的工具，是指导生产的基本技术文件。

第一节　识读装配图

一、装配图的作用

　　装配图和零件图是机械图中两种主要的图样。零件图表示零件的结构形状、尺寸大小和技术要求，并根据它加工制造零件；装配图表示机器或部件的结构形状、装配关系、工作原理和技术要求。设计时，一般先画出装配图，再根据装配图绘制零件图；装配时，根据装配图的要求，把零件装配成部件（或机器）。因此，零件与部件（或机器）、零件图和装配图之间的关系十分密切，要注意零件与部件（或机器）、零件图和装配图之间的联系。

　　以球阀的装配图（见图 9-1）为例，对照装配立体图（见图 9-2）说明它的装配关系和工作原理。

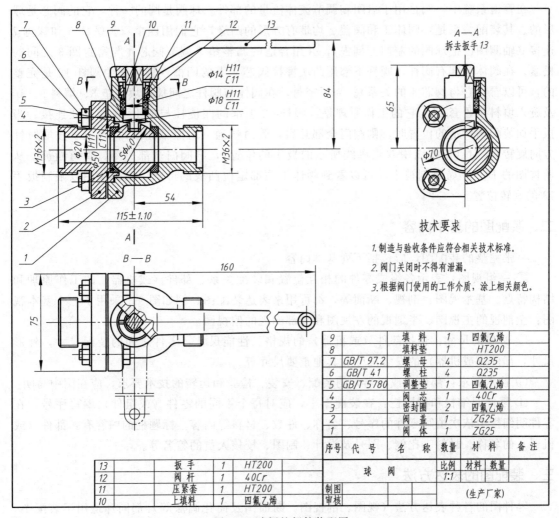

图 9-1　球阀的部件装配图

13		扳手	1	HT200	
12		阀杆	1	40Cr	
11		压紧套	1	HT200	
10		上填料	1	四氟乙烯	

9		填料	1	四氟乙烯
8		填料垫	1	HT200
7	GB/T 97.2	螺母	4	Q235
6	GB/T 41	螺柱	4	Q235
5	GB/T 5780	调整垫	1	四氟乙烯
4		阀芯	1	40Cr
3		密封圈	2	四氟乙烯
2		阀盖	1	ZG25
1		阀体	1	ZG25
序号	代号	名称	数量	材料	备注

球阀			比例	材料	数量
			1:1		
			制图		(生产厂家)
			审核		

技术要求

1. 制造与验收条件应符合相关技术标准。

2. 阀门关闭时不得有泄漏。

3. 根据阀门使用的工作介质，涂上相关颜色。

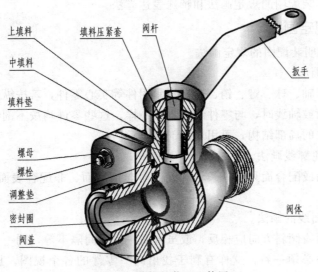

图 9-2　球阀的装配立体图

在管道系统中，阀是用于启闭和调节流体流量的部件。球阀是阀的一种，它的阀芯是球形的。其装配关系是：阀体 1 和阀盖 2 均带有方形的凸缘，它们用四个双头螺柱 6 和螺母 7 连接（轴测图已把球阀的左前方剖去），并用合适的调整垫 5 调节阀芯 4 与密封圈 3 之间的松紧。在阀体上部有阀杆，阀杆下部用凸块榫接阀芯 4 上的凹槽（轴测图中阀杆 12 是完整的，可以看到它与阀芯 4 的关系）。为了密封，在阀体与阀杆之间加进填料垫 8、填料 9、10 及旋入填料压紧套 11。它的工作原理是：阀杆 12 上部的四棱柱与扳手 13 的方孔连接。当扳手如装配图所示的位置时，则阀门全部开启，管道畅通（对照轴测图）；当扳手按顺时针方向旋转 90°时（俯视图中双点画线所示的扳手的位置），则阀门全部关闭，管道断流。从俯视图的 B—B 局部剖视中，可以看到阀体 1 顶部定位凸块的形状，该凸块用以限制扳手 13 的旋转位置。

二、装配图的基本内容

一张完整的装配图，应包括下列基本内容。

① 一组视图：表示各组成零件的相互位置和装配关系、部件（或机器）的工作原理和结构特点。基本视图、剖视、断面等，都可用来表达装配图。例如图 9-1 采用了三个基本视图：全剖视的主视图、半剖视的左视图和局部剖视的俯视图。

② 必要的尺寸：包括部件（或机器）的规格、性能尺寸，零件之间的装配尺寸，外形尺寸，部件（或机器）的安装尺寸和其他重要尺寸等。

③ 技术要求：部件（或机器）的装配、安装、检验和运转的技术要求，应在图中写明。

④ 零件明细栏和标题栏：在装配图上，应对每个不同的零件（或组件）编写序号，在零件明细栏中依次填写零件的序号、名称、件数、材料等内容。标题栏的内容有：部件（或机器）的名称、材料、比例、图号及设计、制图、校核人员的签名等。

三、装配图的表达方法

零件图的各种表达方法（视图、剖视图、断面图及简化画法等）都同样适用于装配图，但装配图侧重表达装配体的结构特点、工作原理以及各零件间的装配关系。根据装配图的特点，国家标准规定了装配图的规定画法和特殊表达方法。

1. 装配图的规定画法

结合图 9-3 来说明装配图的规定画法。

① 实心零件的画法。

在装配中，对于轴、球、键、销、连杆和紧固件等实心零件，若按纵向剖切，而且剖切平面通过其对称平面或轴线时，与零件绘制方法一样，这些零件均按不剖绘制。如果要特殊表达装配中这些零件的局部结构，可用局部剖视表示。

② 相邻零件的轮廓线画法。

两零件的接触面或配合面只画一条轮廓线。而非接触面、非配合表面，即使间隙再小，也应画两条轮廓线。

③ 装配图中剖面线的画法。

相邻零件的剖面线倾斜方向应相反，或虽方向一致但间隔不等，同一零件的剖面线方向和间隔在各个视图中必须一致，这样有利于找出同一零件的各个视图，想象其形状和装配关系。

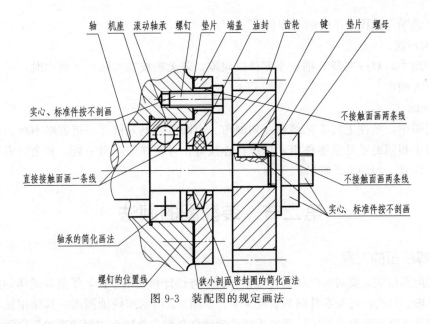

图 9-3　装配图的规定画法

2. 装配图的特殊表达方法和简化画法

① 拆卸画法。

在装配图中的某一视图上，当某些零件遮住了需要表达的结构形状时，或者为了避免重复，简化作图，可假想将某些零件拆去后绘制，这种表达方法称为拆卸画法。采用拆卸画法后，为了避免误解，在该视图上应加注"拆去件××"，拆卸关系明显，不至于引起误解时，也可不加注。如图 9-1 中左视图的拆去扳手 13。

② 沿结合面剖切画法。

为了把装配体中某些零件的装配关系表达的更清楚，可以假想沿着某些零件的结合面进行剖切，此时，结合面上不画剖面线，被剖切的螺栓、销和泵轴要绘制剖面线。如图 9-4 中的剖视图是沿泵盖的结合面剖切的 $A—A$ 视图。

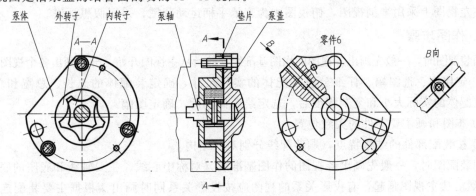

图 9-4　装配图的特殊表示法

③ 假想画法。

为了表示运动件的运动范围或极限位置，可用细双点画线假想画出该零件的某些位置，如图 9-1 所示，扳手的下方极限位置用细双点画线画出。

④ 单件画法。

当个别零件在装配图中未表达清楚时，可单独画出该零件的某个视图，在所画视图上方应加以标注说明,如图 9-4 中的"零件 6"。

⑤ 夸大画法。

在装配图中,对一些薄、细、小零件或间隙,若无法按其实际尺寸画出时,可不按比例而适当地夸大画出。

⑥ 简化画法。

在装配图中,零件上的工艺结构(如倒角、小圆角、退刀槽等)可省略不画。在装配图中,对于若干相同的零件或零件组,如螺栓连接等,可仅详细画出一处,其余只需用细点画线表示出其位置,如图 9-3 所示。

第二节　装配图的画法

1. 了解所画的对象

绘制装配图以前,要对装配体进行观察分析,查设计和使用单位,了解装配体的用途、性能、工作原理、结构特点及零件间的装配关系。如图 9-2 所示球阀轴测图,其作用就是安装在管道上控制流体流量及管路启闭,通过手柄带动阀杆和阀芯旋转而控制通道的开启和关闭。

2. 确定表达方案

① 主视图的选择。

为了能表达出球阀各零件之间的装配关系,同时也表达主要零件的结构形状,将球阀的主轴线放在水平位置画出全剖视图。这种表达方式能充分表达部件的工作情况及整个球阀各零件间的装配关系,明显反映部件的工作原理。

② 选择其他视图。

其他视图的选择是对主视图表达的补充。原则是:在完整、清晰地表达部件的工作原理,装配关系及零部件主要结构形状的前提下,力求制图简便、清晰。例如图 9-1 所示球阀装配图。主视图按轴线水平位置设置,为补充表达阀杆与阀芯的装配关系及压盖的结构特点,在左视图上采用半剖视图,俯视图中为表示手柄运动范围,采用假想画法。

3. 作图步骤

画装配图时,一般先画出各视图的作图基准线,然后从主视图开始,分别画出各个视图。

① 定比例、选图幅。仔细分析装配体的实际尺寸,确定装配体的总长、总宽和总高,掌握装配体的实际大小和复杂程度后,选定绘图比例后,确定图幅。

② 布图和画主要零件的大致位置。

③ 按装配部件的结构特点,顺装配线分别对齐结构。

画装配图时,一般先画出各视图的作图基准线(对称中心线、主要轴线和底座的底面基准)。然后从主视图画起,有投影关系的视图应按投影关系同时画出。根据主要装配连接关系,逐个画出各零件的图形,一般先画主视图,后画其他视图。先画主要零件,后画其他零件。先画外件,后画内件。先画主要结构,后画次要结构的顺序进行,如图 9-5～图 9-10 所示球阀画图过程。

④ 在剖视图上画出剖面符号、标注尺寸、编写零件序号、完成底稿。

⑤ 仔细检查后加深图线、填写标题栏、零件明细栏及必要的技术要求,完成装配图,如图 9-1 所示。

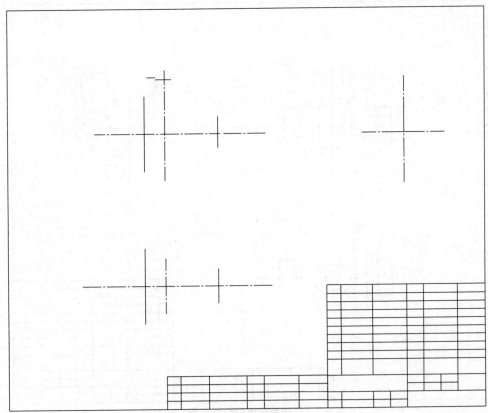

图 9-5　球阀装配图的绘图步骤（一）

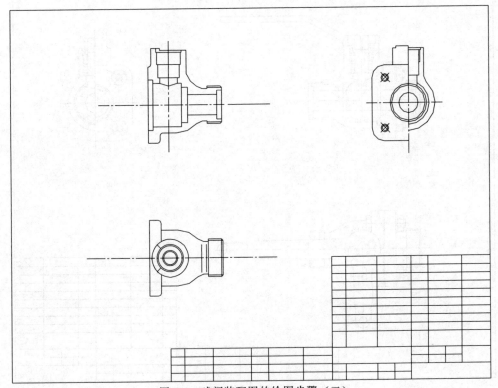

图 9-6　球阀装配图的绘图步骤（二）

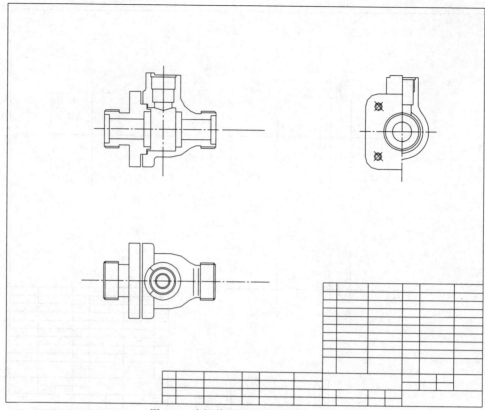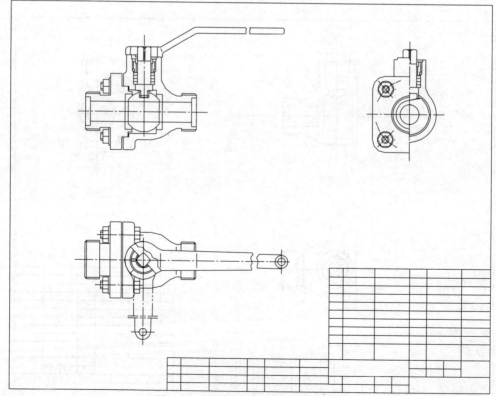

图 9-7　球阀装配图的绘图步骤（三）

图 9-8　球阀装配图的绘图步骤（四）

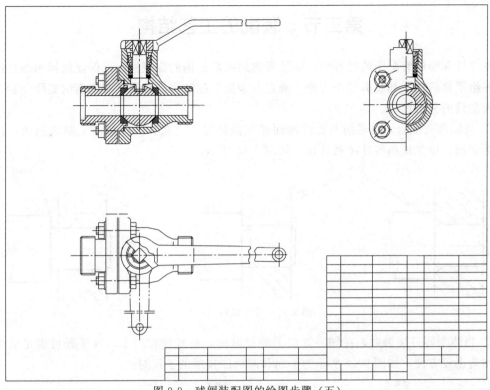

图 9-9　球阀装配图的绘图步骤（五）

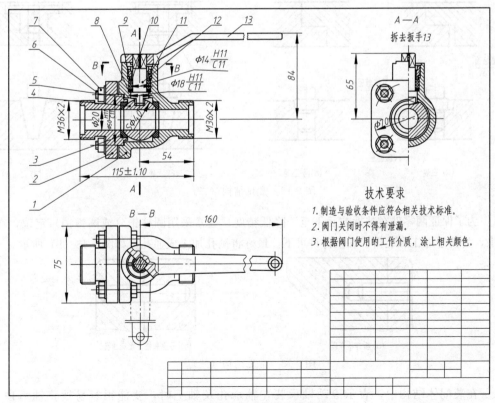

图 9-10　球阀装配图的绘图步骤（六）

第三节　装配的工艺结构

在设计和绘制装配图的过程中，应该考虑到装配结构的合理性，以保证机器和部件的性能，并给零件的加工和装拆带来方便。确定合理的装配结构，必须具有丰富的实际经验，并作深入细致的分析比较。

① 当轴和孔配合，且轴肩与孔的端面相互接触时，应在孔的接触面上制成倒角，或在肩根部切槽，以保证两零件接触良好，如图9-11所示。

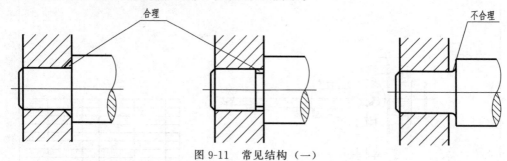

图9-11　常见结构（一）

② 当两个零件接触时，在同一方向上的接触面，最好只有一个，这样既可满足装配要求，制造也较方便，如图9-12所示为平面和圆柱圆接触的正误对比。

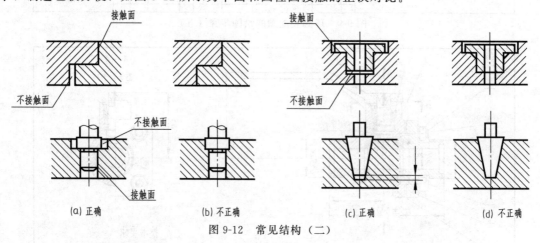

图9-12　常见结构（二）

③ 为了保证两零件在装拆前后不至于降低精度，通常采用圆柱销（或圆锥销）定位，在销连接中，为便于加工和装拆，在条件许可下，最好将销孔加工成通孔，如图9-13（b）所示。

(a) 拆卸不合理　　　　　　　(b) 可能条件下做成通孔

图9-13　常见结构（三）

④ 在装配体结构中，表示滚动轴承装在轴承孔及轴上时，要能很容易地将轴承顶出，如图9-14所示。

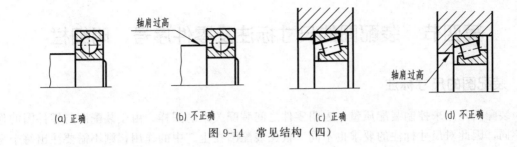

(a) 正确   (b) 不正确   (c) 正确   (d) 不正确

图 9-14　常见结构（四）

⑤ 在安装螺钉位置时，要考虑装拆螺钉时扳手活动空间，如图 9-15 所示。

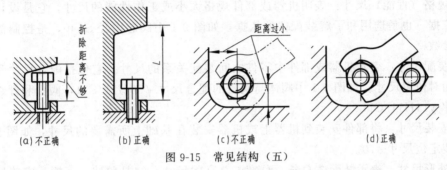

(a)不正确   (b)正确   (c)不正确   (d)正确

图 9-15　常见结构（五）

⑥ 为了防止内部的液体或气体向外渗漏，同时也防止外面的灰尘等异物进入机器，常采用如图 9-16 所示的密封装置。

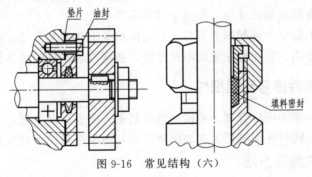

图 9-16　常见结构（六）

⑦ 在装配图中，经常用的螺纹防松结构有：双螺母、止动垫圈、弹簧垫圈、开口销等，画法如图 9-17 所示。

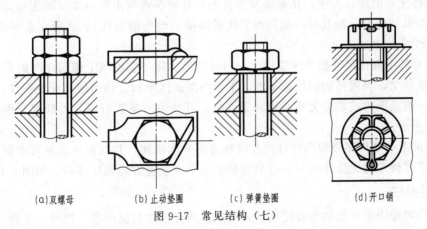

(a)双螺母   (b)止动垫圈   (c)弹簧垫圈   (d)开口销

图 9-17　常见结构（七）

第四节　装配图的尺寸标注及零件序号、明细栏

一、装配图的尺寸标注

装配图是用来控制装配质量、表明零件之间装配关系的图样，由于装配图与零件图的作用不同，因此对尺寸标注的要求也不同。根据装配图在生产中的作用，则不需要注出每个零件的尺寸，只需要注出下列几类尺寸。

① 规格（性能）尺寸：表明机器或部件规格大小或工作性能的尺寸，它是设计装配体的主要依据，也是选用和了解装配体的依据，如图 9-1 中阀芯内径 $S\phi40$，是控制流量大小的主要参数。

② 装配尺寸：表示机器或部件中零件之间装配关系的尺寸。它包括配合尺寸和主要零件间的相对位置尺寸。如图 9-1 中阀体与阀盖的配合尺寸 $\phi50H11/C11$，阀杆和螺纹压环的配合尺寸 $\phi14H11/C11$。

③ 安装尺寸：将部件安装到机器上或机器安装在基础上所需要的尺寸，如图 9-1 中螺柱的安装定位尺寸 $\phi70$。

④ 外形尺寸：表示装配体总长、总宽、总高的尺寸。它是包装、运输、安装过程中所需空间大小的尺寸，如图 9-1 中的 115、75、84 和 160 等。

⑤ 其他重要尺寸：不包括在上述几类尺寸中的重要零件的主要尺寸。运动零件的极限位置尺寸、经过计算确定的尺寸等，都属于其他重要尺寸。

必须指出，并不是每个装配图上有时并非全部具备上述五类尺寸，此外，装配图上同一尺寸有时具有多种作用。因此标注装配图尺寸时，必须视装配体的具体情况加以标注。

二、装配图中的零件序号和明细栏

为了便于看图，便于图样管理，根据《机械制图》国家标准的规定，对装配图中所有零件都必须缩写序号。同时在标题栏上方的明细栏中与图中序号一一对应地列出。

1. 零件编号的编写方法

① 装配图中所有的零（部）件必须编写序号，相同的零（部）件只编一个序号。

② 每种零件只编写一次序号，数量在明细栏内填明。

③ 零件序号的编写方法，从被编写零件的可见轮廓内引出指引线（细实线），并在指向零件的末端画一圆点，在其另一端画水平线或圆圈（均为细实线），然后在水平线或圈内编写序号，如图 9-18 所示。

④ 序号的字高比尺寸数字字高应大一号或两号。同一装配图上编写序号的形式应一致。指引线不能相交，当通过剖面线区域时，不宜与剖面线平行。指引线可画成折线，但只可曲折一次，一组紧固件或装配关系密切的零件组。可共用一条指引线，再顺次分别编写序号，如图 9-18 所示。

⑤ 装配图中零件序号应顺时针或逆时针方向顺次排列，并按水平或垂直方向排列整齐，若整个图上零件序号无法连续时，可只在每个水平或垂直方向顺序排列，如图 9-1 所示。

2. 明细栏

明细栏可按国家标准中推荐使用格式绘制。明细栏中包括序号、代号、名称、数量、材

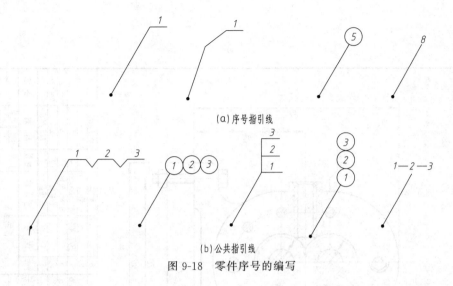

(a)序号指引线

(b)公共指引线

图 9-18　零件序号的编写

料、重量、备注等内容。通常画在标题栏上方，应自下而上顺序填写。如位置不够，可在标题栏左边自下而上延续，如图 9-1 所示，在特殊情况下，明细栏可作为装配图的续页按 A4 幅面单独制表。

三、技术要求

拟订技术要求时，一般可从以下几个方面来考虑。

① 装配体在装配过程中需注意的事项及装配后装配体所必须达到的要求，如准确度、装配间隙、润滑要求等。

② 装配体基本性能的检验、试验及操作时的要求。

③ 对装配体的规格、参数及维护、保养、使用时的注意事项及要求。

装配图上的技术要求应根据装配体的具体情况而定，用文字注写在明细栏上方或图样下方的空白处。如图 9-1 所示。

第五节　看装配图和由装配图拆画零件图

在工业生产中，从机器的设计到制造，或技术交流、维修机器及设备，都要用到装配图。因此，对于工程技术的工作人员来说，都必须能看懂装配图。

看装配图的目的是从装配图中了解部件中的各个零件的装配关系，分析部件的工作原理，并能分析看懂其中主要零件及其他有关零件的结构形状，有时根据技术需要，还要绘制出它们的零件图。

一、看装配图的步骤和方法

以图 9-19 齿轮油泵的装配图为例说明看装配图的具体方法。

1. 概括了解

需要了解各部件的名称和用途，可以通过查阅标题栏、明细栏及说明书来完成。

齿轮油泵是机器中用以输送润滑油或压力油的一种部件。图 9-19 所示的齿轮油泵是由泵体，左、右端盖，运动零件（传动齿轮、齿轮轴等），密封零件以及标准件等组成。对照

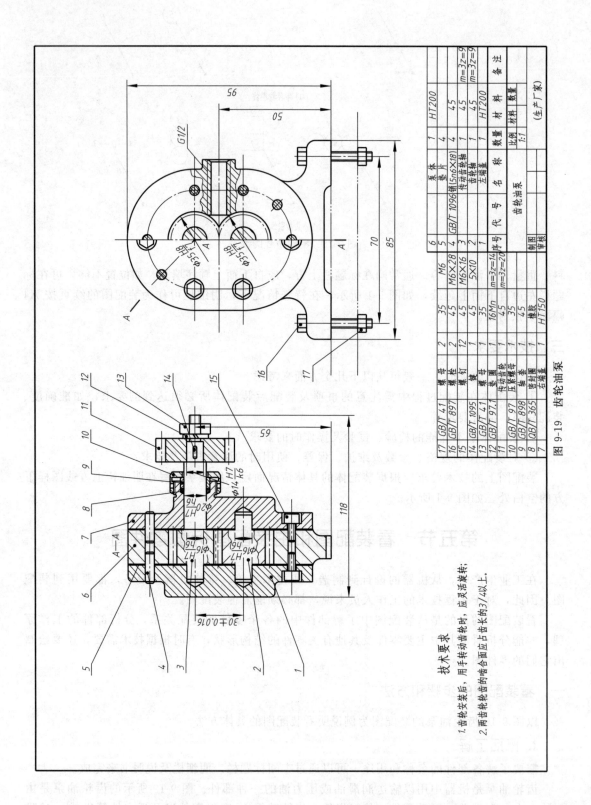

技术要求

1. 齿泵安装后，用手转动齿轮时，应灵活旋转；
2. 两齿轮齿的啮合面应占齿长的3/4以上。

序号	代 号	名 称	数量	材 料	备 注
6		泵 体	1	HT200	
5		垫 片	4	4.5	
4	GB/T 1096	键 5n6×18	4	4.5	m=3z=9
3		传动齿轮轴	1	4.5	m=3z=9
2		齿轮油	1	4.5	
1		左端盖	1	HT200	

17	GB/T 41	螺 母	2	35	
16	GB/T 897	螺 栓	2	4.5	M6
15	GB/T 1095	键	12	4.5	M6×28
14	GB/T 41	螺 母	1	35	M6×16
13	GB/T 97.1	垫 圈	1	16Mn	5×10
12		传动齿轮	1	4.5	m=3z=14
11	GB/T 97	压紧螺母	1	35	m=3z=20
10	GB/T 898	轴 套	1	4.5	
8	QB/T 365	密封圈	1	橡胶	
7		右端盖	1	HT150	

齿轮油泵 比例 1:1 (生产厂家)

制图 审核

图9-19 齿轮油泵

零件序号及明细栏可以看出：齿轮油泵共有 17 种零件装配而成，并采用两个视图表达。全剖视的主视图，反映了组成齿轮油泵各个零件间的装配关系。左视图是采用沿着左端盖 1 与泵体 6 结合面剖切的半剖视图，它清楚地反映了外形、齿轮的啮合情况以及吸、压油的工作原理；再用局部剖视图反映进、出油口的情况。齿轮油泵的外形尺寸是 118、85、95，由此知道齿轮油泵的体积不大。

2. 了解装配关系和工作原理

泵体 6 是齿轮泵中的主要零件之一。它的内腔可以容纳一对吸油和压油的齿轮。将一对带轴的齿轮 2、3 装入泵体后，两侧有左端盖 1、右端盖 7 支承齿轮轴的旋转运动。由销 4 将端盖与泵体定位后，再用螺钉 15 将端盖与泵体连接成整体。为了防止泵体与端盖结合面处以及传动齿轮轴 3 伸出端漏油，分别用垫片 5 及密封圈 8、轴套 9、压紧螺母 10 密封。

齿轮轴 2、传动齿轮轴 3、传动齿轮 11 是油泵中的运动零件。当传动齿轮 11 按逆时针方向（从左视图观察）转动时，通过键 14，将扭矩传递给传动齿轮轴 3，经过齿轮啮合带动齿轮轴 2，从而使后者作顺时针方向转动。如图 9-20 所示，当一对齿轮在泵体内作啮合传动时，啮合区内右边压力降低而产生局部真空，油池内的油在大气压力作用下进入油泵低压区内的吸油口（进油口），随着齿轮的转动，齿槽中的油不断沿箭头方向被带至左边的压油口把油压出，送至机器中需润滑的部分。

3. 对齿轮油泵中一些配合和尺寸的分析

根据零件在装配体中的作用和要求，应注出相应的配合代号。例如传动齿轮 11 要带动传动齿轮轴 3 一起转动，除了靠键把两者联成一体传递扭矩外，还需定出相应的配合。在图中可以看到，它们之间的配合尺寸是 $\phi 14 \frac{H7}{k6}$。

$\phi 14 \frac{H7}{k6}$ 是基孔制的优先过渡配合，由公差与配合表查得：孔的尺寸是 $\phi 14^{+0.018}_{0}$；轴的尺寸是 $\phi 14^{+0.012}_{+0.001}$。配合的最大间隙＝＋0.018－（＋0.001）＝0.017；配合的最大过盈＝0－（＋0.012）＝－0.012。

齿轮与端盖在支承处配合尺寸是 $\phi 16 \frac{H7}{h6}$；齿轮轴的齿轮顶圆与泵体内腔配合是 $\phi 35 \frac{H8}{f7}$。它们同样可以通过查表计算得到。

尺寸 30±0.016 是一对啮合齿轮的中心距，这个尺寸准确与否将会直接影响齿轮的啮合传动。尺寸 65 是传动齿轮轴线离泵体安装面的高度尺寸。30±0.016 和 65 这两个尺寸是设计和安装所要求的尺寸。

进、出油口的尺寸 G1/2，两个螺栓 16 之间的定位尺寸 70。图 9-21 所示为齿轮油泵的装配轴测图。

二、由装配图拆画零件图

由装配图了解齿轮油泵的装配关系和工作原理后，进一步分析每个零件在齿轮油泵中的作用、各零件相互之间的关系以及结构形状。

通过拆画齿轮油泵泵体的零件图，说明拆画零件图的步骤。

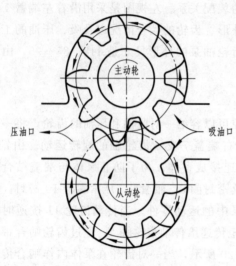

图 9-20　齿轮油泵工作原理图

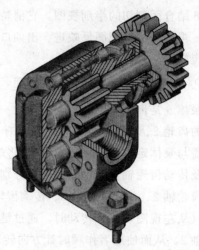

图 9-21　齿轮油泵的装配轴测图

① 分析齿轮油泵的泵体与其他零件的关系。

一对带轴的齿轮 2、3 装入泵体内，两侧有左端盖 1、右端盖 7 支承齿轮轴的旋转运动。由销 4 将端盖与泵体定位后，再用螺钉 15 将端盖与泵体连接成整体。

② 在装配体上分离出泵体的视图轮廓。

由于在装配图上零件投影相互重叠，使泵体的一部分图线被端盖等零件挡住，所以从视图上分离出来的视图是不完整的图形，如图 9-22 所示。

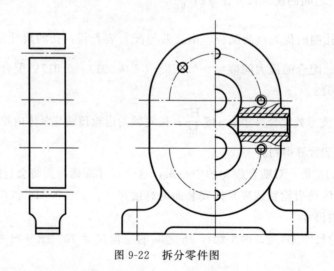

图 9-22　拆分零件图

③ 按零件的要求，确定视图表达方案。

从装配图上分离出来的视图轮廓，不一定符合该零件的表达要求，因此要根据零件的形状特征重新考虑表达方案。图 9-22 中的表达方式显示了泵体的形状特征，又反映了内部结构，作为零件图的首选位置。

④ 零件尺寸的确定。

由于装配图上仅标出必要的几种尺寸，而在零件图上则需注出零件各部分尺寸，此时应注意：凡是在装配图上给出的尺寸，在零件图上可直接注出，对于标准结构以及与标准件相关的尺寸，应从相关标准中查取。如键槽、退刀槽、沉孔与滚动轴承配合的轴和尺的尺寸等。某些尺寸须计算确定。如齿轮轮齿各部分尺寸计算等，一般结构尺寸可按比例直接从装配图上量取，并作适当的圆整。

⑤ 泵体零件图的绘制。

根据零件图画法原则，调整表达方法，完成泵体零件图的绘制，如图 9-23 所示。

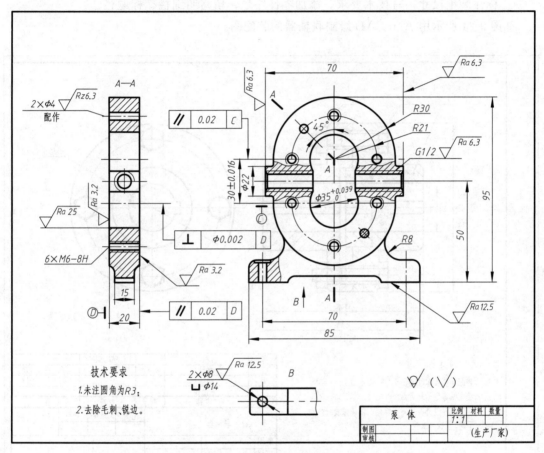

图 9-23 泵体零件图

第六节 AutoCAD 绘制装配图

应用 AutoCAD 绘制装配图通常有两种方法：

（1）直接用手工制图知识，结合 AutoCAD 的绘图和编辑命令，辅助"对象捕捉"、"对象捕捉追踪"、"极轴追踪"等状态的开启来绘制装配图，但这种方法时间较长，且容易出错，绘制相对简单的装配图还行。

（2）拼装法，即各自先绘制出零件图，利用 AutoCAD 提供的"设计中心"管理器，将零件以图块的形式"拼装"在一起，构成装配图。该法在了解各零件的相对位置和装配关系后，找好各自的装配基点，按装配图的表达方法绘制，出图速度较快。

"拼装法"的主要思路是：

① 绘制各零件图，各零件的比例应一致，零件的尺寸可以暂不标。

② 调入装配干线上的主要零件，然后沿装配干线展开，逐个插入相关零件。插入后，若需要修剪不可见的线段，应当分解零件图，插入零件图的视图时应当注意确定它的轴向和径向定位。

CAD组装
装配图

③ 根据零件之间的装配关系，检查各零件的尺寸是否有干涉现象。

④ 标注装配尺寸，写技术要求，添加零件序号，填写明细栏、标题栏。

如图 9-24 所示用 AutoCAD 绘制联轴器的装配图。

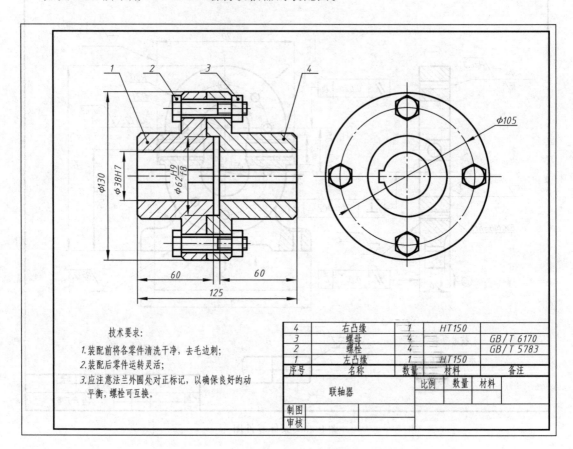

4	右凸缘	1	HT150	
3	螺母	4		GB/T 6170
2	螺栓	4		GB/T 5783
1	左凸缘	1	HT150	
序号	名称	数量	材料	备注

技术要求：

1.装配前将各零件清洗干净，去毛边刺；

2.装配后零件运转灵活；

3.应注意法兰外圆处对正标记，以确保良好的动平衡，螺栓可互换。

联轴器		比例	数量	材料	
制图					
审核					

图 9-24 联轴器装配图

作图步骤：

① 新建图形文件，选择自己创建好的样板文件 A3. dwt。

② 在"视图"的工具栏选项里选择"设计中心" 🔲 或在命令栏输入"AD"回车，进入图 9-25 设计中心的对话框。在"文件夹"的选项里找到要插入的图形文件。

③ 找到的图形文件如"左凸缘"上点击右键，在弹出的下拉菜单上选择"插入为块(I)"，在弹出的"插入"对话框里将"分解"勾选，点击确定，如图 9-26 所示。

在样板图中提示指定插入点时任意在图中单击一点便将该零件图复制到样板图上，随即

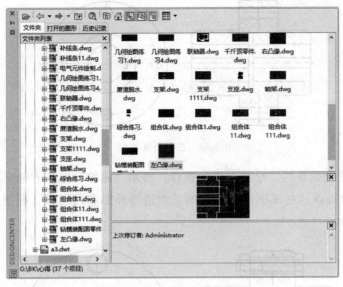

图 9-25 设计中心对话框

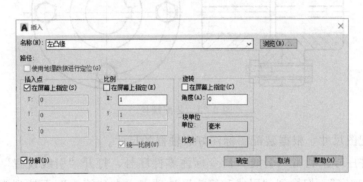

图 9-26 "插入"对话框

删掉尺寸、文字、边框、标题栏等内容，只保留图形线条即可。在用相同的方法将图形文件"右凸缘"插入样板图中，同样删除尺寸、文字等内容，只保留图形线条，如图 9-27 所示。

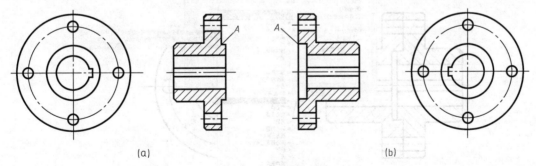

图 9-27 零件样板图

④ 采用"移动"命令，将 A 点为基准，把左右凸缘的主视图对齐。删除、修剪多余的线段，把相邻两零件的剖面线方向绘制反向，如图 9-28 所示。

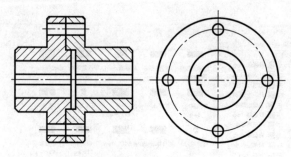

图 9-28   左右凸缘装配

⑤ 根据螺栓连接的画法，绘制上方的螺栓，再用"镜像"把下方的螺栓绘制，注意要删除和修剪多余的线条，左视图绘制螺母的正六边形外形和内切圆，利用"阵列"分布均匀，如图 9-29 所示。

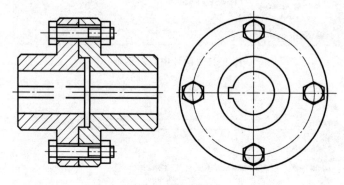

图 9-29   装配螺栓

⑥ 标注装配图尺寸。根据装配图标注好联轴器的尺寸。

⑦ 编写零件序号。利用"引线"命令标注零件序号，打开"引线设置"对话框的"注释"选择"多行文字"，切换到"引线和箭头"选项卡，在"箭头"下拉列表框中选择"小点"，如图 9-30 所示。

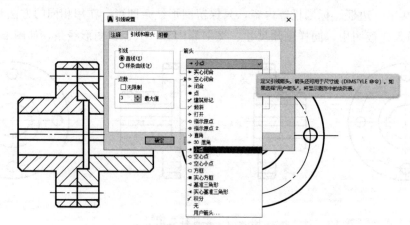

图 9-30   引线标注零件序号

⑧ 绘制并填写标题栏、明细栏等。用"直线"、"偏移"、"修剪"等命令绘制标题栏和明细栏，用"单行文字"命令填写标题栏和明细栏，用"多行文字"命令填写技术要求。

⑨ 检查、存盘。

 思政拓展

创新实践，一线工人也能大有作为。2021年"大国工匠年度人物"的中国兵器工业集团中国兵器首席技师周建民，不用任何机器设备，全凭眼观、耳听和手感做出的量具精度极高，创造了精度达到头发丝直径1/60的"周氏精度"。如今，高精密的数控车床越来越先进，在"制造"向"智造"的转换过程中，手工的意义愈加凸显，很多精密量具的完成是靠周建民手工研磨与微米级"对话"。谈到技能创新对军品质量的提升作用，他在一线调研发现，某型军品的一个弹簧需要在压缩状态下安装，安装完毕后再将弹簧恢复。传统的安装方法是先用线把弹簧绑起来，安装后将线剪断，费时费力不说，还会留下线头、细毛等多余物，影响军品质量。针对弹簧安装装配难题，周建民和工友们一起进行创新。最终，他们成功研制出一套辅助工具，成本只有十几元，安装弹簧时省时省力，不仅可以反复使用，更重要的是没有多余物，军品质量得到提升。工作至今，周建民对专用量具进行改造，生产了15套合格工装，将耐用度提高了30多倍，创造了行业内多个"第一"。2011年，周建民技能大师工作室被人社部授予全国首批50个、山西省第一个国家级技能大师工作室，周建民也被誉为"为导弹制造标准的人"。执着忘我、巧思钻研，周建民用行动诠释了工匠精神。

附　录

一、螺纹

附表 1　普通螺纹直径、螺距与公差带（摘自 GB/T 193—2003、GB/T 197—2018）　mm

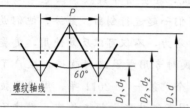

P—螺距
D—内螺纹大径（公称直径）
d—外螺纹大径（公称直径）
D_2—内螺纹中径
d_2—外螺纹中径
D_1—内螺纹小径
d_1—外螺纹小径

标记示例：

M16-6e（粗牙普通外螺纹、公称直径为16mm、螺距为2mm、中径及大径公差带均为6e、中等旋合长度、右旋）

M20×2-6G-LH（细牙普通内螺纹、公称直径为20mm、螺距为2mm、中径及小径公差带均为6G、中等旋合长度、左旋）

公称直径（D、d）			螺距（P）	
第一系列	第二系列	第三系列	粗牙	细牙
4	—	—	0.7	0.5
5	—	—	0.8	
6	—	—	1	0.75
—	7	—	1	0.75
8	—	—	1.25	1、0.75
10	—	—	1.5	1.25、1、0.75
12	—	—	1.75	1.25、1
—	14	—	2	1.5、1.25、1
—	—	15	—	1.5、1
16	—	—	2	1.5、1
—	18	—	2.5	
20	—	—	2.5	2、15、1
—	22	—		2、15、1
24	—	—	3	2、15、1
—	—	25	—	2、15、1
—	27	—	3	2、15、1
30	—	—	3.5	(3)、2、1.5、1
—	33	—	3.5	(3)、2、1.5
—	—	35	—	1.5
36	—	—	4	3、2、1.5
—	39	—	4	3、2、1.5

螺纹种类	精度	外螺纹的推荐公差带			内螺纹的推荐公差带		
		S	N	L	S	N	L
普通螺纹	精密	(3h4h)	(4g) * 4h	(5g4g) (5h4h)	4H	5H	6H
	中等	(5g6g) (5h6h)	* 6e * 6f * 6g 6h	(7e6e) (7g6g) (7h6h)	(5G) * 5H	(5G) * 6H	(7G) * 7H

注：1. 优先选用第一系列直径，其次选择第二系列直径，最后选择第三系列直径。尽可能地避免选用括号内的螺距。

2. 公差带优先选用顺序为：带 * 的公差带、一般字体公差带、括号内公差带。紧固件螺纹采用方框内的公差带。

3. 精度选用原则，精密——用于精密螺纹，中等——用于一般用途螺纹。

附表 2　管螺纹　　　　　　　　　　　　mm

用螺纹密封的管螺纹(摘自 GB/T 7306—2000)　　　非螺纹密封的管螺纹(摘自 GB/T 7307—2001)

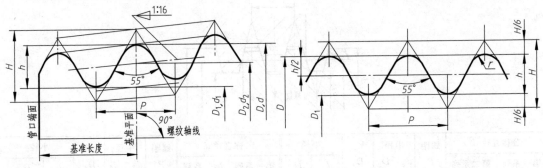

标记示例：

R½(圆锥外螺纹、右旋、尺寸代号为½)

R$_C$½(圆锥内螺纹、右旋、尺寸代号为½)

R$_P$½—LH(圆柱内螺纹、左旋、尺寸代号为½)

标记示例：

G½A—LH(外螺纹、左旋、A 级、尺寸代号为½)

G½B(外螺纹、右旋、B 级、尺寸代号为½)

G½(内螺纹、右旋、尺寸代号为½)

尺寸代号	基面上的直径(GB/T 7306)　基本直径(GB/T 7307)			螺距 P	牙高 h	圆弧半径 r	每 25.4mm 内的牙数 n	有效螺纹长度 (GB/T 7306)	基准的基本长度 (GB/T 7306)
	大径 $d=D$	中径 $d_2=D_2$	小径 $d_1=D_1$						
1/16	7.723	7.142	76.561	0.907	0.581	0.125	28	6.5	4.0
1/8	9.728	9.147	8.566						
1/4	13.157	12.301	11.445	1.337	0.856	0.184	19	9.7	6.0
3/8	16.662	15.806	14.950					10.1	6.4
1/2	20.955	19.793	18.631	1.814	1.162	0.249	14	13.2	8.2
3/4	26.441	25.279	24.117					14.5	9.5
1	33.249	31.770	30.291					16.8	10.4
1¼	41.910	40.431	38.952					19.1	12.7
1½	47.803	46.324	44.845						
2	59.614	58.135	56.656					23.4	15.9
2½	75.184	73.705	72.226	2.309	1.479	0.317	11	26.7	17.5
3	87.884	86.405	84.926					29.8	20.6
4	113.030	111.551	136.951					35.8	25.4
5	138.430	136.951	135.472					40.1	28.6
6	163.830	162.351	160.872						

附表 3　梯形螺纹（摘自 GB/T 5796.3—2022）　　　　mm

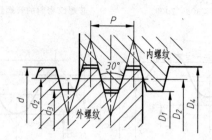

公称直径 d		螺距	中径	大径	小径		公称直径 d		螺距	中径	大径	小径	
第一系列	第二系列	P	$d_2=D_2$	D_4	d_3	D_1	第一系列	第二系列	P	$d_2=D_2$	D_4	d_3	D_1
8		1.5	7.25	8.30	6.20	6.50			3	24.50	26.50	22.50	23.00
	9	1.5	8.25	9.30	7.20	7.50		26	5	23.50	26.50	20.50	21.00
		2	8.00	9.50	6.50	7.00			8	22.00	27.50	17.50	18.00
10		1.5	9.25	10.30	8.20	8.50	28		3	26.50	28.50	24.50	25.00
		2	9.00	10.50	7.50	8.00			5	25.50	28.50	22.50	23.00
	11	2	10.00	11.50	8.50	9.00			8	24.00	29.00	19.00	20.00
		3	9.50	11.50	7.50	8.00			3	28.50	30.50	26.50	29.00
12		2	11.00	12.50	9.50	10.00		30	6	27.00	31.00	23.00	24.00
		3	10.50	12.50	8.50	9.00			10	25.00	31.00	19.00	20.00
	14	2	13.00	14.50	11.50	12.00			3	30.50	32.50	28.50	29.00
		3	12.50	14.50	10.50	11.00	32		6	29.00	33.00	25.00	26.00
16		2	15.00	16.50	13.50	14.00			10	27.00	33.00	21.00	22.00
		4	14.00	16.50	11.50	12.00			3	32.50	34.50	30.50	31.00
	18	2	17.00	18.50	15.50	16.00		34	6	31.00	35.00	27.00	28.00
		4	16.00	18.50	13.50	14.00			10	29.00	35.00	23.00	24.00
20		2	19.00	20.50	17.50	18.00	36		3	34.50	36.50	32.50	33.00
		4	18.00	20.50	15.50	16.00			6	33.00	37.00	29.00	30.00
	22	3	20.50	22.50	18.50	19.00			10	31.00	37.00	25.00	26.00
		5	19.50	22.50	16.50	17.00		38	3	36.50	38.50	34.50	35.00
		8	18.00	23.00	13.00	14.00			7	34.50	39.00	30.00	31.00
24		3	22.50	24.50	20.50	21.00			10	33.00	39.00	27.00	28.00
		5	21.50	24.50	18.50	19.00	40		3	38.50	40.50	36.50	37.00
		8	20.00	25.00	15.00	16.00			7	36.50	41.00	32.00	33.00
									10	35.00	41.00	29.00	30.00

二、常用标准件

附表 4 六角头螺栓 mm

六角头螺栓—C 级（GB/T 5780—2016）、六角头螺栓—A 和 B 级（GB/T 5782—2016）

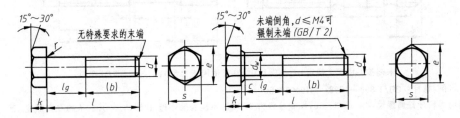

标记示例：螺栓 GB/T 5782 M12×80
螺纹规格为 M12、公称长度 $l＝80$、性能等级为 8.8 级、表面不经处理、产品等级为 A 级的六角头螺栓

螺纹规格 d			M3	M4	M5	M6	M8	M10	M12	M16	M20	M24	M30	M36	M42
b 参考	$l≤125$		12	14	16	18	22	26	30	38	46	54	66	—	—
	$125＜l≤200$		18	20	22	24	28	32	36	44	52	60	72	84	96
	$l＞200$		31	33	35	37	41	45	49	57	65	73	85	97	109
c			0.4	0.4	0.5	0.5	0.6	0.6	0.6	0.8	0.8	0.8	0.8	0.8	1
d_w	产品等级	A	4.57	5.88	6.88	8.88	11.63	14.63	16.63	22.49	28.19	33.61	—	—	—
		B、C	4.45	5.74	6.74	8.74	11.47	14.47	16.47	22	27.7	33.25	42.75	51.11	59.95
e	产品等级	A	6.01	7.66	8.79	11.05	14.38	17.77	20.03	26.75	33.53	39.98	—	—	—
		B、C	5.88	7.50	8.63	10.89	14.20	17.59	19.85	26.17	32.95	39.55	50.85	60.79	72.02
k 公称			2	2.8	3.5	4	5.3	6.4	7.5	10	12.5	15	18.7	22.5	26
r			0.1	0.2	0.2	0.25	0.4	0.4	0.6	0.6	0.8	0.8	1	1	1.2
s 公称			5.5	7	8	10	13	16	18	24	30	36	46	55	65
l（商品规格范围）			20～30	25～40	25～50	30～60	40～80	45～100	50～120	65～160	80～200	90～240	110～300	140～360	160～440
l 系列			12,16,20,25,30,35,40,45,50,55,60,65,70,80,90,100,110,120,130,140,150,160,180,200,220,240,260,280,300,320,340,360,380,400,420,440,460,480,500												

注：1. A 级用于 $d≤24$ 和 $l≤10d$ 或 $≤150$ 的螺栓；
B 级用于 $d＞24$ 和 $l＞10d$ 或 $＞150$ 的螺栓。
2. 螺纹规格 d 范围：GB/T 5780 为 M5～M64；GB/T 5782 为 M1.6～M64。
3. 公称长度范围：GB/T 5780 为 25～500；GB/T 5782 为 12～500。

附表 5　双头螺柱 （GB/T 897—1988、GB/T 898—1988、GB/T 899—1988、GB/T 900—1988）

mm

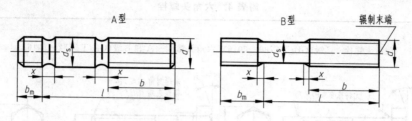

末端按 GB/T 2 规定；d_s≈螺纹中径（仅适用于 B 型）；x_{max}＝1.5P（螺距）

标记示例：螺柱　GB/T 898—1988　M10×1×50

两端均为粗牙普通螺纹，$d=10$，$l=50$，性能等级为 4.8 级，不经表面处理，B 型，$b_m=1.25d$ 的双头螺柱

螺柱　GB/T 898—1988　AM10—M10×1×50

旋入机体一端为粗牙普通螺纹，旋入螺母一端为螺距 $P=1$ 的细牙普通螺纹，$d=10$，$l=5$，性能等级为 4.8 级，不经表面处理，A 型，$b_m=1.25d$ 的双头螺柱

螺纹规格	b_m				l/b
	GB/T 897—1988 $b_m=1d$	GB/T 898—1988 $b_m=1.25d$	GB/T 899—1988 $b_m=1.5d$	GB/T 900—1988 $b_m=2d$	
M5	5	6	8	10	16～22/10,25～50/16
M6	6	8	10	12	20～22/10,25～30/14,32～75/18
M8	8	10	12	16	20～22/12,25～30/16,32～90/22
M10	10	12	15	20	25～28/14,30～38/16,40～120/26,130/32
M12	12	15	18	24	25～30/16,32～40/20,45～120/30,130～180/36
(M14)	14	18	21	28	30～35/18,38～50/25,55～120/34,130～180/40
M16	16	20	24	32	30～35/20,40～55/30,60～120/38,130～200/44
(M18)	18	22	27	36	35～40/22,45～60/35,65～120/42,130～200/48
M20	20	25	30	40	30～40/25,45～65/35,70～120/46,130～200/52
(M22)	22	28	33	44	40～55/30,50～7/40,75～120/50,130～200/56
M24	24	30	36	48	45～50/30,55～75/45,80～120/54,130～200/60
(M27)	27	35	40	54	50～60/35,65～85/50,90～120/60,130～200/66
M30	30	38	45	60	60～65/40,70～90/50,95～120/66,130～200/72
(M33)	33	41	49	66	65～70/45,75～95/60,100～120/72,130～200/78
M36	36	45	54	72	65～75/45,80～110/60,130～200/84,210～300/97
(M39)	39	49	58	78	70～80/50,85～120/65,120～90,210～300/103
M42	42	52	64	84	70～80/50,85～120/70,130～200/96,210～300/109
M48	48	60	72	96	80～90/60,95～110/80,130～200/108,210～300/121
(l 系列)	16,(18),20,(22),25,(28),30,(32),35,(38),40,45,50,(55),60,(65),70,(75),80,(85),90,(95),100, 110,120,130,140,150,160,170,180,190,200,210,220,230,240,250,260,270,280,290,300				

注：1. 尽可能不采用括号内的规格。

2. P—粗牙螺纹的螺距。

附表 6　螺钉（摘自 GB/T 65～68—2016）　　　　　　　mm

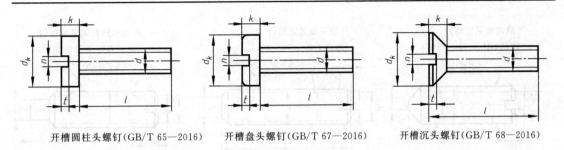

开槽圆柱头螺钉(GB/T 65—2016)　　　开槽盘头螺钉(GB/T 67—2016)　　　开槽沉头螺钉(GB/T 68—2016)

标记示例:

螺钉　GB/T 65　M5×20（螺纹规格为 M5、公称长度 $l=20$、性能等级为 4.8 级、表面不经处理的 A 级开槽圆柱头螺钉）

螺纹规格 d		M1.6	M2	M2.5	M3	(M3.5)	M4	M5	M6	M8	M10
	$n_{公称}$	0.4	0.5	0.6	0.8	1	1.2	1.2	1.6	2	2.5
GB/T 65	d_{max}	3	3.8	4.5	5.5	6	7	8.5	10	13	16
	k_{max}	1.1	1.4	1.8	2	2.4	2.6	3.3	3.9	5	6
	t_{min}	0.45	0.6	0.7	0.85	1	1.1	1.3	1.6	2	2.4
	$l_{范围}$	2～16	3～20	3～25	4～30	5～35	5～40	6～50	8～60	10～80	12～80
GB/T 67	d_{max}	3.2	4	5	5.6	7	8	9.5	12	16	20
	k_{max}	1	1.3	1.5	1.8	2.1	2.4	3	3.6	4.8	6
	t_{min}	0.35	0.5	0.6	0.7	0.8	1	1.2	1.4	1.9	2.4
	$l_{范围}$	2～16	2.5～20	3～25	4～30	5～35	5～40	6～50	8～60	10～80	12～80
GB/T 68	d_{max}	3	3.8	4.7	5.5	7.3	8.4	9.3	11.3	15.8	18.3
	k_{max}	1	1.2	1.5	1.65	2.35	2.7	2.7	3.3	4.65	5
	t_{min}	0.32	0.4	0.5	0.6	0.9	1	1.1	1.2	1.8	2
	$l_{范围}$	2.5～16	3～20	4～25	5～30	6～35	6～40	8～50	8～60	10～80	12～80
$l_{系列}$		2、2.5、3、4、5、6、8、10、12、(14)、16、20、25、30、35、40、45、50、(55)、60、(65)、70、(75)、80									

注: 1. 尽可能不采用括号内的规格。

2. 商品规格 M1.6～M10。

附表 7 紧定螺钉（摘自 GB/T 71、73、75—2008）　　mm

开槽锥端紧定螺钉
（摘自 GB/T 71—2018）　　开槽平端紧定螺钉
（摘自 GB/T 73—2017）　　开槽长圆柱端紧定螺钉
（摘自 GB/T 75—2018）

标记示例：

螺钉　GB/T 73—2016　M6×12（螺纹规格 $d=6$、公称长度 $l=12$、性能等级为 14H 级、表面氧化的开槽平端紧定螺钉）

螺纹规格 d	P	$d_f \approx$	d_{tmax}	d_{pmax}	n 公称	t_{max}	z_{max}	l 范围		
								GB/T 71	GB/T 73	GB/T 75
M2	0.4	螺纹小径	0.2	1	0.25	0.84	1.25	3～10	2～10	3～10
M3	0.5		0.3	2	0.4	1.05	1.75	4～16	3～16	5～16
M4	0.7		0.4	2.5	0.6	1.42	2.25	6～20	4～20	6～20
M5	0.8		0.5	3.5	0.8	1.63	2.75	8～25	5～25	8～26
M6	1		1.5	4	1	2	3.25	8～30	6～30	8～30
M8	1.25		2	5.5	1.2	2.5	4.3	10～40	8～40	10～40
M10	1.5		2.5	7	1.6	3	5.3	12～50	10～50	12～50
M12	1.75		3	8.5	2	3.6	6.3	14～60	12～60	14～60
l 系列	2、2.5、3、4、5、6、8、10、12、(14)、16、20、25、30、35、40、45、50、(55)、60									

附表 8　1 型六角螺母　C 级（摘自 GB/T 41—2016）　　mm

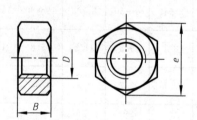

标记示例：

螺母 GB/T 41　M10（螺纹规格为 M10、性能等级为 5 级、表面不经处理、产品等级为 C 级的 1 型六角螺母）

螺纹规格 D	M5	M6	M8	M10	M12	M16	M20	M24	M30	M36	M42	M48	M56
S_{max}	8	10	13	16	18	24	30	36	46	55	65	75	85
e_{min}	8.63	10.89	14.20	17.59	19.85	26.17	32.95	39.55	50.85	60.79	71.3	82.6	93.56
m_{max}	5.6	6.4	7.9	9.5	12.2	15.9	19	22.3	26.4	31.9	34.9	38.9	45.9

附表 9　垫圈　　　　　　mm

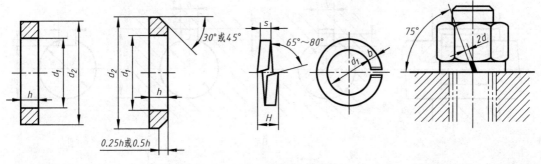

平垫圈　A 级(摘自 GB/T 97.1—2002)　　　　　　平垫圈　C 级(摘自 GB/T 95—2002)

平垫圈倒角型 A 级(摘自 GB/T 97.2—2002)　　　　标准型弹簧垫圈(摘自 GB/T 93—1987)

|平垫圈|倒角型平垫圈|标准型弹簧垫圈|弹簧垫圈开口画法(d 为粗实线宽度)|

标记示例:

垫圈　GB/T 95　8(标准系列、公称规格 8、硬度等级为 100HV 级、不经表面处理,产品等级为 C 级的平垫圈)

垫圈　GB/T 93　10(规格 10、材料为 65Mn、表面氧化的标准型弹簧垫圈)

公称尺寸 d（螺纹规格）		4	5	6	8	10	12	16	20	24	30	36	42	48
GB/T 97.1—2002（A 级）	d_1	4.3	5.3	6.4	8.4	10.5	13	17	21	25	31	37	45	52
	d_2	9	10	12	16	20	24	30	37	44	56	66	78	92
	h	0.8	1	1.6	1.6	2	2.5	3	3	4	4	5	8	8
GB/T 97.2—2002（A 级）	d_1	—	5.3	6.4	8.4	10.5	13	17	21	25	31	37	45	52
	d_2	—	10	12	16	20	24	30	37	44	56	66	78	92
	h	—	1	1.6	1.6	2	2.5	3	3	4	4	5	8	8
GB/T 95—2002（C 级）	d_1	4.5	5.5	6.6	9	11	13.5	17.5	22	26	33	39	45	52
	d_2	9	10	12	16	20	24	30	37	44	56	66	78	92
	h	0.8	1	1.6	1.6	2	2.5	3	3	4	4	5	8	8
GB/T 93—1987	d_{min}	4.1	5.1	6.1	8.1	10.2	12.2	16.2	20.2	24.5	30.5	36.5	42.5	48.5
	$S=b$	1.1	1.3	1.6	2.1	2.6	3.1	4.1	5	6	7.5	9	10.5	12
	H_{mx}	2.75	3.25	4	5.25	6.5	7.75	10.25	12.5	15	18.75	22.5	26.25	30

注：1. A 级适用于精装配系列,C 级适用于中等精度装配系列。

　　2. C 级垫圈没有 Ra3.2 和去毛刺的要求。

附表 10　平键及键各部分尺寸（GB/T 1095、1096—2003）　　　mm

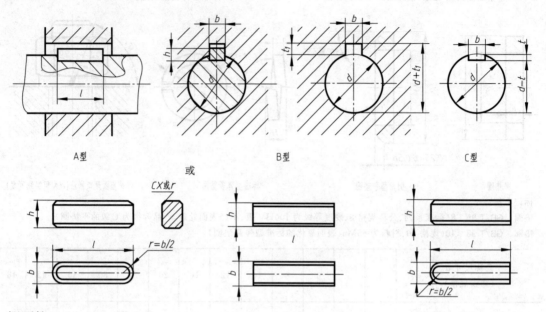

A型　　　　　　　　　　　　　　B型　　　　　　　　　　　C型

或

标记示例：

键　12×60　GB/T 1096—2003（圆头普通平键、$b=12$、$h=8$、$l=60$）

键　B12×60　GB/T 1096—2003（平头普通平键、$b=12$、$h=8$、$l=60$）

键　C12×60　GB/T 1096—2003（单圆头普通平键、$b=12$、$h=8$、$l=60$）

轴	键		键 槽										
			宽度 b					深　度				半　径 r	
公称直径 d	公称尺寸 $b×h$	长度 l	公称尺寸 b	极 限 偏 差				轴 t		毂 t_1			
				较松键连接		一般键连接		较紧键连接					
				轴 H9	毂 D10	轴 N9	毂 JS9	轴和毂 P9	公称	偏差	公称	偏差	最大	最小
>10~12	4×4	8~45	4	+0.030 +0.000	+0.078 +0.030	-0.000 -0.030	±0.015	-0.012 -0.042	2.5	+0.1 0	1.8	+0.1 0	0.08	0.16
>12~17	5×5	10~56	5						3.0		2.3			
>17~22	6×6	14~70	6						3.5		2.8		0.16	0.25
>22~30	8×7	18~90	8	+0.036 +0.000	+0.098 +0.040	-0.000 -0.036	±0.018	-0.015 -0.051	4.0		3.3			
>30~38	10×8	22~110	10						5.0		3.3			
>38~44	12×8	28~140	12	+0.043 +0.003	+0.120 +0.050	-0.003 -0.043	±0.0215	-0.018 -0.061	5.0		3.3			
>44~50	14×9	36~160	14						5.5		3.8		0.25	0.40
>50~58	16×10	45~180	16						6.0	+0.2 0	4.3	+0.2 0		
>58~65	18×11	50~200	18						7.0		4.4			
>65~75	20×12	56~220	20	+0.052 +0.002	+0.149 +0.065	-0.052 -0.052	±0.062	-0.002 -0.074	7.5		4.9			
>75~85	22×14	63~250	22						9.0		5.4		0.40	0.60
>85~95	25×14	70~280	25						9.0		5.4			
>95~110	28×16	80~320	28						10.0		6.4			

注：1. 键 b 的极限偏差为 h9，键 h 的极限偏差为 h11，键长 l 的极限偏差 h14。

2. $d-t$ 和 $d+t_1$ 两组组合尺寸的极限偏差按相应的 t 和 t_1 的极限偏差选取，但 $d-t$ 极限偏差应取负号（－）。

3. l 系列：6~22（2进位）、25、28、32、36、40、45、50、56、63、70、80、90、100、110、125、140、160、180、200、220、250、280、320、360、400、450、500。

附表 11　圆柱销　不淬硬钢和奥氏体不锈钢 (GB/T 119.1—2000)、

圆柱销　淬硬钢和马氏体不锈钢 (GB/T 119.2—2000)　　mm

标记示例:销　GB/T 119.1　6m6×30

公称直径 $d=6$、公差 m6、公称长度 $l=30$、材料为钢、不经淬火、不经表面处理的圆柱销

销　GB/T 119.2　6×30

公称直径 $d=6$、公称长度 $l=30$、材料为钢、普通淬火(A型)、表面氧化处理的圆柱销

公称直径 d		3	4	5	6	8	10	12	16	20	25	30	40	50
$c\approx$		0.50	0.63	0.80	1.2	1.6	2.0	2.5	3.0	3.5	4.0	5.0	6.3	8.0
公称长度 l	GB/T 119.1	8~30	8~40	10~50	12~60	14~80	18~95	22~140	26~180	35~200	50~200	60~200	80~200	95~200
	GB/T 119.2	8~30	10~40	12~50	14~60	18~100	22~100	26~100	40~100	50~100	—	—	—	—
l 系列		8,10,12,14,16,18,20,22,24,26,28,30,32,35,40,45,50,55,60,65,70,75,80,85,90,95,100,120,140,160,180,200												

注:1. GB/T 119.1—2000 规定圆柱销的公称直径 $d=0.6\sim50$,公称长度 $l=2\sim200$,公差有 m6 和 h8。

2. GB/T 119.2—2000 规定圆柱销的公称直径 $d=1\sim20$,公称长度 $l=3\sim100$,公差仅有 m6。

3. 当圆柱销公差为 h8 时,其表面粗糙度 $Ra\leqslant1.6$。

附表 12　圆锥销 (GB/T 117—2000)　　mm

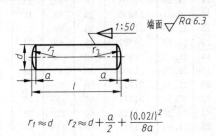

标记示例:销　GB/T 117　10×60

公称直径 $d=10$、公称长度 $l=60$、材料为 35 钢、热处理硬度(28~38)HRC、表面氧化处理的 A 型圆锥销

$$r_1\approx d \quad r_2\approx d+\frac{a}{2}+\frac{(0.02l)^2}{8a}$$

公称直径 d	4	5	6	8	10	12	16	20	25	30	40	50
$a\approx$	0.5	0.63	0.8	1	1.2	1.6	2	2.5	3	4	5	6.3
公称长度 l	14~55	18~60	22~90	22~120	26~160	32~180	40~200	45~200	50~200	55~200	60~200	65~200
l 系列	2,3,4,5,6,8,10,12,14,16,18,20,22,24,26,28,30,32,35,40,45,50,55,60,65,70,75,80,85,90,95,100,120,140,160,180,200											

注:1. 标准规定圆锥销的公称直径 $d=0.6\sim50$mm。

2. 有 A 型和 B 型。A 型为磨削,锥面表面粗糙度 $Ra=0.8$;B 型为切削或冷镦,锥面粗糙度 $Ra=3.2$。

附表 13　滚动轴承　　　　　　　　　　　mm

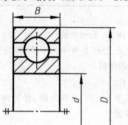 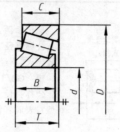 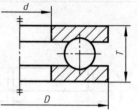

深沟球轴承(摘自 GB/T 276—2013)　圆锥滚子轴承(摘自 GB/T 297—2015)　推力球轴承(摘自 GB/T 301— 2015)

标记示例：
滚动轴承　6310　GB/T 276—2013
(深沟球轴承、内径 $d=50$、直径系列代号为3)

标记示例：
滚动轴承　30212　GB/T 297—2015
(圆锥滚子轴承、内径 $d=60$、宽度系列代号为0,直径系列代号为2)

标记示例：
滚动轴承　51305　GB/T 301—2015
(推力球轴承、内径 $d=25$、高度系列代号为1,直径系列代号为3)

轴承型号	尺寸/mm			轴承型号	尺寸/mm					轴承型号	尺寸/mm			
	d	D	B		d	D	B	C	T		d	D	T	D_1
尺寸系列((0)2)				尺寸系列(02)						尺寸系列(12)				
6202	15	35	11	30203	17	40	12	11	13.25	51202	15	32	12	17
6203	17	40	12	30204	20	47	14	12	15.25	51203	17	35	12	19
6204	20	47	14	30205	25	52	15	13	16.25	51204	20	40	14	22
6205	25	52	15	30206	30	62	16	14	17.25	51205	25	47	15	27
6206	30	62	16	30207	35	72	17	15	18.25	51206	30	52	16	32
6207	35	72	17	30208	40	80	18	16	19.75	51207	35	62	18	37
6208	40	80	18	30209	45	85	19	16	20.75	51208	40	68	19	42
6209	45	85	19	30210	50	90	20	17	21.75	51209	45	73	20	47
6210	50	90	20	30211	55	100	21	18	22.75	51210	50	78	22	52
6211	55	100	21	30212	60	110	22	19	23.75	51211	55	90	25	57
6212	60	110	22	30213	65	120	23	20	24.75	51212	60	95	26	62
尺寸系列((0)3)				尺寸系列(03)						尺寸系列(13)				
6302	15	42	13	30302	15	42	13	11	14.25	51304	20	47	18	22
6303	17	47	14	30303	17	47	14	12	15.25	51305	25	52	18	27
6304	20	52	15	30304	20	52	15	13	16.25	51306	30	60	21	32
6305	25	62	17	30305	25	62	17	15	18.25	51307	35	68	24	37
6306	30	72	19	30306	30	72	19	16	20.75	51308	40	78	26	42
6307	35	80	21	30307	35	80	21	18	22.75	51309	45	85	28	47
6308	40	90	23	30308	40	90	23	20	25.25	51310	50	95	31	52
6309	45	100	25	30309	45	100	25	22	27.25	51311	55	105	35	57
6310	50	110	27	30310	50	110	27	23	29.25	51312	60	110	35	62
6311	55	120	29	30311	55	120	29	25	31.50	51313	65	115	36	67
6312	60	130	31	30312	60	130	31	26	33.50	51314	70	125	40	72
尺寸系列((0)4)				尺寸系列(13)						尺寸系列(14)				
6403	17	62	17	31305	25	62	17	13	18.25	51405	25	60	24	27
6404	20	72	19	31306	30	72	19	14	20.75	51406	30	70	28	32
6405	25	80	21	31307	35	80	21	15	22.75	51407	35	80	32	37
6406	30	90	23	31308	40	90	23	17	25.25	51408	40	90	36	42
6407	35	100	25	31309	45	100	25	18	27.25	51409	45	100	39	47
6408	40	110	27	31310	50	110	27	19	29.25	51410	50	110	43	52
6409	45	120	29	31311	55	120	29	21	31.50	51411	55	120	48	57
6410	50	130	31	31312	60	130	31	22	33.50	51412	60	130	51	62
6411	55	140	33	31313	65	140	33	23	36.00	51413	65	140	56	68
6412	60	150	35	31314	70	150	35	25	38.00	51414	70	150	60	73
6413	65	160	37	31315	75	160	37	26	40.00	51415	75	160	65	78

注：圆括号中的尺寸系列代号在轴承型号中省略。

三、极限与配合

附表 14　标准公差数值（摘自 GB/T 1800.1—2020）

公称尺寸/mm		标准公差等级																	
大于	至	IT1	IT2	IT3	IT4	IT5	IT6	IT7	IT8	IT9	IT10	IT11	IT12	IT13	IT14	IT15	IT16	IT17	IT18
		标准公差数值																	
		μm											mm						
—	3	0.8	1.2	2	3	4	6	10	14	25	40	60	0.1	0.14	0.25	0.4	0.6	1	1.4
3	6	1	1.5	2.5	4	5	8	12	18	30	48	75	0.12	0.18	0.3	0.48	0.75	1.2	1.8
6	10	1	1.5	2.5	4	6	9	15	22	36	58	90	0.15	0.22	0.36	0.58	0.9	1.5	2.2
10	18	1.2	2	3	5	8	11	18	27	43	70	110	0.18	0.27	0.43	0.7	1.1	1.8	2.7
18	30	1.5	2.5	4	6	9	13	21	33	52	84	130	0.21	0.33	0.52	0.84	1.3	2.1	3.3
30	50	1.5	2.5	4	7	11	16	25	39	62	100	160	0.25	0.39	0.62	1	1.6	2.5	3.9
50	80	2	3	5	8	13	19	30	46	74	120	190	0.3	0.46	0.74	1.2	1.9	3	4.6
80	120	2.5	4	6	10	15	22	35	54	87	140	220	0.35	0.54	0.87	1.4	2.2	3.5	54
120	180	3.5	5	8	12	18	25	40	63	100	160	250	0.4	0.63	1	1.6	2.5	4	6.3
180	250	4.5	7	10	14	20	29	46	72	115	185	290	0.46	0.72	1.15	1.85	29	4.6	7.2
250	315	6	8	12	16	23	32	52	81	130	210	320	0.52	0.81	1.3	2.1	3.2	52	8.1
315	400	7	9	13	18	25	36	57	89	140	230	360	0.57	0.89	1.4	2.3	3.6	5.7	8.9
400	500	8	10	15	20	27	40	63	97	155	250	400	0.63	0.97	1.55	2.5	4	6.3	9.7
500	630	9	11	16	22	32	44	70	110	175	280	440	0.7	1.1	1.75	2.8	4.4	7	11
630	800	10	13	18	25	36	50	80	125	200	320	500	0.8	1.25	2	3.2	5	8	12.5
800	1000	11	15	21	28	40	56	90	140	230	360	560	0.9	1.4	2.3	3.6	56	9	14
1000	1250	13	18	24	33	47	66	105	165	260	420	660	1.05	1.65	26	4.2	6.6	10.5	16.5
1250	1600	15	21	29	39	55	78	125	195	310	500	780	1.25	1.95	3.1	5	7.8	12.5	19.5
1600	2000	18	25	35	46	65	92	150	230	370	600	920	1.5	2.3	3.7	6	9.2	15	23
2000	2500	22	30	41	55	78	110	175	280	440	700	1100	1.75	2.8	4.4	7	11	17.5	28
2500	3150	26	36	50	68	96	135	210	330	540	860	1350	2.1	3.3	5.4	8.6	13.5	21	33

附表 15　轴的基本偏差数值

公称尺寸 /mm		上极限偏差,es 所有标准公差等级												基本偏差 IT5和IT6 (j)	IT7 (j)	IT8 (j)
大于	至	a①	b①	c	cd	d	e	ef	f	fg	g	h	js	j	j	j
—	3	−270	−140	−60	−34	−20	−14	−10	−6	−4	−2	0		−2	−4	−6
3	6	−270	−140	−70	−46	−30	−20	−14	−10	−6	−4	0		−2	−4	
6	10	−280	−150	−80	−56	−40	−25	−18	−13	−8	−5	0		−2	−5	
10	14	−290	−150	−95	−70	−50	−32	−23	−16	−10	−6	0		−3	−6	
14	18															
18	24	−300	−160	−110	−85	−65	−40	−25	−20	−12	−7	0		−4	−8	
24	30															
30	40	−310	−170	−120	−100	−80	−50	−35	−25	−15	−9	0		−5	−10	
40	50	−320	−180	−130												
50	65	−340	−190	−140		−100	−60		−30		−10	0	偏差=±ITn/2,式中,n是标准公差等级数	−7	−12	
65	80	−360	−200	−150												
80	100	−380	−220	−170		−120	−72		−36		−12	0		−9	−15	
100	120	−410	−240	−180												
120	140	−460	−260	−200		−145	−85		43		−14	0		−11	−18	
140	160	−520	−280	−210												
160	180	−580	−310	−230												
180	200	−660	−340	−240		−170	−100		−50		−15	0		−13	−21	
200	225	−740	−380	−260												
225	250	−820	−420	−280												
250	280	−920	−480	−300		−190	−110		−56		−17	0		−16	−26	
280	315	−1050	−540	−330												
315	355	−1200	−600	−360		−210	−125		−62		−18	0		−18	−28	
355	400	−1350	−680	−400												
400	450	−1500	−760	−440		−230	−135		−68		−20	0		−20	−32	
450	500	−1650	−840	−480												

① 公称尺寸≤1 时,不使用基本偏差 a 和 b。

（摘自 GB/T 1800.1—2020） μm

数值

下极限偏差,ei															
IT4 至 IT7	≤IT3 / >IT7	所有标准公差等级													
k		m	n	P	r	s	t	u	v	x	y	z	za	zb	zc
0	0	+2	+4	+6	+10	+14	—	+18	—	+20	—	+26	+32	+40	+60
+1	0	+4	+8	+12	+15	+19	—	+23	—	+28	—	+35	+42	+50	+80
+1	0	+6	+10	+15	+19	+23	—	+28	—	+34	—	+42	+52	+67	+97
+1	0	+7	+12	+18	+23	+28		+33	—	+40		+50	+64	+90	+130
									+39	+45	—	+60	+77	+108	+150
+2	0	+8	+15	+22	+28	+35	—	+41	+47	+54	+63	+73	+98	+136	+188
							+41	+48	+55	+64	+75	+88	+118	+160	+218
+2	0	+9	+17	+26	+34	+43	+48	+60	+68	+80	+94	+112	+148	+200	+274
							+54	+70	+81	+97	+114	+136	+180	+242	+325
+2	0	+11	+20	+32	+41	+53	+66	+87	+102	+122	+144	+172	+226	+300	+405
					+43	+59	+75	+102	+120	+146	+174	+210	+274	+360	+480
+3	0	+13	+23	+37	+51	+71	+91	+124	+146	+178	+214	+258	+335	+445	+585
					+54	+79	+104	+144	+172	+210	+254	+310	+400	+525	+690
+3	0	+15	+27	+43	+63	+92	+122	+170	+202	+248	+300	+365	+470	+620	+800
					+65	+100	+134	+190	+228	+280	+340	+415	+535	+700	+900
					+68	+108	+146	+210	+252	+310	+380	+465	+600	+780	+1000
+4	0	+17	+31	+50	+77	+122	+166	+236	+284	+350	+425	+520	+670	+880	+1150
					+80	+130	+180	+258	+310	+385	+470	+575	+740	+960	+1250
					+84	+140	+196	+284	+340	+425	+520	+640	+820	+1050	+1350
+4	0	+20	+34	+56	+94	+158	+218	+315	+385	+475	+580	+710	+920	+1200	+1550
					+98	+170	+240	+350	+425	+525	+650	+790	+1000	+1300	+1700
+4	0	+21	+37	+62	+108	+190	+268	+390	+475	+590	+730	+900	+1150	+1500	+1900
					+114	+208	+294	+435	+530	+660	+820	+1000	+1300	+1650	+2100
+5	0	+23	+40	+68	+126	+232	+330	+490	+595	+740	+920	+1100	+1450	+1850	+2400
					+132	+252	+360	+540	+660	+820	+1000	+1250	+1600	+2100	+2600

附表 16　孔的基本偏差数值（摘自

公称尺寸 /mm：下极限偏差，EI（所有标准公差等级）；基本偏……（上极限偏差，ES）

公称尺寸/mm 大于	至	A[①]	B[①]	C	CD	D	E	EF	F	FG	G	H	JS	J IT6	J IT7	J IT8	K[③④] ≤IT8	K[③④] >IT8	M[②③④] ≤IT8	M[②③④] >IT8
—	3	+270	+140	+60	+34	+20	+14	+10	+6	+4	+2	0	偏差 ±ITn/2，式中 n 为标准公差等级数	+2	+4	+6	0	0	−2	−2
3	6	+270	+140	+70	+46	+30	+20	+14	+10	+6	+4	0		+5	+6	+10	−1+Δ		−4+Δ	−4
6	10	+280	+150	+80	+56	+40	+25	+18	+13	+8	+5	0		+5	+8	+12	−1+Δ		−6+Δ	−6
10	14	+290	+150	+95	+70	+50	+32	+23	+16	+10	+6	0		+6	+10	+15	−1+Δ		−7+Δ	−7
14	18																			
18	24	+300	+160	+110	+85	+65	+40	+28	+20	+12	+7	0		+8	+12	+20	−2+Δ		−8+Δ	−8
24	30																			
30	40	+310	+170	+120	+100	+80	+50	+35	+25	+15	+9	0		+10	+14	+24	−2+Δ		−9+Δ	−9
40	50	+320	+180	+130																
50	65	+340	+190	+140		+100	+60		+30		+10	0		+13	+18	+28	−2+Δ		−11+Δ	−11
65	80	+360	+200	+150																
80	100	+380	+220	+170		+120	+72		+36		+12	0		+16	+22	+34	−3+Δ		−13+Δ	−13
100	120	+410	+240	+180																
120	140	+460	+260	+200		+145	+85		+43		+14	0		+18	+26	+41	−3+Δ		−15+Δ	−15
140	160	+520	+280	+210																
160	180	+580	+310	+230																
180	200	+660	+340	+240		+170	+100		+50		+15	0		+22	+30	+47	−4+Δ		−17+Δ	−17
200	225	+740	+380	+260																
225	250	+820	+420	+280																
250	280	+920	+480	+300		+190	+110		+56		+17	0		+25	+36	+55	−4+Δ		−20+Δ	−20
280	315	+1050	+540	+330																
315	355	+1200	+600	+360		+210	+125		+62		+18	0		+29	+39	+60	−4+Δ		−21+Δ	−21
355	400	+1350	+680	+400																
400	450	+1500	+760	+440		+230	+135		+68		+20	0		+33	+43	+66	−5+Δ		−23+Δ	−23
450	500	+1650	+840	+480																

① 公称尺寸≤1 时，不适用基本偏差 A 和 B，不使用标准公差等级大于 IT8 的基本偏差 N。
② 特例：对于公称尺寸大于 250～315 的公差带代号 M6，ES=−9（计算结果不是−11）。
③ 为确定 K、M、N 和 P-ZC 的值，见 GB/T 1800.1—2020 中的 4.3.2.5。
④ 对于 Δ 值，见本表右边的最后六列。

GB/T 1800.1—2000) μm

差数值															Δ值					
上极限偏差,ES																				
≤IT8	>IT8	≤IT7	>IT7 的标准公差等级												标准公差等级					
N①③		P至ZC③	P	R	S	T	U	V	X	Y	Z	ZA	ZB	ZC	IT3	IT4	IT5	IT6	IT7	IT8
−4	−4	在>IT7的标准公差等级的基本偏差数值上增加一个Δ值	−6	−10	−14		−18		−20		−26	−32	−40	−60	0	0	0	0	0	0
−8+Δ	0		−12	−15	−19		−23		−28		−35	−42	−50	−80	1	1.5	1	3	4	6
−10+4	0		−15	−19	−23		−28		−34		−42	−52	−67	−97	1	1.5	2	3	6	7
−12+Δ	0		−18	−23	−28	−33			−40		−50	−64	−90	−130	1	2	3	3	7	9
								−39	−45		−60	−77	−108	−150						
−15+4	0		−22	−28	−35		−41	−47	−54	−63	−73	−98	−136	−188	1.5	2	3	4	8	12
						−41	−48	−55	−64	−75	−88	−118	−160	−218						
−17+Δ	0		−26	−34	−43	−48	−60	−68	−80	−94	−112	−148	−200	−274	1.5	3	4	5	9	14
						−54	−70	−81	−97	−114	−136	−180	−242	−325						
−20+Δ	0		−32	−41	−53	−66	−87	−102	−122	−144	−172	−226	−300	−405	2	3	5	6	11	16
				−43	−59	−75	−102	−120	−146	−174	−210	−274	−360	−480						
−23+Δ	0		−37	−51	−71	−91	−124	−146	−178	−214	−258	−335	−445	−585	2	4	5	7	13	19
				−54	−79	−104	−144	−172	−210	−254	−310	−400	−525	−690						
−27+Δ	0		−43	−63	−92	−122	−170	−202	−248	−300	−365	−470	−620	−800	3	4	6	7	15	23
				−65	−100	−134	−190	−228	−280	−340	−415	−535	−700	−900						
				−68	−108	−146	−210	−252	−310	−380	−465	−600	−780	−1000						
−31+Δ	0		−50	−77	−122	−166	−236	−284	−350	−425	−520	−670	−880	−1150	3	4	6	9	17	26
				−80	−130	−180	−258	−310	−385	−470	−575	−740	−960	−1250						
				−84	−140	−196	−284	−340	−425	−520	−640	−820	−1050	−1350						
−34+Δ	0		−56	−94	158	−218	−315	−385	−475	580	−710	−920	−1200	−1550	4	4	7	9	20	29
				−98	170	−240	−350	−425	−525	−650	−790	1000	−1300	−1700						
−37+Δ	0		−62	−108	190	−268	−390	−475	−590	−730	900	−1150	−1500	−1900	4	5	7	11	21	32
				−114	208	294	−435	530	660	−820	1000	−1300	1650	2100						
−40+Δ	0		−68	−126	232	−330	−490	−595	740	920	−1100	1450	1850	2400	5	5	7	13	23	34
				−132	252	−360	540	−660	−820	−1000	−1250	1600	2100	2600						

附表 17　优先选用轴的公差带（摘自 GB/T 1800.2—2020）　　　　　　μm

代号		a	b	c	d	e	f	g	h				js	k	n	p	r	s
公称尺寸 /mm		公差等级																
大于	至	11	11	11	9	8	7	6	6	7	9	11	6	6	6	6	6	6
—	3	-270/-330	-140/-200	-60/-120	-20/-45	-14/-28	-6/-16	-2/-8	0/-6	0/-10	0/-25	0/-60	±3	+6/0	+10/+4	+12/+6	+16/+10	+20/+14
3	6	-270/-345	-140/-215	-70/-145	-30/-60	-20/-38	-10/-22	-4/-12	0/-8	0/-12	0/-30	0/-75	±4	+9/+1	+16/+8	+20/+12	+23/+15	+27/+19
6	10	-280/-370	-150/-240	-80/-170	-40/-76	-25/-47	-13/-28	-5/-14	0/-9	0/-15	0/-36	0/-90	±4.5	+10/+1	+19/+10	+24/+15	+28/+19	+32/+23
10	18	-290/-400	-150/-260	-95/-205	-50/-93	-32/-59	-16/-34	-6/-17	0/-11	0/-18	0/-43	0/-110	±5.5	+12/+1	+23/+12	+29/+18	+34/+23	+39/+28
18	30	-300/-430	-160/-290	-110/-240	-65/-117	-40/-73	-20/-41	-7/-20	0/-13	0/-21	0/-52	0/-130	±6.5	+15/+2	+28/+15	+35/+22	+41/+28	+48/+35
30	40	-310/-470	-170/-330	-120/-280	-80/-142	-50/-89	-25/-50	-9/-25	0/-16	0/-25	0/-62	0/-160	±8	+18/+2	+33/+17	+42/+26	+50/+34	+59/+43
40	50	-320/-480	-180/-340	-130/-290														
50	65	-340/-530	-190/-380	-140/-330	-100/-174	-60/-106	-30/-60	-10/-29	0/-19	0/-30	0/-74	0/-190	±9.5	+21/+2	+39/+20	+51/+32	+60/+41	+72/+53
65	80	-360/-550	-200/-390	-150/-340													+62/+43	+78/+59
80	100	-380/-600	-220/-440	-170/-390	-120/-207	-72/-126	-36/-71	-12/-34	0/-22	0/-35	0/-87	0/-220	±11	+25/+3	+45/+23	+59/+37	+73/+51	+93/+71
100	120	-410/-630	-240/-460	-180/-400													+76/+54	+101/+79
120	140	-460/-710	-260/-510	-200/-450	-145/-245	-85/-148	-43/-83	-14/-39	0/-25	0/-40	0/-100	0/-250	±12.5	+28/+3	+52/+27	+68/+43	+88/+63	+117/+92
140	160	-520/-770	-280/-530	-210/-460													+90/+65	+125/+100
160	180	-580/-830	-310/-560	-230/-480													+93/+68	+133/+108
180	200	-660/-950	-340/-630	-240/-530	-170/-285	-100/-172	-50/-96	-15/-44	0/-29	0/-46	0/-115	0/-290	±14.5	+33/+4	+60/+31	+79/+50	+106/+77	+151/+122
200	225	-740/-1030	-380/-670	-260/-550													+109/+80	+159/+130
225	250	-820/-1110	-420/-710	-280/-570													+113/+84	+169/+140
250	280	-920/-1240	-480/-800	-300/-620	-190/-320	-110/-191	-56/-108	-17/-49	0/-32	0/-52	0/-130	0/-320	±16	+36/+4	+66/+34	+88/+56	+126/+94	+190/+158
280	315	-1050/-1370	-540/-860	-330/-650													+130/+98	+202/+170
315	355	-1200/-1560	-600/-960	-360/-720	-210/-350	-125/-214	-62/-119	-18/-54	0/-36	0/-57	0/-140	0/-360	±18	+40/+4	+73/+37	+98/+62	+144/+108	+226/+190
355	400	-1350/-1710	-680/-1040	-400/-760													+150/+114	+244/+208
400	450	-1500/-1900	-760/-1160	-440/-840	-230/-385	-135/-232	-68/-131	-20/-60	0/-40	0/-63	0/-155	0/-400	±20	+45/+5	+80/+40	+108/+68	+166/+126	+272/+232
450	500	-1650/-2050	-840/-1240	-480/-880													+172/+132	+292/+252

附表18　优先选用孔的公差带（摘自 GB/T 1800.2—2020）　μm

代号		A	B	C	D	E	F	G	H				JS	K	N	P	R	S
公称尺寸/mm		公差等级																
大于	至	11	11	11	10	9	8	7	7	8	9	11	7	7	7	7	7	7
—	3	+330 / +270	+200 / +140	+120 / +60	+60 / +20	+39 / +14	+20 / +6	+12 / +2	+10 / 0	+14 / 0	+25 / 0	+60 / 0	±5	0 / −10	−4 / −14	−6 / −16	−10 / −20	−14 / −24
3	6	+345 / +270	+215 / +140	+145 / +70	+78 / +30	+50 / +20	+28 / +10	+16 / +4	+12 / 0	+18 / 0	+30 / 0	+75 / 0	±6	+3 / −9	−4 / −16	−8 / −20	−11 / −23	−15 / −27
6	10	+370 / +280	+240 / +150	+170 / +80	+98 / +40	+61 / +25	+35 / +13	+20 / +5	+15 / 0	+22 / 0	+36 / 0	+90 / 0	±7.5	+5 / −10	−4 / −19	−9 / −24	−13 / −28	−17 / −32
10	18	+400 / +290	+260 / +150	+205 / +95	+120 / +50	+75 / +32	+43 / +16	+24 / +6	+18 / 0	+27 / 0	+43 / 0	+110 / 0	±9	+6 / −12	−5 / −23	−11 / −29	−16 / −34	−21 / −39
18	30	+430 / +300	+290 / +160	+240 / +110	+149 / +65	+92 / +40	+53 / +20	+28 / +7	+21 / 0	+33 / 0	+52 / 0	+130 / 0	±10.5	+6 / −15	−7 / −28	−14 / −35	−20 / −41	−27 / −48
30	40	+470 / +310	+330 / +170	+280 / +120	+180 / +80	+112 / +50	+64 / +25	+34 / +9	+25 / 0	+39 / 0	+62 / 0	+160 / 0	±12.5	+7 / −18	−8 / −33	−17 / −42	−25 / −50	−34 / −59
40	50	+480 / +320	+340 / +180	+290 / +130													−30 / −60	−42 / −72
50	65	+530 / +340	+380 / +190	+330 / +140	+220 / +100	+134 / +60	+76 / +30	+40 / +10	+30 / 0	+46 / 0	+74 / 0	+190 / 0	±15	+9 / −21	−9 / −39	−21 / −51	−30 / −60	−42 / −72
65	80	+550 / +360	+390 / +200	+340 / +150													−32 / −62	−48 / −78
80	100	+600 / +380	+440 / +220	+390 / +170	+260 / +120	+159 / +72	+90 / +36	+47 / +12	+35 / 0	+54 / 0	+87 / 0	+220 / 0	±17.5	+10 / −25	−10 / −45	−24 / −59	−38 / −73	−58 / −93
100	120	+630 / +410	+460 / +240	+400 / +180													−41 / −76	−66 / −101
120	140	+710 / +460	+510 / +260	+450 / +200	+305 / +145	+185 / +85	+106 / +43	+54 / +14	+40 / 0	+63 / 0	+100 / 0	+250 / 0	±20	+12 / −28	−12 / −52	−28 / −68	−48 / −88	−77 / −117
140	160	+770 / +520	+530 / +280	+460 / +210													−50 / −90	−85 / −125
160	180	+830 / +580	+560 / +310	+480 / +230													−53 / −93	−93 / −133
180	200	+950 / +660	+630 / +340	+530 / +240	+355 / +170	+215 / +100	+122 / +50	+61 / +15	+46 / 0	+72 / 0	+115 / 0	+290 / 0	±23	+13 / −33	−14 / −60	−33 / −79	−60 / −106	−105 / −151
200	225	+1030 / +740	+670 / +380	+550 / +260													−63 / −109	−113 / −159
225	250	+1110 / +820	+710 / +420	+570 / +280													−67 / −113	−123 / −169
250	280	+1240 / +920	+800 / +480	+620 / +300	+400 / +190	+240 / +110	+137 / +56	+69 / +17	+52 / 0	+81 / 0	+130 / 0	+320 / 0	±26	+16 / −36	−14 / −66	−36 / −88	−74 / −126	−138 / −190
280	315	+1370 / +1050	+860 / +540	+650 / +330													−78 / −130	−150 / −202
315	355	+1560 / +1200	+960 / +600	+720 / +360	+440 / +210	+265 / +125	+151 / +62	+75 / +18	+57 / 0	+89 / 0	+140 / 0	+360 / 0	±28.5	+17 / −40	−16 / −73	−41 / −98	−87 / −144	−169 / −226
355	400	+1710 / +1350	+1040 / +680	+760 / +400													−93 / −150	−187 / −244
400	450	+1900 / +1500	+1160 / +760	+840 / +440	+480 / +230	+290 / +135	+165 / +68	+83 / +20	+63 / 0	+97 / 0	+155 / 0	+400 / 0	±31.5	+18 / −45	−17 / −80	−45 / −108	−103 / −166	−209 / −272
450	500	+2050 / +1650	+1240 / +840	+880 / +480													−109 / −172	−229 / −292

附表 19 形位公差带定义、图例和解释（摘自 GB/T 1182—2001）

分类	项目	公差带定义	标注和解释
形状公差	直线度公差	在给定平面内,公差带是距离为公差值 t 的两平行直线之间的区域	被测表面的素线,必须位于平行于图样所示投影面且距离为公差值 0.1 的两平行直线内
	平面度公差	公差带是距离为公差值 t 的两平行平面之间的区域	被测表面必须位于距离为公差 0.08 的两平行平面内
	圆度公差	公差带是在同一正截面上,半径差为公差值 t 的两同心圆之间的区域	被测圆柱面任一正截面的圆周,必须位于半径差为公差值 0.03 的同心圆之间
	圆柱度公差	公差带是半径差为公差值 t 的两同轴圆柱面之间的区域	被测圆柱面,必须位于半径差为公差值 0.1 的两同轴圆柱面之间

续表

分类	项目	公差带定义	标注和解释
形状或位置公差	线轮廓度公差	公差带是包络一系列直径为公差值 t 的圆的两包络线之间的区域。诸圆的圆心位于具有理论正确几何形状的线上（右图为无基准要求的线轮廓度公差） 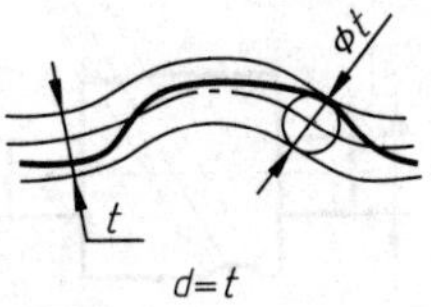	在平行于图样所示投影面的任一截面上，被测轮廓线必须位于包络一系列直径为公差值 0.04，且圆心位于具有理论正确几何形状的线上的两包络线之间 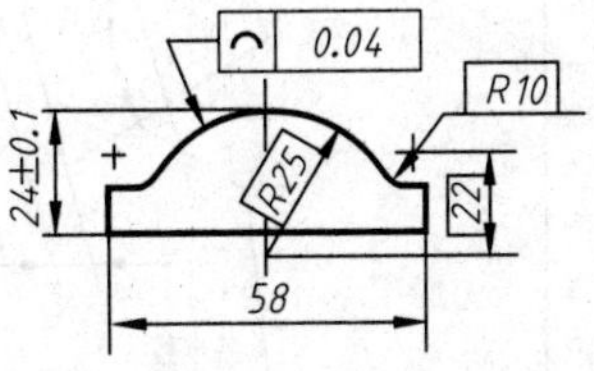
	面轮廓度公差	公差带是包络一系列直径为公差值 t 的球的两包络面之间的区域，诸球的球心应位于具有理论正确几何形状的面上（右图为有基准要求面轮廓度公差） 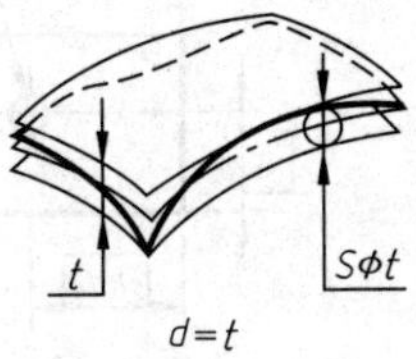	被测轮廓面必须位于包络一系列球的两包络面之间，诸球的直径为公差值 0.1，且球心位于具有理论正确几何形状的面上的两包络面之间 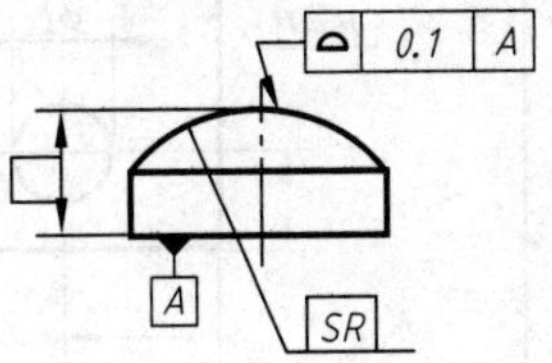
位置公差	平行度公差	公差带是距离为公差值 t 且平行于基准面的两平行平面之间的区域 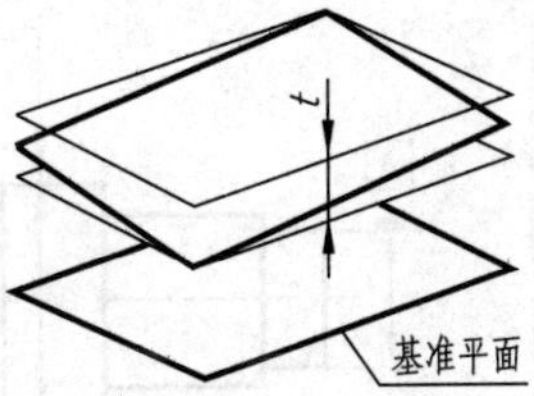	被测表面必须位于距离为公差值 0.01 且平行于基准表面 D（基准平面）的两平行平面之间 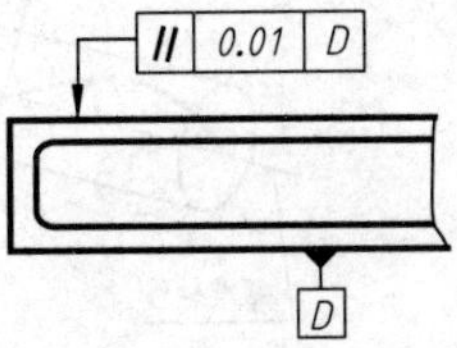
	垂直度公差	如果公差值前加注 ϕ，则公差带是直径为公差值 t 且垂直于基准面的圆柱面内的区域 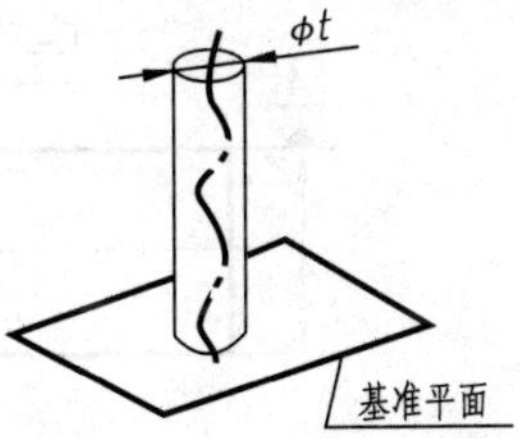	被测轴线必须位于直径为公差值 $\phi 0.01$ 且垂直于基准面 A（基准平面）的圆柱面内 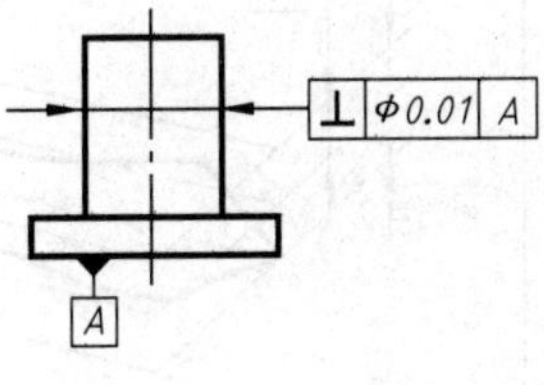

分类	项目	公差带定义	标注和解释
位 置 公 差	倾斜度公差	被测线与基准线在同一平面内；公差带是距离为公差值 t 且与基准线成一给定角度的两平行平面之间的区域 	被测轴线必须位于距离为公差值 0.08 且与 A—B 公共基准线成一理论正确角度的两平行平面之间
	位置度公差	如果公差值前加注 φ，则公差带是直径为公差值 t 的圆内的区域。圆公差带的中心点的位置，由相对于基准 A 和 B 的理论正确尺寸确定 	两个中心线的交点，必须位于直径为公差值 0.3 的圆内，该圆的圆心位于由相对基准 A 和 B（基准直线）的理论正确尺寸所确定的点的理想位置上
	同轴度公差	公差带是直径为公差值 φt 的圆柱面内的区域，该圆柱面的轴线与基准轴线同轴 	大圆柱面的轴线，必须位于直径为公差值 φ0.08 且与公共基准线 A—B（公共基准轴线）同轴的圆柱面内
	对称度公差	公差带是距离为公差值 t 且相对基准的中心平面对称配置的两平行平面之间的区域 	被测中心平面，必须位于距离为公差值 0.08 且相对于基准中心平面 A 对称配置的两平行平面之间

附表 20　常用的金属材料和非金属材料

名　称		牌　号	说　明	应　用　举　例
黑色金属	灰铸铁 (GB 9439)	HT150	HT—"灰铁"代号 150—抗拉强度/MPa	用于制造端盖、带轮、轴承座、阀壳、管子及管子附件、机床底座、工作台等
		HT200		用于较重要铸件,如汽缸、齿轮、机架、飞轮、床身、阀壳、衬筒等
	球墨铸铁 (GB 1348)	QT450-10 QT500-7	QT—"球铁"代号 450—抗拉强度/MPa 10—伸长率/%	具有较高的强度和塑性。广泛用于机械制造业中受磨损和受冲击的零件,如曲轴、汽缸套、活塞环、摩擦片、中低压阀门、千斤顶座等
	铸钢 (GB 11352)	ZG200-400 ZG270-500	ZG—"铸钢"代号 200—屈服强度/MPa 400—抗拉强度/MPa	用于各种形状的零件,如机座、变速箱座、飞轮、重负荷机座、水压机工作缸等
	碳素结构钢 (GB 700)	Q215-A Q235-A	Q—"屈"字代号 215—屈服点数值/MPa A—质量等级	有较高的强度和硬度,易焊接,是一般机械上的主要材料。用于制造垫圈、铆钉、轻载齿轮、键、拉杆、螺栓、螺母、轮轴等
	优质碳素结构钢 (GB 699)	15	15—平均含碳量 (万分之几)	塑性、韧性、焊接性和冷冲性能均良好,但强度较低,用于制造螺钉、螺母、法兰盘及化工储器等
		35		用于强度要求较高的零件,如汽轮机叶轮、压缩机、机床主轴、花键轴等
		15Mn 65Mn	15—平均含碳量(万分之几) Mn—含锰量较高	其性能与 15 钢相似,但其塑性、强度比 15 钢高强度高,适宜制作大尺寸的各种扁弹簧和圆弹簧
	低合金结构钢 (GB 1591)	15MnV	15—平均含碳量(万分之几) Mn—含锰量较高 V—合金元素钒	用于制作高中压石油化工容器、桥梁、船舶、起重机等
		16Mn		用于制作车辆、管道、大型容器、低温压力容器、重型机械等
有色金属	普通黄铜 (GB 5232)	H96	H—"黄"铜的代号 96—基体元素铜的含量	用于导管、冷凝管、散热器管、散热片等
		H59		用于一般机器零件、焊接件、热冲及热轧零件等
	铸造锡青铜 (GB 1176)	ZCuSn10Zn2	Z—"铸"造代号 Cu—基体金属铜元素符合 Sn10—锡元素符号及名义含量/%	在中等及较高载荷下工作的重要管件以及阀、旋塞、泵体、齿轮、叶轮等
	铸造铝合金 (GB 1173)	ZAlSi5Cu1Mg	Z—"铸"造代号 Al—基体元素铝元素符号 Si5—硅元素符号及名义含量/%	用于水冷发动机的汽缸体、汽缸头、汽缸盖、空冷发动机头和发动机曲轴箱等
非金属	耐油橡胶板 (GB 5574)	3707 3807	37、38—顺序号 07—扯断强度/kPa	硬度较高,可在温度为 −30～+100℃的机油、变压器油、汽油等介质中工作,适于冲制各种形状的垫圈
	耐热橡胶板 (GB 5574)	4708 4808	47、48—顺序号 08—扯断强度 1kPa	较高硬度,具有耐热性能,可在温度为 30～+100℃且压力不大的条件下于蒸汽、热空气等介质中工作,用做冲制各种垫圈和垫板
	油浸石棉盘根 (JC 68)	YS350 YS250	YS—"油石"代号 350—适用的最高温度	用于回转轴、活塞或阀门杆上做密封材料,介质为蒸汽、空气、工业用水、重质石油等
	橡胶石棉盘根 (JC 67)	XS550 XS350	XS—"橡石"代号 550—适用的最高温度	用于蒸汽机、往复泵的活塞和阀门杆上做密封材料
	聚四氟乙烯 (PTFE)			主要用于耐腐蚀、耐高温的密封元件,如填料、衬垫、涨圈、阀座,也用做输送腐蚀介质的高温管路、耐腐蚀衬里,容器的密封圈等

［1］ 钱可强. 机械制图. 6 版. 北京：高等教育出版社，2022.

［2］ 邵娟琴. 机械制图与计算机绘图. 北京：北京邮电大学出版社，2016.

［3］ 胡建生. 机械制图. 5 版. 北京：机械工业出版社，2023.

［4］ 唐建成. 机械制图及 CAD 基础. 北京：北京理工大学出版社，2022.